U0251016

国家出版基金资助项目·四川省社科基金资助项目

西部资源开发与
生态补偿机制研究

Xibu Ziyuan Kaifa yu
Shengtai Buchang Jizhi Yanjiu

丁任重◎领著

西南财经大学出版社

目　录

第一章　西部开发的历史进程

　　发展西部是我国古代历代王朝进行经济建设的一个重要组成部分，近代和新中国成立初期，也曾对西部地区进行过一定规模的开发和建设。历史上的开发经验和教训，对我们当前进行西部大开发有着重要的借鉴意义。

第一节　古代西部地区的经济开发

　　西部大开发，极其关键和重要的问题是搞好西部生态环境建设，恢复西部地区自然生态系统的平衡，因为今天的西部已由历史上植被良好、森林茂密、繁荣富庶的地区变成了极目黄沙、干旱缺水、水土流失和沙漠化、荒漠化等生态环境非常恶劣的地区。我国是有着几千年历史的文明古国，包括甘肃、陕西在内的黄河流域是我们中华民族的主要发祥地。陕西曾经是汉、唐等十几个王朝的建都之地。在古代历史上相当长的时间内，陕西、甘肃等西北地区，曾经是植被良好的繁荣富庶之地。"山林川谷美，天材之利多"就是描绘陕西一带的自然风景的。司马光的《资治通鉴》

中描述盛唐时期的陕、甘是"闾阎相望，桑麻翳野，天下称富庶者无如陇右"。后来由于历经战乱，加上自然灾害和人为乱砍滥伐，导致了陕、甘等西北地区的严重沙化、荒漠化，经济文化发展也因此受到极大制约。因此，认真回顾西部地区生态环境的演变过程，无疑会给我们提供许多有益的启示。

一、古代西部地区经济开发的更替

翻开历史，可以看到，中国汉、唐、元、清几朝政府，均对西部尤其是现在的新疆、西藏地区进行过大规模的开发活动。

1. 汉朝

西汉时期，张骞两次出使西域，"前后达十余年，历尽各种艰险"[①]。这是中西交通开拓的标志，建立了汉朝与西域诸国的直接联系，也揭开了中央政府开发和治理新疆地区的序幕。公元前60年，西汉王朝在西域设置"都护"，完成了对西域的统一。在此前后，西汉王朝为开发和治理新疆地区实施了一系列措施，主要包括：第一，屯垦戍边。组织汉族军民进入西域地区实施屯垦、守卫边疆，这是汉代针对西域的一项基本政策。据史料记载，在西汉开发西域地区的一百多年时间里，屯田军民共开荒50余万亩（1亩＝0.000 667平方千米），不但解决了军粮问题，而且引入了先进的农业技术和生产方式，促进了当地经济的发展。第二，驻

---

① 翦伯赞. 中国史纲要：第一册［M］. 北京：人民出版社，1979：141.

扎军队，修建国防及交通设施。为保证西部边境的安全和"丝绸之路"的畅通，西汉政府在西域各商道上修筑了许多城堡和烽隧亭障，并部署军队戍守，兼管西域的交通。第三，因俗而治，实施宽松的民族政策。与匈奴对西域各国横征暴敛不同，西汉朝廷实施宽松政策，基本上不向当地各族人民征收赋税。

西汉王朝对西域地区的开发治理，在新疆开发史上写下了辉煌的一页，为祖国的统一、民族的团结和新疆经济的发展奠定了坚实的基础。

2．唐朝

到了唐朝，西部开发又进入了一个新的阶段。唐朝是中国封建社会的鼎盛时期，凭借强大的国力，不仅大大扩展了中国的西部疆域，而且对西域地区的开发也达到了前所未有的程度。唐朝设置安西都护府于龟兹，在那里修建了许多城堡，"并大兴屯田"①。从范围上看，以往的开发主要集中在南疆地区，而唐朝在西域共建立了 11 个大的屯垦区，几乎遍布今天新疆的各个地区。从时间上看，唐朝在新疆的开发延续了 161 年，为以往任何朝代所不及。从人数上看，西汉时期新疆地区有屯田军队约 2 万人，此后历朝都只有数千人，而在唐朝新疆的屯田官兵达到 5 万余人。

唐朝开发新疆地区有几个值得注意的特点：一是建立了十分完善的军政管理机构。这不仅保证了中央政令军令的贯彻实施，也

---

① 翦伯赞. 中国史纲要：第二册 [M]. 北京：人民出版社，1979：189.

有利于开发工作的顺利进行。二是着眼于综合开发,使各方面建设相辅相成。因地制宜,既推行屯田制,又对招募的屯民实行租佃制和分成制。军事上推行兵农合一的府兵制,使驻军很好地担负起屯垦戍边的双重职责。三是维护各民族的权益,不搞民族歧视。正是以上这些措施和政策,使新疆地区的开发在唐朝达到了第二次高潮。

3. 元朝

元朝统治者对西域的开发和治理,采取了一系列行之有效的措施,实施全方位的经济开发。农业方面,实行军屯、民屯,开垦荒地达150万亩;手工业方面,设立了行业管理机构,促进了冶炼业、织染业的发展;交通方面,先后设立驻站60多所,保证了中央号令的畅通无阻和西域军情的快速传递①;金融方面,统一了西域货币,促进了当地商品经济的发展;赋税方面,实行轻税薄赋政策,限制官吏盘剥,减轻人民负担。此外,西域的少数民族人才得到元朝中央政府的重视和重用,这一时期畏兀尔族(今维吾尔族)中出现了一大批政治家、军事家、科学家、文学家和艺术家。

但是,由于西域地区在元朝多次发生叛乱,缺乏稳定、和平的环境,加之中央政府开发时间较短,故这一时期对西域的开发效果远不如唐朝。可见,安全的环境对于开发边疆地区至关重要。

---

① 翦伯赞. 中国史纲要:第三册 [M]. 北京:人民出版社,1979:117.

4. 清朝

清朝统治者尤其是康熙、雍正、乾隆，均将维系和开发西部提到攸关社稷安危的高度予以重视，并为此倾尽全力，因此在清朝又迎来了历史上西部开发的一个高潮。

在维护西部统一和安全方面，清政府对分裂叛乱分子予以坚决镇压，并务求根除，以绝后患。[①] 在国防建设方面，清朝于重要战略地域设立城堡，沿边关山口设置卡伦（哨所），在交通要道建立驿站、军台，形成了较完善的防御和通信系统。在经济方面，清政府将开发的重点放在新疆地区，以军屯、民屯、犯屯等形式大规模开发荒地，发展农业经济。据统计，从 1716 年至 1911 年，清朝官方在新疆建立的垦区达 24 个，投入劳力 12.67 万人，开垦荒地 301.9 万亩，无论从时间还是规模、效益来讲，均为历朝之最。清朝还十分重视在新疆地区发展商业，重点发展官方商业，同时积极发展民间商业，以低关税政策吸引外商到新疆从事贸易，并撤了传统关卡，鼓励新疆商人到内地经商。

二、古代西部地区经济开发的启示

1. 古代西部地区经济开发的经验

历史上，中央王朝从巩固政权和国家统一的角度出发，重视对西部地区的建设与开发，并采取了一些有效的开发治理之策，

取得了一些成效。这种成功集中表现在几千年社会的发展主流是在中央政权不断开拓疆土、加大治理、开发西部地区的进程中，西部地区没有发生严重的分裂割据，西部各个民族融洽相处，和平地进行经济文化交流，共同防御外敌入侵，齐心协力地开发与发展西部地区的经济文化事业，充分展示了中华民族强大的向心力与凝聚力。

中央王朝的重视和支持，是西部开发战略取得成功的重要政治保证。回顾历史上西部地区的发展，我们发现，中央政权对西部开发、领导与政策倾斜的力度的强弱，与该地区的发展速度成正比。汉唐以前，中国的政治经济中心在西部以长安为中心的关中平原，特别是西周、秦汉王朝的统治者更是崛起于西部，入主中原后，坚持定都长安，以关中平原、川西平原作为自己的财富基础，因此十分重视向西部开疆拓土。汉朝为开发西北，先后派张骞、班超入西域，对西域诸国"羁縻不绝"。在经济上，对边郡实行只缴纳土贡、"无赋税"等特殊优惠政策，并根据当时西部少数民族地区地广人稀、缺乏劳动力、生产力水平低下等特点，大规模迁徙汉族农民"实边"、"垦边"，以推动当地经济文化的发展。唐以后，西部经济之所以会从先进逐渐变为落后，一个很重要的原因，就是中央王朝因国家政治经济中心东移而减弱了对西部的关注与政策支持力度。政治上，宋将都城定在开封，元明清定都于北京，不但使国家的政治中心东移，并且带走了皇室、中央政权这一巨大的消费群体和财富消耗主体。在政策策略上，因宋以后国家财富主要来源于江南，所以国家更多地关心南方经济的发展，减弱了扶持西部地区经济文化发展的力度，从而使西部地区失去了发展经济的内在活力和财富基础，渐渐走向贫困，远远地落在了东部的后面。可见，中央政权应如何加大政策扶持力度和政策倾斜度来发展西部地区，这其中深刻的历史经验教训，值得我们认真总结。

2. 古代西部地区经济开发的教训

尽管历史上中央政权在开发与治理西部地区时制定和实施了若干符合实际且行之有效的政策，但同时由于受时代、阶级的局限，其教训也值得我们深思。这主要表现在：

第一，因过度开发造成和进一步加剧了西部生态环境的恶化。历史上，陕西、甘肃等西北地区曾经是草木茂盛、植被良好的繁荣富庶之地，但是随着岁月的流逝，中央政权对西部逐渐加大开发力度，人们在改造大自然的同时，也由于过度开垦而严重破坏了生态环境，导致西北地区水土流失和严重沙化、荒漠化。据史料记载，从西周到秦汉时期，西北大部分地区是森林和森林草原环境，黄土高原的森林覆盖率达 50％以上，其余则是一望无际的肥美草原。但是从汉朝开始，中央王朝为了大修宫殿、筑长城而大肆乱砍滥伐。唐以后，由于中央王朝进一步加大了西部开发的力度，继续大规模向西部移民屯垦、毁林开荒，虽然在短时期内推动了当地的农业生产发展，但过度毁林毁草，锄山为田，甚至不择手段地放火烧山，耕作技术上又不施肥，不注意水土保持，导致土地沙化与荒漠化越来越严重，并成为制约今日西部社会经

7

济发展的一个严重问题。所以，总结历史经验教训，开发西部必须在生态保护的大前提之下，大抓退耕还林，封山育林，再造一个秀美的生态环境。只有这样，才能避免重蹈覆辙，才不会陷入越开发越落后、越贫困的怪圈，才能走可持续发展的道路。

第二，古老的驿传网络已不能满足经济发展的需要。自古以来，交通就是制约经济发展的重要因素，也是促进经济（尤其是商品经济）发展的前提条件。历代中央王朝从巩固统一、加强中央与地方的联系考虑，都把发展交通作为一件大事来抓，并建立健全了一套传递文书、迎送官员往来的驿传网络体系。尽管中央王朝建立驿站、修筑道路的主观愿望是为了加强中央对地方的行政管理，但在客观上，四通八达的驿道、星罗棋布的驿站，也为西部地区与中原内地的政治经济文化交流、商品经济的发展，创造了有利条件。然而，当历史进入近代后，随着汽车、火车、飞机等现代交通工具的发明与大量涌进国门，古老的驿道、驿站，传统的骆驼商队、马帮等驿路商贸方式因跟不上现代社会经济发展的快节奏而逐渐落后陈旧了。幅员辽阔、地广人稀、山高谷深的西部地区，再次由于现代交通运输发展的严重滞后而陷入被动的局面。由此产生的地理环境上的闭塞、思想观念上的保守，成为制约西部地区经济、科技与文化进步的瓶颈。

第三，历史上中央王朝对西部的开发与治理，主要是从安定边疆、巩固国防的角度出发，很少从经济发展的角度来考虑问题。其开发模式也是征战开发，开发促成边的"军事推动型"，而非"经济推动型"，其一系列政策也以"筹边"、"安军"为中心。换言之，中国历史上对西部的开发，在巩固统一的多民族国家政权、维护民族团结和边疆安定等政治方面是极为成功的，但在发展西部经济方面留下了许多深刻的教训。由于盲目开垦，乱砍滥伐，不按经济规律办事，反而导致了西部地区由盛而衰，这是值得我们认真反思的。第一，在开发区域上，只考虑和重视具有重大战略意义的军事重镇、要塞及周边地区，而没有从有利于西部区域经济发展的生产力布局、城市布局方面考虑问题；第二，屯垦与发展边区经济的目的，只是简单地想解决边防军粮饷供应，以及与边地少数民族进行互市交易，没有上升到"富民兴边"的高度，其政策带有消极应付色彩，缺少积极主动的进取精神；第三，在移民问题上，历代中央王朝往往以"充军西部"、"贬官西部"、"屯戍西部"等带有严重贬抑意义的方式进行，所以无论是移民还是旁观者，均把移民边疆看成被强迫的、不光荣的一种惩罚之举，从而严重压制了移民生产和发展西部边疆经济的积极性与创造力，也很不利于西部地区人才资源的培养与积累；第四，由于封建统治阶级的阶级局限性所致，历代中央王朝只重视笼络西部少数民族上层人士，其政策倾斜后的利益只顾及首领、头人等上层，而很少惠及下层广大民众，从而使历史上的西部开发缺少广泛而必要的群众基础，成了华而不实的无本之木，也使西部经济发展因没有群众基础而脆弱不堪，一遇战乱或王朝更迭，便发生严重倒退。

第二节　近现代西部地区的经济开发

一、孙中山的西部地区经济开发思想

孙中山先生一生致力于中华民族的振兴，对我国西部地区的开发与建设十分重视，其著述中多有涉及，特别是在《实业计划》中，他对西部地区经济开发提出了许多富有建设性的构想。

第一，发展交通。孙中山一向认为"交通为实业之母，铁路又为交通之母"[①]。他设想，开发西部的第一项措施是修筑西北、西南、高原三大系统铁路运输交通网，把兰州、乌鲁木齐、拉萨、昆明、重庆、成都、贵阳、桂林等地连接起来，沟通沿海和内地。这三大铁路系统，不仅具有经济意义，而且具有政治与军事意义。除修建铁路外，还要修筑公路，因为"公路比铁路更有较多便利……况且建造铁路，费用很大，没有筑造公路便宜和容易"[②]。所以，孙中山提出要在包括西部地区在内的全国建造碎石大路100万英里（1英里=1.609 344千米）。

第二，兴修水利。孙中山认为，疏浚河流与修筑铁路、公路在开发西部中具有同样重要的作用。疏通黄河及其支流，相连诸运河，"此河可供航运，以达甘肃之兰州"，西北矿产均可廉价运输；整治广西内河及西江，可使"南宁将为中国西南隅、云南全省、

---

① 孙中山全集：1［M］. 北京：中华书局，1981：383.
② 孙中山全集：1［M］. 北京：中华书局，1981：498.

贵州大半省、广西半省矿产丰富之全地区之最近深水商埠矣"①。筑堰设闸，改善水运并可发电。这样，西南地区的货船可直抵广州，以弥补西南铁路系统之不足。

第三，移民垦殖。孙中山认为，移民内蒙古、青海、新疆等地，是国家政治和经济建设所必须考虑的一个重要战略问题。他指出，继西北铁路系统建成之后，开发、建设西北的第二步应当是移民垦荒，即从长江及沿海人口充盈之地向内蒙古、新疆、青海、西藏等地移民。这样做，一是可以把东南人口稠密省区无业之居民迁于西部地区，以缓解内地人口压力和就业困境；二是大量移民涌入西部地区，可以为铁路的修建提供充足的劳动力资源；三是移民垦殖可直接在西部地区"开源浚利"，开发西部地区无穷之富源，从而促进西部地区乃至全国经济的发展。孙中山认为，"假能以科学之方法行吾人之殖民政策，则其收获，将无伦比"②。

第四，发展农工矿业。孙中山反复强调，西部诸省有最富有的农产品和最美的牧场，如对这些农牧业资源加以充分利用，特别是对已耕之地使用机器和进行科学改良，就能生产出更多的粮食。鉴于西部地区草原广阔，"当以科学方法养羊、剪毛，以改良其制品，增加其数量。于中国西北全部设立工场以制造一切羊毛货物，原料及工价甚廉，市场复大至无限"③。西部各省矿产资源丰富，皆可大力发展采矿业。

---

① 孙中山选集：上［M］. 北京：人民出版社，1956：255.
② 孙中山选集：上［M］. 北京：人民出版社，1956：201.
③ 孙中山选集：上［M］. 北京：人民出版社，1956：330.

第五，实行"开放主义"。孙中山一向主张将利用外资与开放结合起来。"利用外资，可以得外资之益，故余主张开放门户，吸收外国资本，以筑铁路、开矿山。"① 他认为，在"民穷财尽"和科学技术落后的条件下，要有效地开发建设西部地区，必须募集外资，引进先进技术、机器及外国人才，"凡是我们中国应兴事业，我们无资本，即借外国资本；我们无人才，即用外国人才；我们方法不好，即用外国方法"②。在引进利用外资过程中，还必须坚持维护主权、平等互利、为我所用的原则，真正切实开发西部资源，振兴西部经济。此外，孙中山还主张在西部地区营造森林，以保持水土，保护农田，净化空气；专设兴农、殖边银行，为西部地区的经济发展提供金融支持；加强民族教育，为西部地区发展培养人才等。

二、抗战时期西部地区的经济开发

抗战时期西部地区的经济开发，以沿海厂矿内迁为主，促进了西部地区的现代化发展。抗战前夕，在生产领域，重庆有机器工厂六七十家，只占全国工厂总数的1.7%。这些工厂大部分规模较小，发展程度低，处于工场手工业向机器大工业过渡的阶段，工业发展水平远远落后于沿海地区。1937年，抗日战争全面爆发，客观上促进了以重庆为中心的西部地区的现代化发展。

---

① 孙中山全集：1 [M]. 北京：中华书局，1981：498.
② 孙中山全集：1 [M]. 北京：中华书局，1981：522.

1937 年抗战全面爆发后，国民党军队在军事上接连失利，华北很快沦陷，日寇旋即把侵略矛头指向上海等东南沿海城市。在形势万分危急之际，为使上海等地的厂矿免遭日寇劫掠，国民政府确定了政府第一期的工业政策，其中心工作就是协助厂矿内迁。同年 8 月 10 日，行政院第 324 次会议通过了资源委员会关于拆迁上海工厂的提案，8 月 13 日即由军事委员会、工矿调整委员会筹组的厂矿迁移监督委员会派员分赴临战区各省市督导公私厂矿迅速迁移。从 8 月中旬至 12 月 1 日的百余天中，由工矿迁移监督委员会补助迁移费或给予便利援助而由上海迁至武汉的工厂共 123 家，迁移的机器材料在 1.2 万吨以上，工人约 1 500 人。迁移工厂中以五金机器厂、电工工厂、化学厂、造船厂、文化印刷厂及制药厂最多，亦有少数纺织及轻工厂。由于战事发展迅速，从沪宁、沪杭沿线、广东、福建、江西、山东等地迁出的工厂为数极少，有的仅迁出了机器和原材料。

因对战局变化估计不当，国民政府拟以武汉为轴心筹建新的工业区域的计划未能施行，迫使迁移工作分阶段进行。部分厂家历经了第一阶段的拆迁之后，又直接迁往广东、湖南、四川、陕西、云南，有 64 家工厂在武汉临时开工制造出一批武器和军需品供应前线，直到 1938 年 6 月武汉形势严峻，才停工再度拆迁。同时，武汉原有的化工、机械、染织等行业的 150 余家工厂也着手迁移，10 月 25 日武汉沦陷前，经武汉或由武汉起运的 304 家厂矿的机件达 51 182.5 吨。

国民政府对民营厂矿内迁的协助办法分为两种：①对于生产军

需品的厂矿，如机械、化学、矿冶、电力、燃料、交通器材、被服及医药等工矿业，给予补助迁移费用、免税、减免国营交通事业运费、优先运输权、拨给建厂工地、担保或介绍银行低利借款、奖励等。②对于普通厂矿，如纺织、饮食、教育用品等工业，因其为民生所需，亦尽量予以协助，其办法为免税免验、给予运输便利、代征建厂用地等。

兵工厂、军需厂的拆迁工作具体由军政部兵工、军需各署负责执行。1937 年 10 月以后，军政部所属上海炼钢厂、金陵兵工厂、巩县兵工厂、电信机修厂、交通机械厂、广东兵工厂、武昌被服厂和制呢厂等先后奉命迁往内地。这些厂迁移时由于得到了优于民营厂矿的迁移条件，整个拆迁工作进行得比较顺利，基本上将其主要机料抢运到了内地。

武汉沦陷后，厂矿内迁工作的重点转到宜昌与重庆之间。宜昌是迁川厂矿的中转站，重庆是迁川工厂的主要目的地。厂矿迁移监督委员会在宜昌协助内迁物资转运工作，各厂矿物资均在此地换乘木船入川。在四川省政府的大力协助下，重庆有关方面加紧筹办到渝厂矿的接待安置工作。经济部工矿调整处派人察看地形，购地建厂，组织迁川工厂联合会，为各厂矿抵渝复工创造条件。

据统计，截至 1940 年，内迁厂矿 448 家，复工厂矿 308 家，内迁机料 70 091.2 吨，内迁技工 12 164 人，其中迁川厂矿达 254 家，复工厂矿达 184 家，迁川机料 45 257 吨，迁川技工 8 105 人。迁川民营厂矿 90％以上均在重庆、巴县一带。沿海厂矿内迁后，于 1940 年在大后方形成 11 个新工业区，其中沿长江东起长寿、西至江津、北起合川、南达綦江，是重庆工业区。1940 年，重庆拥有机械厂 159 家、冶炼厂 17 家、电力厂 23 家、化学厂 120 家、纺织厂 62 家、其他行业 48 家，共达 429 家。重庆工业区是大后方唯一的门类齐全的综合性工业区，是大后方最重要的工业中心，是我国抗战时期工业经济的命脉。

厂矿内迁改变了战前不合理的工业生产力布局，为内地工业的迅速发展以及满足旷日持久战争的基本需要奠定了物质基础。战时重庆聚集了大后方军工、冶金、化工、纺织、机械等行业的精华，拥有 200 多家内迁厂矿，成为生产兵工军需、民用物资的主要基地。1938 年以后，国民政府在经济建设上逐步完成了由平时经济到战时经济的战略性转变。以四川为中心的大后方工业步入了战时生产的黄金时期。

三、陕甘宁边区的经济开发

陕甘宁边区的经济开发主要是大生产运动。大生产运动的兴起，既有严峻复杂的客观环境，也有其深刻的历史和理论背景。

改善生活条件，解决粮食问题，是大生产运动发起的最直接和最基本的原因。自 1938 年开始的大生产运动，最先是由粮食问题引起的。1935 年 10 月，中央红军到达陕北后，即实行休养生息政策，减轻农民负担。这一政策赢得了民心，对于根据地的稳定和发展起到了重要作用。但随着时间的推移，进驻陕北的人数日渐增多，粮食问题便越来越突出了。①

西安事变和平解决后，以国共合作为基础的抗日民族统一战线初步形成。此后，我抗日根据地实行争取外援的政策，根据地人民的负担有所减轻，但粮食问题仍未从根本上得到解决。为改善根据地的生活条件，解决粮食供应紧张的问题，中共中央决定号召部分军队开展生产，自给自足。1938 年 7 月，陕甘宁边区留守兵团召开第二兵团军政首长会议，根据毛泽东的指示，会议决定开展大生产运动。接着，总留守处和后方政治部电令各兵团立即开展种菜、喂猪、做鞋、种粮等生产工作，以改善部队的生活。大生产运动就此展开。

抗日战争全面爆发后，由于我党我军制定并执行了正确的全面抗战路线，使我敌后抗日根据地的面积迅速扩大，部队人数猛增，外地人口大量涌入。这样，粮食供应再度紧张。于是，大生产运动从 1939 年起，就由 1938 年的部分部队改善生活条件的活动，变为一种全体动员、从事经济自给、解决一般财政供给的群众运动，成为中国共产党解决根据地粮食短缺问题，粉碎日伪和国民党顽固派经济封锁的基本方法。"到 1943 年，做到蔬菜全部自给，粮食部分自给。"② 同样，吃饭问题也是晋西北根据地和晋察冀根据地所面临的严峻问题，因而陕甘宁边区的生产运动便自然而然

---

① 张扬. 陕甘宁边区是怎样"休养民力"的 [M] //抗日根据地财政经济. 北京：中国财政经济出版社，1987.

② 张扬. 陕甘宁边区是怎样"休养民力"的 [M] //抗日根据地财政经济. 北京：中国财政经济出版社，1987.

地推向了其他根据地，发展为普遍意义上的大生产运动了。

大生产运动的开展，同当时抗日民族统一战线的大环境密切相关，它是解决我党我军财政经费问题的切实可行的途径。统一战线的建立过程，同时也是我党土地革命路线及其政策的变更和调整过程。这种变更和调整是以国共合作为基础的抗日民族统一战线得以建立的重要条件，但它也使我党及其领导的军队在经费问题上遇到了极大的困难。经费问题成为仅次于吃饭问题的第二大问题，也是大生产运动产生的重要原因之一。国共统一战线建立之初，国共双方磋商谈判的结果是，陕北红军为三个师的编制，国民党中央政府只给我们这三个师的经费。从 1938 年起，陕甘宁边区的财政经费便出现困难。之后。随着军队人数的迅速增加，经费问题就日益成为制约我军发展和进行抗战的重要因素。抗日民族统一战线的性质决定了军队筹款的有限性，仅靠没收大地主中汉奸的财产，显然不能解决财政经费紧缺的问题。这样，根据地在解决财政问题上的以往做法在实行中就受到了很大限制，遇到了不少困难。在这种情况下，我们选择了自己动手，发展生产的办法，以解决紧迫的经费问题。

大生产运动是中国共产党贯彻新民主主义思想理论和抗日民族统一战线方针、政策的必然结果。改善人民生活是中国新民主主义革命的主要内容，也是凝聚民力、实行全面抗战路线的时代需要。财政经济的独立是政治、军事独立的前提条件，而生产运动是实现这一目的的基本方法。建立公有制经济，并使其成为根据地的主体经济成分，是抗战胜利的物质保障，更是贯彻新民主主义路线的必然要求。通过大生产运动，建立公有经济，也是我党实践新民主主义理论的必然结果。

第三节　新中国成立后西部地区的经济开发

"一五"时期以156项重点工程为核心的西部地区建设和"三五"时期开始的以国防工业为重心的"三线"建设，是在毛泽东区域经济均衡发展战略思想指导下，新中国历史上对西部的两次大开发。这两次开发，对于促进中国工业化建设，加快西部地区的发展起到了重要作用。由于认知和时代的局限，这两次开发也存在着明显的缺陷与不足。回顾两次西部大开发的历史，总结其经验教训，对今天正在进行的第三次西部大开发具有重大的现实意义。

新中国成立后，毛泽东根据我国是农业大国、工业基础薄弱、生产力水平低且地区分布不平衡的基本国情，把实现工业化和生产力布局平衡作为一个重要目标，在经济发展的战略选择上提出了区域经济均衡发展的构想。他认为，我国的工业过去集中在沿海……这是历史上形成的一种不合理的状况。沿海的工业必须充分利用，但是，为了平衡工业发展的布局，内地工业必须大力发展；新的工业大部分应当摆在内地，使工业布局逐步平衡，并且利于备战，这是毫无疑义的。这就是说，国家在制定经济政策和考虑经济计划安排时，一方面要维护沿海地区的发展，另一方面要有计划地重点照顾内地。这种安排既有利于国防的安全，又能够充分发挥西部地区的资源优势，促进西部地区的发展。

一、"一五"时期

新中国成立初期，尽管国家财政十分困难，但仍在经济发展的重心和投资比重上向西部地区倾斜。1950 年，先后开工修建了康藏、青藏等公路和天兰、成渝、来（宾）睦（南关）等铁路。1952 年 7 月，又投资修建宝成铁路和兰新铁路，并对原宝（鸡）天（水）铁路进行全面整修。在改善西部地区交通的同时，国家在西安、咸阳、乌鲁木齐等地投资兴建了钢铁、煤炭、电力企业。从 1953 年开始，新中国着手进行第一个五年计划建设。毛泽东从改善不合理的工业布局，促进区域经济协调发展出发，将 156 项重点工程的二分之一放在西部地区，从而对中国西部进行了一次大规模的开发。

这期间对西部地区的开发建设有以下特点：建设的目的是为了改变沿海地区工业过于集中、不利于国防的状况；建设的重点是集中力量加强以重工业为主的基础设施建设；建设的手段是充分利用社会主义制度能集中力量办大事的优越性，集中全国的人力、物力和财力开发大西部。据统计，"一五"期间，我国政府把前苏联援建的 156 个工程项目和其他限额在 1 000 万元以上的大型项目中的相当大的一部分部署在西部地区。在实际实施的 150 个项目中，包括民用企业 106 个，国防企业 44 个，除 50 个民用企业部署在东北，国防企业的一些造船厂不得不部署在沿海地区外，86 个企业部署在中西部地区，占实际开工项目的 57.3%。此外，"一五"期间我国自行设计了 694 个限额以上重点工程建设项目，有

19

472 个在内地，而大部分又在西部。

1952 年，内地的投资占全国投资总额仅为 39.3%，沿海地区则占 43.4%；到 1957 年，内地的投资比重上升到 49.7%（其中西部为 18%），而沿海地区则下降到 41.6%。[①] 前苏联援建的那些实际开工的 150 个项目共耗资 196.1 亿元，其中东北投资 87 亿元，占投资总额的 44.3%，其余绝大多数资金都投到了中西部地区，即中部地区 64.6 亿元，占 32.9%，西部地区 39.2 亿元，占 20%。从当时国家基本建设投资总额来看，西部地区也占有较大份额，达 46.8%，而沿海地区只占 36.9%。

通过"一五"期间的开发，西部地区的发展步伐明显加快，落后面貌得到了极大改变。包括西部地区在内的内地工业产值占全国的比重，已由 1952 年的 29.2% 上升到 1957 年的 32.1%。西部地区建立了一批大型工业企业，包括钢铁、电力、煤炭、石油、有色金属和机械制造等部门，形成了以西安、兰州、成都为中心的一批新兴工业城市。可以说，正是"一五"时期对西部地区的大规模开发建设，奠定了我国工业化的初步基础。

二、"三线"建设

1. "三线"建设是当时战略背景条件下的重大决策

20 世纪 60 年代，国际环境发生了很大变化，我国周边地区受

---

① 薄一波. 若干重大事件与决策的回顾［M］. 北京：中共中央党校出版社，1993：298.

到外国势力的严重威胁。在这种形势下，加强国防建设以应付可能发生的突然袭击，是毛泽东必须认真考虑的重要问题。也正是在这个时候，毛泽东作出了加强"三线"建设的决策。

20世纪60年代，中国面临的国际形势相当严峻。中苏关系恶化，中苏两党彻底决裂，中国的外交行动，面临着两个超级大国的夹击；美国在东南亚加紧建设军事基地，对中国形成新月形包围圈；美国侵越战争不断升级，威胁中国南大门；蒋介石阴谋窜犯大陆，东南沿海地区形势紧张；印度在中印边境挑起事端。当时的国际形势对我国极为不利，国内的经济形势也不容乐观。内地与沿海的经济发展极不平衡，工业基础十分薄弱，仅有的一点近代工业也偏集于沿海大城市，其布局极不合理，从军事角度来看，显得非常脆弱。一是工业过于集中。全国14个百万以上人口的大城市，就集中了约60%的主要民用机械工业和52%的国防工业，东北的重工业几乎全在前苏联轰炸机一小时航程之内，反应时间短，防御能力差。二是大城市人口多。全国14个百万人口以上的城市，大都在沿海地区，防空问题尚无有效措施，在敌人突然袭击时情况相当严重。三是主要铁路枢纽、桥梁和港口码头多在大城市附近，还缺乏应付敌人突然袭击的措施。以上海为中枢的华东工业区全部暴露在航空母舰和以台湾为基地的航空兵攻击之下，一旦桥梁道路中断，连1 000万人口的生计都成问题，何言工业的能源、电力、原材料、零部件以及产品的运输。

中共中央和毛泽东分析了当时的国际形势，判定存在着发生战争的危险，不得不慎重考虑新中国的国家安全问题，不得不采取加强国防建设的战略措施。1964 年 5 月中央常委会议提出：抢时间，争速度，加快"三线"建设，"现在不为，后悔莫及"。在 1954 年 6 月 6 日的中央工作会议上，毛泽东说：只要帝国主义存在，就有战争的危险，我们不是帝国主义的参谋长，不晓得它什么时候要打仗，决定战争最后胜利的不是原子弹，而是常规武器。他提出：要搞"三线"工业基地的建设，一、二线也要搞点军事工业。毛泽东的话引起了与会者的共鸣，大家一致拥护他的主张：加强农业生产、解决人民吃穿用的同时，迅速开展"三线"建设，加强战略，做到有备无患，力争在战争到来之前，做好反侵略战争准备，不要在遭到突然袭击时措手不及。

2. "三线"建设的实施情况

事实上，"三线"建设的决策不仅是主要考虑国防建设的需要，同时也是区域经济均衡发展的需要，是党和毛泽东把政治和军事目的与西部地区的长远建设结合起来的一个战略构想。毛泽东后来曾经形象地比喻说："两个拳头——农业、国防工业，一个屁股——基础工业，要摆好。"① 正是在这一思想的指导下，新中国从"三五"时期开始以"三线"建设为主要内容，对西部地区进行了新中国成立以来的一次大规模开发。

所谓"三线"，主要是指西北、西南等战略后方。根据毛泽东的构想，我国从地理位置上划分为不同的战略区域：沿海地区为

① 建国以来重要文献选编：第 18 册 [M]．北京：中央文献出版社，1998：559-560．

一线，中部地区为二线，后方地区为"三线"。"三线"地区包括两部分：云、贵、川的全部或部分及湘西、鄂西地区为西南"三线"；陕、甘、宁、青四省区的全部或部分及豫西、晋西地区为西北"三线"。①

"三线"建设的大规模启动始于 1965 年，历经"三五"、"四五"、"五五"三个五年计划期，投入的资金之多、持续的时间之长、影响之深远在新中国建设史上是空前的。当时在"好人好马上三线"口号的感召下，数以百万计的优秀建设者、工程技术人员、建筑安装队伍和企业职工从全国各地浩浩荡荡开向西部，各种各样的建设物资源源不断地运进西部。这样，在中国的腹心地带掀起了一场轰轰烈烈的建设高潮。"三线"建设持续了十几年，共投入资金 2 050 亿元，使西部地区的面貌有了新的变化，加快了我国现代化建设的进程。

1979 年国家提出调整国民经济方针，整个经济建设进入一个新的历史时期，"三线"建设也随之停止。集中进行的大规模的"三线"建设，从 1965 年开始至 1979 年结束，历时十五载。

3. "三线"建设的成效

经过广大参与者的艰辛努力，历时十多年的"三线"建设有力地推动了西部地区社会经济的发展。这主要表现在：

第一，改善了原有的工业布局，建立了门类比较齐全的工业体

---

① 林凌，等. 中国三线生产布局问题研究 [M]. 成都：四川科学技术出版社，1992：2.

系，为西部地区社会经济的发展夯筑了坚实的物质基础。新中国成立初期，西部地区经济十分落后，现代工业约占全国的30%，分布也很不平衡，形成畸形的不合理地区结构。经过"三线"建设，西部地区工业布局有了明显改善。经过十多年的奋战，建成了2 000个大中型骨干企业、科研单位、大专院校和交通邮电项目，形成了46个以重工业产品为中心的专业化生产科研基地和30个各具特色的新兴工业城市，基本建成了以国防工业为重点，以煤炭、电力、钢铁、有色金属工业为基础的与机械电子化学工业相配合的门类比较齐全的工业体系。这不仅在相当大的程度上改变了我国工业分布不合理的状况，而且也为西部地区社会经济的发展夯筑了坚实的物质基础。

第二，"三线"建设推动了西部地区技术的进步和生产力水平的提高。"三线"建设中采用政治动员、行政命令的办法，实现了一次史无前例的大规模技术、人才的大转移。内迁的企业都是当时沿海工业区技术先进、管理水平较高的骨干企业。新建企业特别是国防军工企业都尽可能采用当时国内及国外的先进技术，有的还是国内首创的、独有的尖端技术。在人才流动方面，国家采取倾斜扶助政策，在调迁大批科技人才、管理人才的同时，还新建、迁建了一批科研院所和高等院校，壮大了西部地区自然科学的研究和师资力量，为西部地区科技教育的加速发展和智力开发提供了条件。

第三，"三线"工业建设带动和促进了西部地区交通的大发展，改变了交通闭塞的状况。西部地区交通运输十分落后，物资流通不畅。为了配合工业建设，首先加快了西部地区的铁路建设。在"三线"建设期间，建成通车的有川黔、贵昆、成昆、湘黔、襄渝五条铁路干线，加上地方建的支线，使新建的铁路干线与原有的铁路衔接，形成了新的铁路交通网。同时，新修了大量公路，增加了支线，延伸了原有公路，改善了路况，扩大了西部地区的公路交通网，使铁路和公路的通车里程分别达到1万多千米和30多万千米。此外，为加强战备还兴建或扩建了部分机场，增加了航空线及通信设施等。经过十多年的建设，西部交通不便的状况有了很大改变。这不仅有利于西部开发、利用当地资源，改变工业集中地区远离原料产地的经济布局，而且也进一步密切了西部地区与全国各地的联系，为物资交流和人员的流动提供了有利的条件。

第四，"三线"建设促进了西部地区的城乡结合和城镇建设。"三线"建设过程中形成了攀枝花、六盘水、安顺、凯里、德阳等一大批中小新兴城市。这些城市是范围不同、规模不等、层次不同的新的经济中心，对广大乡村具有一定的吸引力和辐射力。"三线"建设布点比较分散，很多企事业单位分布在广大农村和山区，把现代工业物质文明传播到众多的农村和山区，给农村和边远地区经济的发展注入了活力。由于"三线"建设带来人口的相对集中，使所在地附近城市化的趋势加快，迅速发展成小城镇，成为联系城乡经济的纽带，从而加快了西部地区城镇建设的步伐。

总之，共和国发展史上的"三线"建设是沿海地区工业生产能力向西部的一次大推移，是我国较先进的工业技术和管理经验向

25

落后地区的传播和扩散。它对推动西部地区经济发展，改善历史上遗留下来的不合理的生产力布局，调整地区经济结构，增强国防实力，缩小沿海地区和西部地区的经济差距，奠定了相对雄厚的物质技术基础。

三、改革开放时期的西部大开发

1. 西部大开发的成效

20 世纪 90 年代，邓小平在"南巡讲话"中提出了"两个大局"的思想，即东部沿海地区加快对外开放步伐，较快地发展起来，中西部地区要顾全这个大局。当经济发展到一定时期，全国达到小康水平时，要用更多的力量帮助中西部地区加快发展，东部沿海地区要服从这一大局。"两个大局"的思想实际上就已经有了西部大开发的含义。1999 年 6 月，江泽民同志在陕西考察时明确指出："必须不失时机地加快中西部地区的发展，特别是抓紧研究西部大开发。"同年 9 月 22 日，党的十五届四中全会正式提出"国家要实施西部大发展战略"。西部大开发战略作为一项关系中华民族伟大复兴的长期发展战略，是关系到我国现代化建设第三步战略目标能否最终实现的一项世纪工程，是党中央、国务院在新的历史条件下作出的一项重大战略决策，对于增强我国经济发展后劲，促进地区协调发展以致最终实现全国人民的共同富裕，都具有重大的现实意义和深远的历史意义。

根据 2000 年 11 月 26 日国务院关于实施西部大开发若干政策措施的通知精神，西部地区包括了四川、贵州、云南、重庆、西藏、陕西、甘肃、青海、宁夏、新疆、广西、内蒙 12 个省、市、自治区,国土面积 600 多万平方千米,占全国总面积的 71%;人口 3.5 亿,占全国总人口的 28%。西部大开发初始阶段有四项重要工作:一是加快基础设施建设;二是加强生态环境保护和建设;三是巩固农业基础地位,调整工业结构,发展特色旅游业;四是发展科技教育和文化卫生事业。其目标是:力争用 5~10 年时间,使西部地区基础设施和生态环境建设取得突破性进展,西部开发有一个良好的开局。到 21 世纪中叶,将西部地区建成一个经济繁荣、社会进步、生活安定、民族团结、山川秀美的新西部。

在党中央、国务院的正确领导下,国家在规划指导、政策支持、资金投入、项目安排等方面加大了对西部地区的支持力度。经过各地区、各部门尤其是西部地区广大干部群众的共同努力,西部大开发开局良好,取得了明显成效。主要表现在①:

(1)中央投入力度不断加大,西部地区经济社会加快发展。截至 2005 年底,中央财政性建设资金累计投入 4 600 亿元,财政转移支付和专项补助累计安排 5 000 多亿元。国家投入带动了社会投入,西部地区全社会固定资产投资年均增长 20% 左右。国民经济发展逐年加快,从 2000 年到 2003 年,GDP 增长分别为 8.5%、8.8%、10.0%、11.3%。与全国地方年均增长速度的相对差距,从 1.5 个百分点降到 0.8 个百分点。

(2)交通、水利、能源、通信等重大基础设施建设取得了实

---

① 李子彬. 西部大开发成效显著 [OL]. [2006-04-13]. 新华网.

质性进展。2000—2005 年，西部开工建设 60 项重点工程，投资总规模约 8 500 亿元，其中国债资金 2 700 亿元。交通干线建设方面，五年新增公路通车里程 9.1 万千米，其中高速公路 5 600 千米；建设铁路新线 2 824 千米，复线 1 518 千米，电气化铁路 1 779 千米；青藏铁路累计铺轨 777 千米；建成干线机场和支线机场 23 个，在建项目 13 个。西电东送工程，累计开工项目总装机容量 3 600 多万千瓦，建成输变电线路 13 300 多千米，向广东送电 1 000 万千瓦建设任务提前一年完工，建成输变电线路 6 400 多千米。西气东输工程，仅用两年半的时间，于 2004 年 12 月 30 日全线完工并全线商业供气。建设了四川紫坪铺、宁夏沙坡头、广西百色、内蒙古尼尔基等一批大型水利枢纽工程。安排 160 亿元对 115 个灌区进行了改造，建设了 535 个节水示范项目，完成了 621 座病险水库除险加固工程。

农村基础设施建设显著加强，进一步改善了农村生产生活条件。2000—2005 年，安排投资 71 亿元，解决了西部 3 200 万人的饮水问题。国家投入 46 亿元，将居住在生态环境脆弱、不具备基本生存条件地区的 102 万贫困人口实行了生态移民。安排 10 亿元，用于农村 96 万户沼气池建设。解决了 969 个无电乡通电问题，使 6.8 万个行政村通了广播电视。

（3）生态建设得到显著加强。到 2006 年末，退耕还林工程累计完成陡坡耕地退耕还林 1.18 亿亩、荒山荒地造林 1.7 亿亩。从 2003 年开始实施退牧还草（采取休牧、轮牧、以草定畜等方式恢复草原）工程，累计治理严重退化草原 1.9 亿亩。天然林保护、京津风沙源治理工程以及长江上游水污染治理、中心城市污染治理等项目进展比较顺利。许多地方把退耕还林、退牧还草等生态建设工程同加强基本农田建设、后续产业发展、农村能源建设、生态移民、封山绿化、舍饲圈养结合起来，不仅改善了生态，有的地方粮食产量还有所增加，并促进了农民增收，使农民当前和长远生计问题得到了较好解决。

（4）社会事业发展步伐加快。五年来（2000—2005 年，下同），在加快发展经济的同时，加大了对社会事业的投入力度。教育方面，国家累计投入 150 多亿元，支持西部地区教育特别是农村义务教育。投入 65 亿元，加强西部农村公共卫生设施建设。县级文化馆、图书馆及乡镇文化站的建设得到加强。计划生育工作和开发扶贫工作力度进一步加大。

（5）特色优势产业发展步伐明显加快，对外开放和东西部经济合作不断加强。五年来，西部地区的电力、煤炭、石油天然气、有色金属、棉花、畜牧、旅游等产业，以及部分装备制造和高新技术产业加快发展，在全国市场上已占有越来越重要的位置。西部地区五年累计吸收外商直接投资 90 多亿美元，加上国际组织和外国政府贷款等，实际利用外资接近 150 亿美元。东部地区已有 1 万多家企业到西部地区投资创业，投资总规模超过 3 000 亿元，东西合作方兴未艾。

（6）有效地拉动了国内需求，促进了全国经济发展格局的战略性调整。随着西部大开发的稳步推进，西部地区为东中部地区提供了大量能源、矿产品、特色农产品等资源，有力地支持了东中部地区的经济发展。同时，西部开发和重点工程建设需要大量的设备、材料、技术和人才，又为东中部地区企业"西进"提供了广阔的市场空间和大量的投资机会，促进了产业结构调整。东中部地区也是西气东输、西电东送、交通干线、退耕还林、天然林保护、京津风沙源治理等一大批西部开发重点工程的直接受益者。因此，实施西部大开发，不仅加快了西部地区的经济、社会发展，而且促进了全国生产力的合理布局和产业结构的战略性调整，对整个国民经济的持续、快速、稳定增长发挥了重要的拉动和促进作用。

2. 西部大开发的经验与启示

必须从战略高度认识西部开发的重大意义，坚定不移地实施西部大开发战略。首先，必须认识到当前的西部大开发是我国全面实现现代化战略目标的重大举措。我国的社会主义现代化是全方位的，从地域上说不仅是东部地区的现代化，也是中部与西部地区的现代化。其次，必须认识到开发西部是社会主义本质的必然要求。在社会主义初级阶段，我们鼓励和允许一部分地区、一部分人通过诚实劳动先富起来。但是，社会主义的本质是要实现全体人民的共同富裕，因此，东西部地区的人民也有享受富裕生活的权利。再次，必须认识到西部开发是关系民族团结、边疆稳定和国防安全的重大问题。我国西部地处边疆，又是少数民族主要聚居的地方，只有不断加快西部地区的发展，才能有效地增强整个中华民族的凝聚力、向心力，以确保民族团结、边疆稳定和国防安全。

西部大开发应从实际出发，因地制宜，做到既突出重点又坚持可持续发展。我们实行西部大开发更应坚持从实际出发，因地制宜，既要突出重点，又要考虑可持续发展。应当力争：一要针对西部地区基础设施比较薄弱的现状，加强交通、通信建设；二要重点发展基础产业，发展农林牧业，发展能源、原料工业；三要发展科技产业；四要加强环境保护工作，确保生态平衡。

西部开发应走一条政府扶持与市场配置相结合的新路子。今天的西部开发更是一项长期而宏大的战略工程，许多重大项目成本高、周期长、见效慢，仍然需要政府和国家在宏观调控、政策优惠等方面发挥应有的作用。事实上，我国政府已经在西部地区的投资上安排了一系列重大技术与工程项目，这些都是西部开发最基本的工程。此外，鉴于历史上西部开发的教训，加上社会主义市场经济的客观要求，西部开发必须以市场为导向，根据市场需求，从经济效益和竞争优势出发，寻找和开发资源，合理使用人才，走一条市场配置资源的新路子。

西部大开发要坚持对外开放。现在，我国已进入了改革开放和社会主义现代化建设的新时期，不但要调动国内的一切积极因素，而且要加大对外开放的力度。因为，西部大开发无论对资金、设备还是对人才、技术的需求量都是很大的，而我国的经济又相对比较落后，因此利用外资、吸引人才和学习外国先进的科学技术是实施西部大开发战略的一项重要而长远的政策。

我们要清醒地看到，进一步推进西部大开发还面临着许多困难和问题。主要表现在东、西部地区发展差距仍在扩大，"三农"问题相当突出，基础设施落后仍然是制约西部地区经济社会发展的薄弱环节，生态环境局部改善但整体恶化的趋势还没有完全扭转，经济增长方式粗放，资源和环境约束日益严重，低水平重复建设现象还在发生，科技教育卫生等社会事业发展滞后，人才不足、人才流失现象严重，投资环境亟待改善。

上述困难和问题，有的是几百年来积累的老问题，也有的是改革发展中出现的新问题，不是五年、十年、二十年所能解决的。西部大开发是一项长期、艰巨的历史任务，任重而道远，需要几代人的长期不懈的艰苦奋斗。

第二章　西部资源开发的负面后果

　　我国西部是指由陕西、甘肃、青海、宁夏、新疆、重庆、四川、贵州、云南、西藏、广西、内蒙古 12 省、市、自治区组成的庞大地带。

　　西部地区拥有丰富的矿产、土地、森林、生物等自然资源。其中，耕地面积占全国的 1/3 以上（37.9%），草地面积占全国的55.8%，水资源年均总量占全国的一半以上（55.1%），加上丰富的光照资源和生物资源，西部地区已成为我国能源、矿产和农产品的主要生产基地。[①]

　　生态环境不佳是西部地区的一大特征。西部地区自然条件恶劣，生态环境脆弱。西北地区的主要症结在于干旱少雨，水资源匮乏，森林覆盖率低，草原、灌丛、荒漠为其自然生态格局；西南地区的问题在于喀斯特地形和多山，且山高坡陡，土壤贫瘠，虽然气候湿润，原始植被繁茂，但生态环境同样比较脆弱。2002

---

① 国土资源部. 2002 年中国国土资源公报［OL］.［2003-10-25］. 国土资源部网站（http://www.mlr.gov.cn/）.

年国土资源部的公告显示，石山、裸地有 17.5 亿亩，戈壁 9.6 亿亩，沙漠 7.2 亿亩。全国发生水土流失的面积 367 万平方千米，西部地区约占 80%；全国荒漠化面积每年增加 2 400 多平方千米，其中 70% 在西部；全国有 1.9 亿亩坡耕地，坡度在 25 度以上的坡耕地有 9 200 万亩，其中 70% 在西部。

目前西部地区的生态环境状况是：普遍脆弱、局部改善、总体恶化。恶化的生态环境使受灾和成灾面积逐年扩大，水土流失、沙漠化、草原退化、生物多样性减少、水资源短缺及沙尘暴频繁发生等，表明生态环境恶化已经非常严重。

西部大开发以来，西部省区的社会经济开始加速发展，人民生活水平也大幅提高。但与此同时，在西部资源开发中，人类的各项活动也严重影响了当地的生态环境，同时又反作用于人类的社会经济生活。结合自然地理环境的特点，我国西部大开发必须理性地关注自然资源的开发和利用状况，正确处理自然资源的利用和西部大开发之间的关系。

第一节　西部资源开发对生态环境的负面作用

一、荒漠化

凡是气候干旱、降水稀少、蒸发强烈、植被稀疏的地区都可称为荒漠，即"荒凉之地"。荒漠化是指由包括气候变异和人类活动的影响在内的种种原因造成的干旱、半干旱和亚湿润干旱地区的土地退化，亦即形成荒漠的过程。

1. 西部荒漠化的类型与形成机制

我国的荒漠化土地垂直分布于从海平面到高寒荒漠带的大部分地区。这些地区气候类型和地貌类型多样，决定了这些地区影响荒漠化形成的因素的多样化，从而使我国的荒漠化呈现出多样性。然而，西部占我国国土面积的三分之二以上，土地类型众多。除了我国东北和华北的部分地区，我国的荒漠基本都在西部。

我国西部地区的荒漠化的类型主要是以下几种：

（1）草地荒漠化。草地荒漠化是土地荒漠化的主要类型之一。中国荒漠化监测中心 1997 年的统计表明，全国荒漠化草地 1 052 374 平方千米，占草地面积的 56.7％。

草地荒漠化主要表现为草地植物群落盖度明显降低，单位面积产草量下降，可食性草类减少，有害草类增加，草场等级下降，裸露地表比例增加，为风力侵蚀创造了条件；而风蚀又加剧了草地荒漠化进程，形成恶性循环，继而发展为流动沙地。

我国草地荒漠化程度与人口密度和牲畜头数成正比。宁夏、陕西、山西荒漠化草地占草地的比例最高，大约 90％左右；其次为甘肃、辽宁、河北，为 80％左右；新疆、内蒙古、青海、吉林为 50％左右。

（2）风蚀荒漠化。风蚀荒漠化是指在极端干旱、干旱、半干旱地区和部分半湿润半干旱地区，由于不合理的人类活动破坏了脆弱的生态平衡，原非沙漠地区出现了以风沙活动为主要特征的类似沙漠景观及土地生产力水平降低的环境退化过程。风蚀荒漠

35

化也称沙质荒漠化（沙漠化），是在所有荒漠化类型中占据土地面积最大、分布范围最广的一种荒漠化，主要分布在西北干旱地区，另外在藏北高原、东北地区的西部和华北地区的北部也有较大面积分布。

沙尘暴是一种在风蚀荒漠化分布区常见的天气现象，是衡量一个地区荒漠化程度的重要指标之一，它的形成受到了自然因素和人为因素的共同影响。沙尘暴在我国境内的源地主要位于西北地区及内蒙古的西部、中东部，与我国风蚀荒漠化的分布地区基本一致。

（3）水蚀荒漠化。水蚀荒漠化是指在地貌、植物、水文、气候等自然因素以及人为因素影响下主要由水蚀作用造成的荒漠化，其分布区主要集中在一些河流的中、上游及一些山脉的山麓。依地质背景之不同，水蚀荒漠化可分为土漠化和岩漠化两类。前者主要分布在北方中部黄土高原地区、内蒙古东部科尔沁沙地南侧的黄土分布区等，后者主要分布在太行山北部、辽宁西北部的基岩山区。属于土质荒漠化的红色荒漠化（红漠化），是指我国南方的红壤丘陵区在人类不合理经济活动和脆弱生态环境的相互作用下，被流水侵蚀而形成的以地表出现劣地为标志的严重土地退化。由于地表的红壤已被暴雨冲刷殆尽，地面的红色母岩已完全裸露，红漠化严重的地区寸草不生，成了名副其实的"红色丘陵"。

（4）盐渍荒漠化。盐渍荒漠化主要是指在干旱、半干旱和半湿润地区，由于高温干燥、蒸发强烈，土壤中上升水流占绝对优势，淋溶和脱盐作用微弱，土壤普遍积盐，形成大面积盐碱化土地的过程。盐渍荒漠化比较集中地连片分布在塔里木盆地周边绿洲、天山北麓山前冲积平原地带、河套平原、宁夏平原、华北平原及黄河三角洲，在青藏高原的高海拔地区也有大面积分布。

土壤次生盐渍化问题不容忽视，特别是在一些干旱和半干旱地区，土壤唯有依靠地表水灌溉才能发展农业。而如果人类采取的灌溉措施不合理，再加上蒸发强烈，这些地区就极易出现地表盐分的积累。

（5）冻融荒漠化。冻融荒漠化是指在昼夜或季节温差较大的地区，在气候变异或人为活动的影响下，岩体或土壤由于剧烈的热胀冷缩而出现结构被破坏或质量下降，造成植被减少，土壤退化的过程。冻融荒漠化是我国温度较低的高原所特有的荒漠化类型，主要分布在青藏高原的高海拔地区。独特而脆弱的生态环境使青藏高原具备了冻融荒漠化形成、发育的物质基础和动力条件，而较大面积的冻融荒漠化土地又给高原的可持续发展带来了巨大的环境压力。

（6）喀斯特荒漠化。喀斯特荒漠化又称岩溶石漠化或石漠化，是喀斯特地区土地荒漠化的特殊形式，是指在喀斯特脆弱生态环境中，受喀斯特发育及人类不合理社会经济活动的干扰和破坏，地表植被减少，土壤被严重侵蚀，岩石大面积裸露，地表土层流失殆尽，土地生产力水平大幅度降低，地表呈现出"无土、无水、无林"的类似荒漠景观特征的土地退化过程，是土地劣化演变的极端形式之一。

在我国，石漠化已成为与北方的沙漠化、黄土高原的水土流失并驾齐驱的三大生态灾害之一，主要分布在广西、贵州、云南三省区，其中贵州省的石漠化土地面积最大。在石漠化分布区，土地涵养水源的能力较低，人、畜饮水困难，泥石流、滑坡等地质灾害经常发生，生活和生产条件十分恶劣。

对我国特别是西部地区而言，草地荒漠化的发生发展是人为因素与自然因素共同作用的结果，而人类的粗放经营、管理不善及掠夺式利用是其主导因素。具体表现为：

滥开垦。近二十年来，在我国的牧区，特别是农牧交错地区，大片的草场被开垦成农田，垦后往往种几年便弃耕撂荒，形成开垦—弃耕—继续开垦—扩大弃耕的恶性循环。例如，宁夏盐池县1961—1983年间开垦天然草场100万亩，现在有近一半已荒漠化。

滥放牧。家畜超载和无计划过度放牧，草场得不到恢复，使沙质土壤草场不断起沙。据调查，1981年宁夏天然草场超载6 675个羊单位，河西走廊天然草场超载176万个羊单位。由于超载放牧，到1999年川西高原的若尔盖县沙化草场达384 400多亩。

滥挖药材。无计划滥挖甘草、麻黄等药材，已成为草地荒漠化的重要原因，并有加剧之势。据宁夏盐池、同心、灵武三县的统计，每年因挖甘草破坏的天然草地，20世纪50年代1.2万亩，60年代2.04万亩，70年代4.56万亩，80年代达到10万亩。[①]

水资源利用不当。近二十年来，随着农业用地的不断扩大，对水资源的需求量逐年增长。在干旱河谷地区，上游对水的过多利

① 时永杰，杜天庆. 我国土地荒漠化的成因、危害及发展趋势［J］. 中兽医医药杂志，2003（1）：88-91.

用，使得下游植被因缺水而枯死。在农牧交错地带，对地下水的大量开采利用，使地下水位不断下降，从而引起草地植被的退化。

无序旅游开发，大兴土木工程。近十年来，随着旅游业的升温，对天然草地、森林，特别是为数不多的自然保护区，进行大规模的无序开发，严重地破坏了这些地区的生态环境。

2. 土地荒漠化在西部的现状和严重后果

土地荒漠化不仅是中国环境问题的一个缩影，也是现阶段中国西部发展的瓶颈。土地荒漠化给中国西部地区乃至全国的生态安全、粮食供给和区域社会经济发展带来了严重的影响。近年来，我国防沙治沙虽然取得了一定的成绩，土地沙化面积由 20 世纪末年均扩展 3 436 平方千米转变为现在年均缩减 1 283 平方千米，土地沙化扩展的趋势已得到初步遏制。但土地沙化的形势依然十分严峻：目前全国仍有荒漠化土地 263.6 万平方千米，占国土面积的 27.46%，分布于 18 个省份的 498 个县。[①] 沙化土地 173.97 万平方千米，占国土面积的 18.1%，分布于 30 个省份的 889 个县，影响全国近 4 亿人口的正常生产生活。

荒漠化是地球的"先天缺损"，被称为"地球的癌症"，是人类第一位的生态灾难。在地广人稀的西部，荒漠化的危害更为严重。这表现在以下几个方面：

（1）荒漠化破坏基础设施，制约西部开发。荒漠化与强风结

① 杨俊杰，张克斌，乔锋. 荒漠化灾害经济损失研究进展 [J]. 水土保持研究，2006，13（4）：40-43.

合，形成扬沙和沙尘暴等恶劣天气。风沙已成为我国的心腹大患，全国有 2.4 万个村庄、1 500 千米铁路、3 万千米公路和 5 万多千米灌渠常年遭到沙害威胁，对西部大中城市、公交企业、国防重地、基础设施、经济发展，也是巨大的威胁。[①]

（2）荒漠化给人类造成严重的生命财产损失。全国沙害每年造成的直接经济损失达 540 亿元，约占全球荒漠化所造成损失的 16％，相当于西北 5 省区 1996 年财政收入的 3 倍。1993 年 5 月，西北发生了一次特大沙尘暴，黑沙刮过 4 省区，造成 85 人死亡，31 人失踪，264 人受伤，牲畜损失 12 万头（口），直接经济损失 5.4 亿元，相当于西部一个省一年的财政收入。内蒙古赤峰市 1958 年后的 30 年间，翁牛特、敖汉、巴林右和阿鲁科尔沁 4 个县以及鄂托克旗流沙埋没公路 231 千米、房屋 6 091 间、农田 27 万亩、草场 570 万亩，有 1 300 余户农牧民因流沙驱赶而被迫离乡背井。1998 年 4 月 17 日至 20 日的沙尘暴，12 个地（州）市 52 个县（市）受灾，农作物受灾面积 46 万亩，11 万头牲畜死亡，直接经济损失 10 亿元，间接损失更是难以估量。[②]

（3）破坏生产力，加深了农牧民的贫困程度。草场退化，全国一年少养羊 5 000 万只。50 年前，开垦 1 亩荒地可收 300 斤（1 斤＝0.5 千克）粮食，现在垦 1 亩荒地只收粮食 50 斤。由于过

---

① 王双怀. 中国西部土地荒漠化问题探索 [J]. 西北大学学报：哲学社会科学版，2005，35（4）：15-21.
② 艾世伦. 论西部大开发中的荒漠化防治 [J]. 重庆工学院学报，2001，15（4）：36-39.

度放牧，内蒙古草原的牧草平均高度由 20 世纪 70 年代的 70 厘米降到现在的 25 厘米。西部地区荒漠化危害严重，内蒙古阴山北部，因荒漠化肆虐，导致 11 个旗、县中有 10 个是国家级贫困县，占全区贫困县的 1/3；现仍有贫困人口 58.4 万人，占全区贫困人口的 23.4%。[①]

（4）对水资源的影响。荒漠化使土地涵养水分的功能丧失殆尽。雨时，导致水土流失，泥沙淤积，使河湖床抬高，造成河流下游洪涝灾害；旱时，加之超量用水，使江河湖水量减少，水面缩小，河流下游甚至断流，地下水位下降，冰川退缩，还会导致其他生态灾难。

（5）破坏生物的多样性。土地荒漠化，破坏了原来较稳定、平衡的生态体系。如黑河流域 1 700 万亩种植林死得只剩 200 万亩残林，草本植物由 200 多种减少到 80 多种；塔里木河流域的胡杨树，由 20 世纪 50 年代的 510 万亩减少到现在的 100 多万亩。荒漠化还使地区种群、群落结构遭到破坏，种群生存能力大大降低，日趋濒危甚至消亡。如毛乌素沙地，由于一些啮齿类动物的天敌，如狐、狼等数量大减，致使鼠、虫猖獗。

二、水资源问题

据统计，全世界有半数以上的国家和地区缺乏饮用水，特别是

---

① 艾世伦. 论西部大开发中的荒漠化防治 [J]. 重庆工学院学报，2001，15（4）：36-39.

第三世界国家，目前已有70%，即17亿人喝不上清洁的水；每年有500多万人，其中包括200万名儿童死于与水有关的疾病；伴随流域水资源危机而出现的"环境难民"，1998年就已达到2 500万人，超过了"战争难民"的人数。有媒体报道，中国有四分之一的人口在饮用不符合卫生标准的水，水资源已经成为中国最主要的水环境问题。

我国西部地区水资源的不均衡分布，加上干旱少雨和水环境恶化，已成为制约西部地区经济增长和社会进步的最大瓶颈。因此，研究西部水资源问题是西部开发中一项重要的任务，它对于西部地区的可持续发展具有重要意义。

1. 西部水资源现状

我国西部水资源的基本情况是：总量比较丰沛，但是地区分布极不均匀，且年季节性分布的差异又非常大。

首先，我国西部地区水资源的总量达1.39万亿立方米，占全国的50%以上，人均占有量高达5.364立方米，是全国平均水平的两倍多。但是，西部地区水资源的分布极不均匀，大体上是西南多，西北少。以地下水为例，西北五省区（新疆、青海、陕西、宁夏和甘肃）的地下水总量约为665亿立方米；而西南五省区（广西、云南、四川、重庆和贵州）的地下水总量则为2 310亿立方米，后者差不多是前者的3.5倍。①

---

① 周英虎，韦成国. 西部大开发的关键之一是作好水的文章 [J]. 广西大学学报：哲学社会科学版，2001，23（3）：44-49.

其次，我国西部地区的年水资源分布的季节性差异也非常大。以降水为例，降水是西部大多数地区农业用水的主要来源。西北的黄土高原大部分地区的年降雨率为30％～40％，最多降雨年与最少降雨年相差2～6倍，年内降雨60％～80％集中在6至9月份，而春季（3至5月份）仅占10％～18％；西南地区的降雨情况也是呈季节性的变化。以云南为例，由于受干湿分明气候的影响，其河川径流量年内的分布极不平衡，雨季可达70％以上，旱季仅占30％，而每年旱季的11月至次年的5月又是农业用水最多的时候，用水量达全年的70％以上。

水资源由于受上述两方面的制约，实际可利用的总量并不理想。以云南为例，全省人均水资源拥有量是全国人均水资源拥有量的4倍，但实际水资源的直接可利用率仅为1.5％，远低于全国平均水平（16％）。也就是说，云南虽然人均拥有水资源量为10 500立方米，但是人均可直接利用的水量仅为400多立方米，仅为其拥有量的3.81％。

2. 西部水资源问题

西部地区日益突出的水资源问题，需要从水量和水质两个方面来观察和研究。

从水量角度来看，全球水资源中淡水资源只占总水量的3％，其中仅有0.3％的淡水可供人类使用。而我国的情况更严峻，水资源总量虽居世界第六位，但人均拥有水量仅为2 300立方米，约为世界人均拥有量的1/4，居世界第121位，是13个贫水国之一。

43

目前，西部 1 300 万人饮水困难，其中约有 50 多万户家庭，近 300
万人在与严重缺水进行抗争。缺水已是西部地区最敏感的环境问
题，也是影响西部开发的重要问题。近几年来的一些研究结果表
明，西部地区是水资源破坏、水生态失调的"重灾区"。黄河自
1972 年首次断流以来，几乎年年断流，1997 年竟有 330 天无水入
海；湖泊萎缩干涸现象十分严重，青藏高原大量湖泊的萎缩已使
30% 的湖泊干化成盐湖；新疆全区湖泊面积缩小了 4 952 平方千
米，累计亏水量 148 亿立方米。冰川是宝贵的淡水资源，从
1979—1988 年，冰雪覆盖面积缩小了 11%，祁连山冰川 1956—
1976 年的平均退缩速度，东部为 16.8 米/年，西部为 2.2 米/年，
远远超出海洋性冰川的一般退缩幅度。与冰川息息相关的内陆河
受到影响。我国最大的内陆河——新疆的塔里木河，在尉犁以下已
永久性断流，实际干流从 1 272 千米缩短为 987 千米。过去被认为
地下水富裕的榆林地区，近几年也发现地下水位每年以 0.5~1 米
的速度下降，最多的一年为 3 米。新疆艾比湖原有博尔特拉河、精
河等 23 条河流汇入，地表水资源总量 33.3 亿立方米，流域面积
5.06 万平方千米。由于上游经济发展需大量引水，入湖水量减少
70% 以上，湖面面积从 20 世纪 60 年代初的 1 070 平方千米缩小到
20 世纪 80 年代的 522 平方千米，储水量由 30 亿立方米减到 7 亿
立方米。[①] 西部地区的水资源呈现出严重的水危机现象。在西部只
要有水，就有生命的绿洲，就有了一切，水已成为制约西部经济

---

① 李效红，郝学奎. 西部开发中水资源问题 [J]. 兰州工业高等专科学校学报，
2005，12 (2)：51-54.

可持续发展的瓶颈。

从水质角度来看，在人类活动中，工业生产过程排出的废水、污水，人们日常生活中排出的生活污水，农田大量使用农药和化肥后的农田排水等，这些污染物排入水体，在水体中的含量超过了水体的本底含量和水体的自净能力时，就改变了水体原有物理、化学性质，使水体使用价值降低或丧失，若继续使用，就会产生危害人体健康或破坏生态环境的后果，这被称为水体污染。世界卫生组织调查指出，人类疾病80％与水污染有关。据统计，每年世界上有2 500万名以上的儿童因饮用被污染的水而死亡。有关资料显示，我国有24％的人在饮用不良水质的水。这部分人绝大多数在西部，这是因为基础设施的不完善，以及西部水资源分布的不均衡所造成的。其中，约1 000万人饮用高氟水，约3 000万人饮用高硬质水，5 000万人饮用高氟化污水，而这些数据每年都在增加。更为严重的是，我国各地的水源中一般都能检测出百余种有机污染物，其中致癌、致畸、致突变的"三致物质"在西部的水源中也能发现。

据《中国环境年鉴（2005年）》统计，2004年全国共发生环境污染事故1 441起，西部地区发生631起，造成损失3.33亿元，占全国总损失的91.6％。其中西部地区发生特大污染事故9起，损失3.23亿元，分别占全国的36％和96.2％。水污染事故全国共计发生753起，其中西部地区324起，造成损失2.33亿元，占全国水污染事故损失的91.4％。其中，仅四川水污染损失就高达2.21亿元。环境监管不到位是导致环境事故频发的重要原因。相比于其他地区，西部还存在较大差距。

从西部地区水资源分布空间上来看，西北和西南存在各自不同的问题。

西北部地区目前的突出问题是：

（1）干旱缺水引起农业水环境恶化，生态环境破坏严重。其主要表现是水土流失严重和土地的荒漠化。例如，黄土高原耕地的水土流失面积达71%，土壤的侵蚀占整个北方干旱地区总侵蚀量的50%～60%，严重的水土流失进一步导致缺水加剧，生态环境进一步恶化。

（2）地下水超采，进而造成地下水位持续下降。例如，在甘肃的河西走廊地区由于大面积超采地下水，致使许多地方不仅地下水位持续下降（少则下降几米，多则达十几米，甚至几十米），机井和配套的机井设备报废，提水的成本越来越高，而且导致许多地上河流和地下暗河干涸和半干涸。

（3）土壤盐碱化加剧。例如，黄土高原耕地中的盐碱化面积占全部水浇地的22%。而在新疆，土壤的盐碱化不仅在破坏着许多绿洲的生态平衡，而且造成湖泊水质的矿化度增高，著名的博斯腾湖也因此由淡水湖变为微咸水湖。

（4）农业内部用水矛盾加剧，工业和城市生活用水日趋紧张。西北部地区农业生产用水主要以灌溉为主，农、林、牧、渔业发展中水的矛盾十分突出，而工业的发展和城市建设与城市人口增长所需水的矛盾也在不断加剧，在干旱年份用水问题更加严峻。例如，1997年由于陕西干旱，西安在该年的整个夏季全市无论任何单位包括宾馆、饭店，全天的供水时间只有两小时。

（5）水体污染严重。未经处理的工业废水和城镇生活污染水直接排放，造成地表水和地下水的污染。

西南部地区目前的主要问题是：

（1）水源污染严重。我国西南部酸雨的出现频率在 70％以上，除重庆外，中心区降水的年平均 PH 值低于 5.0。西南地区 90％以上的河流受到不同程度的污染。

（2）水资源时空分布不均。由于受干湿分明气候的影响，河川的径流量在年内分布很不均匀，雨季可达 70％以上，旱季仅占 30％左右。西南地区是我国降水最多的地区之一，但是降水的年分布并不均匀，洪涝和干旱交替出现。

（3）植被山林遭到破坏，水土流失严重。以贵州省为例，全省水土流失面积占土地总面积的 20％以上。

（4）地下水超采。例如四川省成都市，由于人口的膨胀和工业用水的激增造成地下水超采，已经导致地下水位平均下降了 0.5 米以上。①

3. 导致西部水资源问题的原因

（1）自然原因。我国西部地区特别是西北地区，包括新疆、甘肃、青海、内蒙古的西部、陕西的北部和宁夏等地，由于其所处的特殊内陆地理位置，致使这些地区年降雨量极少。陕西的年

---

① 周英虎，韦成国. 西部大开发的关键之一是作好水的文章 [J]. 广西大学学报：哲学社会科学版，2001，23（3）：44-49.

降雨量为 300~400 毫米，甘肃和宁夏的年降雨量为 200 毫米左右，青海只有 100 毫米多一点的年降雨量，而新疆的罗布泊年降雨量仅有 15~19 毫米。这也是导致西部出现水危机的又一个原因。这些地方是我国最主要的缺水地区（如陕西省水资源总量为 442 亿立方米，按人口和耕地平均，分别是全国平均水平的 54% 和 42%；甘肃省水资源总量为 611.5 亿立方米，其中地下水仅有 8.5 亿立方米，人均占有水资源量居全国的第 24 位；宁夏地表水资源仅 8.89 亿立方米，人均占有量 180 立方米，为全国平均水平的 7.7%；西部地区干旱和半干旱面积占全区总面积的 3/4 以上），也是我国沙漠的主要分布区，如新疆的塔克拉玛干沙漠和古尔班通古特沙漠，内蒙古的腾格里沙漠、巴丹吉林沙漠和毛乌素沙漠等，生态环境受水资源的影响极大。[1]

（2）生态环境破坏严重。西部地区处于我国自然生态脆弱带，由于历史和自然的原因，面临一系列严重的生态破坏及退化问题——水土流失、荒漠化、土壤盐渍化及酸化等土地退化现象和草原退化、生物多样性减少等现象严重；水资源贫乏、水生态失调、河流断流、湖泊枯竭呈普遍加重趋势。根据李效红的研究，黄河流域植被破坏严重，造成水土流失，增加了黄河的泥沙含量，致使不得不耗费 200 亿立方米水输沙入海，减少了黄河的可用水量；青海省草地退化面积逐年扩大，20 世纪 80 至 90 年代，草原平均退化率比 20 世纪 70 至 80 年代增加 1 倍多，荒漠化年平均增长速

---

① 李效红，郝学奎. 西部开发中水资源问题 [J]. 兰州工业高等专科学校学报，2005，12（2）：51-54.

率则由 70 至 80 年代的 3.9％激增至 80 至 90 年代的 20％；青海湖 1956—1985 年水位下降了 3.6 米，1908—1997 年下降了 11.12 米。生态恶化，导致西部地区缺水加剧。

（3）工业废水排放强度过高。西部地区矿产资源丰富，经济发展对能源矿产资源的依赖性很强，而且利用方式粗放，使得西部的工业废水排放强度居高不下。西部工业废水排放总量占全国比重历年来均高于其经济总量占全国的百分比，即相对于全国水平而言，西部地区的工业废水排放强度一直都高于全国水平。西部每万元 GDP 排放的工业废水是东部地区的 1.7 倍，是全国平均水平的 1.4 倍。[①] 这使生态环境脆弱、经济加速发展的西部面临着严峻的考验。

（4）基础设施和水污染治理投资偏少。基础设施建设是西部开发战略的主要内容之一，但西部的环境基础设施投资与全国平均水平相比还是偏低。2004 年西部环境基础设施投资总额 221 亿元，占全国环境基础设施投资总额的 19％。各省平均环境基础设施投资 18.4 亿元，西藏仅为 0.37 亿元。西部的环境污染治理投资占全国的比重更低，仅占全国环境污染治理投资 1 910 亿元中的 18.4％。西部各省平均值为 29.4 亿元，而全国平均值为 61.6 亿元。环境治理投资不足，是造成西部地区废水排放达标率低于其他地区的重要原因，进而成为造成水资源污染严重的重要原因。[②]

---

① 俞虹，杨凯，邢璐. 中国西部地区水环境污染与经济增长关系研究 [J]. 环境保护，2007，382（10）：38-41.
② 中国环境年鉴（2005）[M]. 北京：中国环境科学出版社，2006.

三、温室效应

温室效应是由大气里温室气体（二氧化碳、甲烷等）含量增大而形成的。空气中含有二氧化碳，而且在过去很长一段时期中，其含量基本上保持恒定。这是由于大气中的二氧化碳始终处于"边增长、边消耗"的动态平衡状态。大气中的二氧化碳有四分之三来自人和动植物的呼吸，四分之一来自燃料的燃烧。散布在大气中的二氧化碳有 75％被海洋、湖泊、河流等地面水及空中降水吸收溶解于水中，还有 5％的二氧化碳通过植物光合作用，转化为有机物质贮藏起来。这就是多年来二氧化碳占空气成分 0.03％（体积分数）始终保持不变的原因。

1. 温室效应的形成

近几十年来，由于人口急剧增加，工业迅猛发展，呼吸产生的二氧化碳和煤炭、石油、天然气燃烧产生的二氧化碳，远远超过了过去的水平。而另一方面，由于森林被乱砍滥伐，大量农田建成城市和工厂，破坏了植被，失去了将二氧化碳转化为有机物的一个条件。再加上地表水域逐渐缩小，降水量大大减少，又失去了一些吸收溶解二氧化碳的条件，破坏了二氧化碳生成与转化的动态平衡，就使大气中的二氧化碳含量逐年增加。空气中二氧化碳含量的增长，就使地球气温发生了改变。

温室气体导致全球温度逐渐升高，已成定论。有记录显示，从 19 世纪末以来的 100 年中，全球平均气温上升 0.3～0.6 摄氏度。

联合国政府间气候变化专门委员会（IPCC）发表的几次报告预测，整个 21 世纪都处在变暖过程中，如果没有减少温室气体排放的特殊政策措施，二氧化碳等温室气体的排放维持在目前的水平，预计到 2100 年全球平均气温将上升 1.0~3.5 摄氏度，该变暖速率比过去一万年中的变暖速率还大，即出现由温室效应引起的"超级间冰期"。即使温室气体的浓度可以稳定，在几十年内，气温还是会继续上升，因为许多温室气体具有较长的大气寿命，加之海洋的热惯性，意味着人为排放的温室气体的变暖效应将长期存在。

由于全球气候变暖，水分蒸发量必然增加，这将导致全球平均降雨量增加。但降雨量的增加也是不平衡的，高纬度地区和极地增加幅度较大，且季节性变化较大。在高纬度地区，由于蒸发量大，土壤水分在夏季将减少，而在冬季将增加；而在中纬度地区，降雨量也有所增加，但由于温度升高，蒸发量加大，积雪融化提早，雨季提前，故夏季也将更加干燥，土壤水分减少，内陆干旱矛盾可能在某些地区更为突出。降雨量增加的地区性差异和季节性变化，在某些地区可能导致严重的洪灾。

全球变暖，特别是伴随全球变暖条件下出现的气候极值的变化，可能改变我国目前各种自然灾害的发生频率和强度，不同程度地加剧某些自然灾害对国民经济的损害。全球气候变暖必然对中国西部环境产生影响。目前对中国西部地区（内蒙古—甘肃—四川—云南以西的地区）的研究还很少。由于温室效应对中国和东亚地区气候变化具有重要作用，特别是关系到西部开发的问题，因此研究温室效应对中国西部地区的气候变化所带来的负面作用，对西部大开发具有重要和深远的指导意义。①

2. 温室效应对西部气候的影响

（1）温室效应对西部气温的影响。气象学家对中国西部的气温和温室效应进行研究，利用气象模拟模型预测和计算了西部未来 80 年温度的变化情况。

研究显示，从全球角度来看，未来 80 年随着二氧化碳浓度的递增，全球温度呈上升趋势。在刚开始的前 10 年，温度基本没有什么变化，从第 12 年开始呈上升趋势，到 2030 年全球平均温度将达到 15 摄氏度，2050 年达到 15.4 摄氏度，2080 年达到 16 摄氏度，比现在温度升高 1.5 摄氏度。这与大多数模型模拟结果基本相似，在所有 35 个 SRES（Special Report on Emissions Scenarios）情景下，并基于许多气候模式得出，在 1990—2100 年期间全球平均温度预计升高 1.4～5.8 摄氏度。②

其中，中国区域特别是西部地区由于二氧化碳浓度的递增造成的温度升高幅度比全球大得多，全球温度在未来 80 年增加约 1.5 摄氏度，而中国西部地区增幅达 3 摄氏度；西部地区的平均温度变化趋势同整个中国地区温度变化趋势基本一致，增幅相当。在二氧化碳浓度递增的前 10 年，温度相对于现在约增加 0.4 摄氏度，

---

① 张英娟，董文杰，俞永强，冯锦明. 中国西部地区未来气候变化趋势预测 [J]. 气象与环境研究，2004，9（2）：342-349.
② 王绍武，赵宗慈. 未来 50 年中国气候变化趋势的初步研究 [J]. 应用气象学报，1995，6（3）：333-342.

同全球一样增加不明显；随着二氧化碳含量的逐渐递增，在2030年西部地区将出现明显的变暖趋势，温度升高 1.5 摄氏度，此增幅相当于全球 80 年的温度的增幅；在 2050 年温度增加达到 2.7 摄氏度。①

进一步研究发现，初始阶段，中国西部特别是新疆北部地区温度增加明显，而中国中、东部地区温度增加不明显；未来 30 年整个中国温度明显增加，最大增温区出现在中国西部地区，中心位置位于青藏高原附近，达 2.0 摄氏度；到 2050 年，整个中国地区的温度增加基本上都在 1.0 摄氏度以上，西部地区的温度增加在 1.2~2.2 摄氏度之间，最大增温区仍然出现在中国西部地区。②

由此可以看出，温室效应所导致的气温上升将主要出现在我国西部，这会给我国西部的社会经济带来巨大的影响。

（2）温室效应对西部降水的影响。气象学家对中国西部的降水和温室效应进行研究，利用气象模拟模型预测和计算了西部未来 80 年降水的变化情况。

通过气象模型的计算和预测，中国西部地区受温室效应的影响，降水变化将出现时间序列和空间分布的不同结果。中国西部地区在未来 80 年内随着二氧化碳含量的增加，降水呈增加趋势，到 2080 年，西部降水增加 15%。在最初的 10 年中，西部降水变

---

① 王绍武，赵宗慈. 未来 50 年中国气候变化趋势的初步研究 [J]. 应用气象学报，1995，6（3）：333-342.
② 张英娟，董文杰，俞永强，冯锦明. 中国西部地区未来气候变化趋势预测 [J]. 气象与环境研究，2004，9（2）：342-349.

化不大，黄河流域降水有所减少。随着大气中二氧化碳含量的逐渐增加，除了新疆北部降水减少外，其他地区均出现不同程度的降水增加趋势，降水梯度由东北—西南转为西北—东南走向，最大降水增加区域出现在华南地区。到 2050 年，最大降水区出现在中国西南地区，降水增加超过 200 毫米，新疆北部及西部地区降水呈减少趋势，降水减少 50 毫米，整个西部地区出现西北部干旱、东南部湿润的分布。①

由此可见，相对于中、东部，中国西部地区特别是西北地区，缺水问题不仅将延续，还会出现恶化的情况，缺水程度将进一步加深。这不仅影响了中国西部的经济社会发展，同时作为长江、黄河的发源地，西部缺水不可避免地将影响整个中国的经济社会发展。

3. 温室效应对西部自然环境与社会经济的负面影响

根据我们掌握的资料和知识，我们认为温室效应将至少在以下几个问题上关联着中国西部的自然环境与社会经济的发展。

（1）农业问题日益严重。尽管现代科学技术的飞速发展给农业生产带来了显著的变化，但在未来的一段时间内农业收成的好坏仍不能摆脱天气、气候的影响，大气中日益增多的温室气体无疑将给中国西部农业的发展带来不确定性。

大气中日益增多的温室气体给中国西部农业的发展带来了负面

---

① 高学杰，赵宗慈，丁一汇. 区域气候模式对温室效应引起的中国西北地区气候变化的数值模拟 [J]. 冰川冻土，2003，25 (3)：165-169.

影响，那就是旱涝发生的概率增大。未来 50 年（彼时大气中温室气体含量被假定为目前的两倍），中国的年均降雨量将可能增加7％，但同时因增温剧烈，蒸发量大（干燥系数增大 0.19），土壤水分含量反而减少 11.5％。[①] 另一个问题是涝，温室效应可能使中国降大暴雨的概率增加，特别是在夏季。旱和涝的增多将增大西部农业发展的不稳定性。植物和微生物的呼吸能力将随大气温度的增高而加强。大气中二氧化碳浓度的增加对植物的生长有直接的正面影响，包括刺激光合作用，抑制呼吸，部分解除缺水和营养物的不足，延长生长期。特别是在干旱、半干旱及贫瘠区，二氧化碳的增加对植物的生长可能有相当大的积极作用。但是，土壤水分过分短缺又是致使温带森林树木死亡的首要原因。可以认为，温室效应给西部植物的生长带来了诸多的不确定性，这种不确定性需要进一步研究。

（2）农林生物灾害增加。据估计，气候变化很可能造成某些地区虫害与病菌传播范围扩大，昆虫群体密度增加。中纬度地区的生物在进化中从未遇到过热带病菌，因此对这些病菌没有任何抵抗力。Liehne Miller 等指出，温度升高会使热带虫害和病菌向较高纬度蔓延，中纬度将第一次面临热带病虫害的威胁。我国西部地处中纬大陆，将会受到上述病虫害的严重影响，降水和温度的变化很可能从根本上改变病虫害的空间分布格局。低温往往会限制某些病虫害的分布范围，气温升高后，这些病虫的分布区可能

---

① 王维强，葛全胜. 论温室效应对中国社会经济发展的影响 [J]. 科技导报，1993（3）：59-63.

扩大，从而影响农作物的生长。同时，温室效应还使一些病虫害的生长季节延长，使多世代害虫繁殖代数增加，一年中危害时间延长，农作物受害可能加重。在 21 世纪较大范围出现高温高湿气候的条件比 20 世纪要多，对小麦赤霉病、水稻白叶枯病、水稻纹枯病等多种病害的传播都有促进扩大作用。水稻纹枯病在将来有可能成为发病最广、损害很大的病害。

同时，温室效应可能使西部现有的温度带北移，这势必造成某些生物种类发生迁移，导致整个生态系统的结构有所调整。由于增暖的速率较快以及生物种类的迁移还将受到人为阻碍（如城市、高速公路等），森林的迁移可能无法跟上气候变化的速度。

（3）滑坡、泥石流等地质灾害增多。我国的永久冻土约占国土面积的 18%，平均厚度约为 0.5~2.0 米，它们基本都位于我国西部。如果未来 10~20 年间全球平均温度升高 0.5 摄氏度，将会造成 5% 的永久冻土融化；若平均温度上升 2 摄氏度，将导致 10%~15% 的永久冻土融化，从而增加西部滑坡、泥石流等地质灾害的发生频率和强度。①

（4）水土流失和土壤侵蚀加重。如前所述，温室效应可能导致未来的降水发生变化。暴雨的频率增加，将直接导致水土流失和土壤侵蚀的加剧。新安江水文模式模拟的结果表明，我国西部半干旱地区，若降雨量增加 10%，蒸发量减少 4%，地面径流量将增大 27%；若降雨量增加 10%，蒸发量增加 4%，则地面径流量

---

① 董洁，贾学锋. 全球气候变化对中国自然灾害的可能影响 [J]. 聊城大学学报：自然科学版，2004，17（2）：58-62.

增加 18％。西部干旱地区，在给定的上述降雨量和蒸发量条件下，地面径流量将增加 30％～50％，从而导致水土流失和土壤侵蚀加剧。

（5）沙漠化更加严重。从根本上讲，沙漠化是因气候干旱造成的，尽管土地利用不当而致大面积水土流失也是沙漠化成因之一。中国现有 35 万平方千米沙漠化土地，其中多分布在西北干旱、半干旱区内。近年来，不断有报道称西北沙漠化正不断南侵。根据上节温室效应对西部的气候影响可以看出，温室气体的增多似乎不能改善中国西北现有的气候状况，更大的可能是，西北的气候将更干燥，西北的土地将更干涸。也就是说，中国西北地区所面临的保护土地、防沙治沙，将是一项长期而艰巨的工作。

四、大气污染

1. 大气污染的形成机理

大气污染指有害物质排入大气，破坏生态系统和人类正常生活条件，对人和物造成危害的现象。大气污染有自然因素（如森林火灾、火山爆发等）和人为因素（如工业废气、生活燃煤、汽车尾气、核爆炸等）两种，且以后者为主（尤其是工业生产和交通运输），主要过程由污染源排放、大气传播、人与物受害这三个环节所构成。影响大气污染范围和强度的因素有污染物的性质（物理的和化学的）、污染源的性质（源强、源高、源内温度、排气速率等）、气象条件（风向、风速、温度层结等）、地表性质（地形起伏、粗糙度、地面覆盖物等）。防治方法很多，根本途径

57

是：改革生产工艺，综合利用，将污染物消灭在生产过程之中；全面规划，合理布局，减少居民稠密区的污染；在高污染区，限制交通流量；选择合适厂址，设计恰当烟囱高度，减少地面污染；在最不利的气象条件下，采取措施，控制污染物的排放量。我国已制定了《中华人民共和国环境保护法（试行）》，并制定了废气排放标准，以减轻大气污染，保护人民健康。

大气中有害物质的浓度越高，污染就越重，危害也就越大。污染物在大气中的浓度，除了取决于排放的总量外，还同排放源高度、气象和地形等因素有关。污染物一进入大气，就会稀释扩散。风越大，气流越强，大气越不稳定，污染物的稀释扩散就越快；相反，污染物的稀释扩散就慢。在后一种情况下，特别是在出现逆温层时，污染物往往可积聚到很高浓度，造成严重的大气污染。降水虽可对大气起净化作用，但因污染物随雨雪降落，大气污染会转变为水体污染和土壤污染。

地形或地面状况复杂的地区，会形成局部地区的热力环流，如山区的山谷风、滨海地区的海陆风，以及城市的热岛效应等，都会对该地区的大气污染状况产生影响。烟气运行时，碰到高的丘陵和山地，在迎风面会发生下沉，引起附近地区的污染。烟气如越过丘陵，在背风面出现涡流，污染物聚集，也会形成严重污染。在山间谷地和盆地，烟气不易扩散，常在谷地和坡地上回旋。特别是在背风坡，气流做螺旋运动，污染物最易聚集，浓度就更高。夜间，由于谷底平静，冷空气下沉，暖空气上升，易出现逆温，整个谷地在逆温层覆盖下，烟雾弥漫，经久不散，易形成严重污染。位于沿海和沿湖的城市，白天烟气随着海风和湖风运行，在陆地上极易形成污染带。

2. 西部大气污染现状

目前我国正处于工业化和城市化发展的加速时期，环境质量仍在不断恶化。尤其是 20 世纪 80 年代以来，经济持续高速增长，使得环境压力明显增大，长期积累的环境风险开始显现，以至于 20 世纪 90 年代中后期持续发生了多起环境污染事故和环境灾害，造成了巨大的经济损失。目前我国在环境安全方面存在的隐患主要表现为：水资源短缺且污染严重、区域性的酸雨和严重的城市空气污染、生物多样性锐减以及外来物种的入侵。在这诸多问题中，大气污染造成的经济损失尤其巨大。根据支付意愿法计算，1995年，中国大气污染和水污染造成的经济损失占 GDP 的比重高达 7.7%，其中大气污染及其引发的酸雨污染造成的损失就高达 480 亿美元，占总损失的 80% 以上，可以说是中国目前最大的环境问题。①

我国是一个以煤为主的能源生产和消费大国，以悬浮颗粒物和二氧化硫为主的烟煤型污染是大气污染的主要类型。二氧化硫还是引发酸雨的重要原因。所以，研究煤烟型污染的空间分布特征及其变化，对于污染防治和产业布局，具有重要的现实意义。

20 世纪 80 年代初期，我国东、中、西部三大地带大气污染程

---

① 世界银行. 蓝天碧水：展望 21 世纪的中国环境 [M]. 北京：中国财政经济出版社，1997.

度并没有明显差别，许多东部城市的二氧化硫和酸雨污染都要比西部城市严重；但是，经过20多年的发展，在经济中心逐步向东部迁移的同时，污染中心却出现了向西部转移的动向。受资源禀赋条件和经济发展水平所限，目前西部城市的悬浮颗粒物和二氧化硫质量浓度均明显高于东部城市，并且这一态势在短期内仍然难以改变。

从1990年到2000年10年间，悬浮颗粒物和二氧化硫污染的范围都在逐步缩小，程度均有所减轻，但东部地区的改善速度明显快于中西部。1990年绝大部分中西部城市和东北地区城市均处于重度悬浮颗粒物污染之中，而到了2000年，悬浮颗粒物污染较重的城市仅限于西北地区。在污染整体改善的同时，三大地带之间形成了明显的环境梯度。1990年，东、中、西三大地带城市悬浮颗粒物的年日均质量浓度分别为0.395毫克/立方米、0.445毫克/立方米、0.447毫克/立方米，东部城市低于中西部城市，而后两个地带城市之间的差别并不明显。而到了2000年，三大地带城市悬浮颗粒物质量浓度则分别为0.197毫克/立方米、0.286毫克/立方米、0.334毫克/立方米，已经形成了明显的环境梯度。① 目前，符合国家空气质量二级标准的城市主要集中于东部地区，符合三级标准的城市主要分布于中部地区，而超过三级标准的城市主要集中于中西部，污染中心明显表现出向西部扩散的趋势。1990年，东部城市沈阳、鞍山、徐州、苏州、上海、大连等地的悬浮颗粒

---

① 耿海青，谷树忠，姜楠. 从煤烟型污染的时空变化看西部地区的环境安全问题[J]. 兰州大学学报：自然科学版，2005，41（4）：16-20.

物质量浓度都超过了国家三级标准，而到了 2000 年，除矿业城市鞍山和徐州外，其他城市已全部达到国家空气质量二级标准。与之相比，西部部分工矿城市的悬浮颗粒物污染非但没有改善，反而出现不断恶化的趋势，如兰州、格尔木、大同、石嘴山、西安、昌都等城市的悬浮颗粒物质量浓度都有所升高。目前，悬浮颗粒物污染最为严重的城市，几乎全部集中在中西部地区。2000 年，在所有统计的城市中，除东北地区的吉林和鞍山两大工矿业城市外，其余悬浮颗粒物年日均质量浓度超过国家空气质量三级标准的城市全部分布于中西部，并且主要集中在大同—延安—兰州—格尔木—乌鲁木齐沿线及以北地区，这些城市全部是我国重要的能源、原材料工业基地，在全国的产业分工格局中具有重要战略地位。

二氧化硫的变化与悬浮颗粒物相类似。1990 年，东部城市二氧化硫的年均质量浓度为 0.107 毫克/立方米，低于西部城市，但高于中部城市，许多东部城市的二氧化硫质量浓度都超过了国家三级标准，如青岛、石家庄、淄博、沈阳、天津、唐山、济南、鞍山、桂林、广州等大城市的二氧化硫质量浓度都严重超标。比较而言，中西部城市的二氧化硫污染并不突出。1995 年，东、中、西部城市的二氧化硫年均质量浓度分别为 0.069 毫克/立方米、0.075 毫克/立方米、0.111 毫克/立方米。[①] 由于东部城市二氧化硫质量浓度的下降速度快于中西部城市，三大地带之间也形成了

---

① 耿海青，谷树忠，姜楠. 从煤烟型污染的时空变化看西部地区的环境安全问题 [J]. 兰州大学学报：自然科学版，2005，41 (4)：16-20.

明显的质量浓度梯度。1995 年以后，我国逐渐加大了环境管理力度，"九五"期间，全国环境质量明显改善。2000 年，东部城市的二氧化硫质量浓度全部达到了国家空气质量二级标准，而中西部部分城市的二氧化硫污染却出现了加重的迹象。在超过三级标准的城市中，除石家庄外，全部是中西部城市，西部城市如格尔木、乌鲁木齐、石嘴山等重工业城市，二氧化硫污染明显加重。从等值线图看，10 年间除东部城市有明显改善外，二氧化硫污染在中西部地区的分布格局并未发生根本变化，西部地区要明显高于东南沿海一带。全国有三个明显的高二氧化硫排放中心：以太原为中心，包括大同和石家庄的煤炭、电力和化学工业基地；以格尔木为中心的石化基地；以宜宾、贵阳、重庆为代表的西南高硫煤产区。从三大地带煤烟型污染物的排放强度和比例来看，污染中心向西部迁移的动向更加明显。1990 年，西部地区单位工业产值的二氧化硫排放量是东部地区的 2.5 倍，2000 年则上升为 4.6 倍。10 年间，东部和中部地区烟尘排放量占全国总量的比例都有所下降，而西部地区反而上升了 5 个百分点。综上所述，尽管近年来我国总体的煤烟型污染状况一直在不断改善，但东部地区大气环境质量的改善速度要明显快于西部。由于西部许多工矿城市污染加重，我国的煤烟型污染中心正在逐渐向西部转移（见表 2-1）。

表 2-1　　　　　中国东、中、西部地区工业污染物排放强度

单位：千克/万元

指标	年份	东部	中部	西部	全国
化学需氧量 排放强度	1990	37	47.5	47.6	40.9
	1995	11.4	21.3	23.5	15
	1998	5.2	8.1	13.6	6.7
二氧化硫 排放强度	1990	54.7	76.3	100	65.7
	1995	15.2	22.6	45.9	20.1
	1998	9.9	15.5	32.9	13.4
烟尘 排放强度	1990	40.2	85.6	71.8	55.5
	1995	11.2	29.4	38.6	18.4
	1998	5.5	14.4	30	9.9

资料来源：由《中国环境年鉴》（1991，1996，1999）和《中国统计年鉴》（1991，1996，1999）中的数据计算得出。

3. 西部大气污染日益严重的原因

（1）区域资源禀赋差异。中国西部地区的矿产资源蕴藏量极其丰富，目前中国已发现的 171 种矿产在西部地区均有发现，有探明储量的矿种达 132 种。45 种主要矿产保有储量的潜在价值高达 44.97 万亿元，占全国总量的 50.85％，一些紧缺性矿产资源，如石油、天然气、铜等，在西部都表现出明显富集的特点。[1] 受资源禀赋条件的影响，中国高耗能的煤炭、石油、化工及电力等重工业，有相当部分布局于西部地区，并且由于西部地区的资源远

----

[1]　国土资源部. 2002 年中国国土资源公报 ［OL］. ［2003-10-25］. 国土资源部网站（http：//www.mlr.gov.cn/）.

景较好,重工业仍有向西部转移的趋势。高耗能产业的进入,必然会加重这一地区的大气污染。全国悬浮颗粒物和二氧化硫污染最为严重的城市,绝大部分都是西部的工矿业城市,如乌鲁木齐、石嘴山、格尔木、兰州和延安等。

(2)产业梯度转移。根据产业生命周期规律和区域经济发展梯度理论,每个国家或地区都处在一定的经济发展梯度上,每出现一种新行业、新产品、新技术,都会随时间推移由发达地区向欠发达地区传递。落后地区要实现经济起飞,就必须首先发展自身具有较大优势的初级产业,并尽快承接那些从高梯度地区外溢来的产业,以此来逐步实现产业结构的升级换代,最后由落后走向发达。目前,中国沿海发达地区已进入工业化后期,产业结构服务化趋势日益增强,由于经济发展水平较高,对环境的要求也越来越严格,而中西部地区仍处在工业化初期、中期。特别是沿海大城市,迫于土地、劳动力等要素成本上升的压力,纷纷把工业尤其是工业的加工环节向内地扩散,在这一过程中,许多高污染、高能耗、高物耗的传统行业纷纷向西部地区转移,进一步恶化了当地的生态环境。

五、森林砍伐

森林生态系统作为陆地生态系统的主体,是陆地上面积最大、分布最广、组成结构最复杂、物质资源最丰富的生态系统,它也是自然界功能最完善的资源库,生物基因库,水、碳、养分及能源储存调节库,对改善生态环境,维护生态平衡具有不可替代的作用。而且，某一地区广泛分布的树种对该地区的气候具有指示意义。如北方针叶林区是寒冷气候（高海拔）的象征，温带森林分布在冬季冷而夏季炎热潮湿的地区，热带雨林地区则终年高温、雨量丰沛。

1. 森林的巨大生态作用

森林虽仅占陆地 1/3 的面积，但森林的年生长量却占全部陆地植物年生长量的 65％，因此，森林不仅是陆地生态系统的主体，而且是人类的一个巨大的可再生自然资源库。同时，森林是地球上最大的陆地生态系统，是全球碳循环的重要组成部分。森林的固碳作用十分显著，森林每生产 10 吨干物质，便可吸收 16 吨二氧化碳，森林碳储量占陆地生态系统碳储量的 90％。据调查，在全球森林植被及土壤中碳储存约 11 500 亿吨，其中约 37％的储存碳在低纬度森林，14％在中纬度森林，49％在高纬度森林。① 目前，大气中二氧化碳的含量在不断增加，致使全球气候变暖，而森林是一个重要的碳汇，它对抑制气候变化能起到重要作用。

森林生态主要是由各种各样的林木、植被、水土、野生动物等生物与非生物因子构成的动态平衡协调发展的生态系统。森林不但是森林生态的主体，还是陆地生态系统的主体。森林具有调节气候，保持水土，涵养水源，防风固沙，净化空气，吸碳排氧，转换能量，制造养分，哺育生命等功能。据有关资料介绍，每 1 平

方千米的森林每天可吸收 1 吨二氧化碳，释放 0.175 吨氧气。森林的存在减少了大气中的二氧化碳的含量，使地球变成适合人类生存的地方，所以森林被称为"地球之肺"。森林可以涵养降水约 1 000 立方米/平方千米，1 万平方千米森林的蓄水量相当于 330 万立方米的水库。[①] 森林孕育了人类，人类是从森林中走出来的，森林与人类息息相关，而且森林还是野生动物的家园。

2. 西部林业资源现状与问题

1992 年联合国环境与发展大会召开以来，森林可持续发展问题作为全球环境问题中的一个必不可少的组成部分，受到了社会各界的普遍关注。随着可持续发展观念的普及和森林在履行《京都议定书》减排目标中作用的加大，林业正在被赋予越来越多的内涵。传统的森林经营模式正在被可持续经营所取代，这已成为全球广泛认同的林业发展方向。森林的生态保护与可持续发展正在被提到空前的高度，成为各国发展战略的核心问题之一。在我国的西部大开发中，这一问题同样重要。

西部地区的森林面积为 5 938 万公顷（除去西藏自治区实际控制线外的部分，只有 5 076 万公顷）（1 公顷＝0.01 平方千米），只占国土面积的 8.68%，低于全国平均 13.92% 的水平。人均森林面积和蓄积量虽然高于全国平均水平，但都低于世界人均水平，更低于林业发达国家的水平。西部地区人均森林面积为 0.178 公

① 李星. 世界森林资源的现状与未来 [J]. 世界农业，2003 (4)：22-24.

顷，人均蓄积量为 19.077 立方米，只有世界人均森林面积和蓄积量的 20% 和 28% 左右。①

目前，西部地区林业资源存在的主要问题是：

（1）林种结构不合理。根据西部地区生态防护和经济用材的需要，合理的林种结构大体上用材林、防护林、经济林和薪炭林之比应约 3：4：2：1 为宜。据统计，现实的林种结构与此相距甚远，用材林比重高达 65%，防护林仅为 24%，经济林和薪炭林更低，只有 8.3% 和 2.7%。

（2）林龄结构不合理。西部地区森林的幼龄林、中龄林和成熟林面积之比为 3：3：4，蓄积之比为 1：2：7，显然不合理（见表 2-2）。尤其是森林资源较多的四川、云南、西藏和新疆等省区的林龄结构比例失调，突出表现为成熟林过多。在边远的山区，大面积的原始林已经衰老，生长缓慢，甚至呈现增长负值，不能充分发挥林地生产力；而中龄林又严重不足，后续资源接替不上，将影响木材对市场的持续供应。

表 2-2　　　　　　西部森林资源各林龄组面积与蓄积量

项目	合计	幼龄林	中龄林	成熟林	幼、中、成熟林比重
面积（万公顷）	5 076	1 597	1 399	2 080	3.15：2.75：4.1
蓄积量（万立方米）	552 113	44 539	106 037	401 537	0.81：1.92：7.27

资料来源：《中国林业统计年鉴》（2002 年）。

---

① 国家统计局. 中国林业统计年鉴（2002）　［M］. 北京：中国统计年鉴出版社，2003.

（3）森林资源的区域分布不均。西部地区的人口分布和经济发展存在不均匀性，森林资源在区域分布上也极不均衡。大面积的原始森林主要分布在人烟稀少、经济落后、交通不便的山区，如大兴安岭、横断山区。此外，秦岭、祁连山、天山和阿尔泰山等山地亦有一定的分布。西部地区森林的 60％以上集中分布在川、滇、藏等西南林区，那里也是目前西部的主要木材产区。而占西部地区土地面积 45.2％的西北五省区森林资源却很少，其有林地面积占西部有林地面积的 15.3％，蓄积只占 12.2％（见表 2-3）。森林资源分布的区域差异，林龄结构和林种结构的不合理，一方面导致了西部地区的森林集中分布区因林木自然枯损及生长量低而不能充分发挥林地生产力，造成严重浪费，而无林少林地区脆弱的自然生态环境又得不到改善；另一方面，森林的幼龄林、中龄林和成熟林的比例失调，中龄林资源接替不上，又潜伏着未来木材供需的尖锐矛盾，影响整个森林功能的发挥。

表 2-3　　　　　西部森林资源区域分布面积与蓄积量

地　区	林业用地		有林地			
	面积	比例	面积		蓄积量	
	万公顷	％	万公顷	％	万立方米	％
西部	13 961	100	5 617	100	552 113	100
内蒙古	3 214	23	1 407	25	89 676	16.3
西北	2 739	19.6	858	15.3	67 521	12.2
西南	8 008	57.4	3 352	59.7	394 915	71.5

资料来源：《中国林业统计年鉴》（2002 年）。

（4）人工林少。林业用地利用不充分，后续资源不足。西部地区的森林多为天然林，人工林发展缓慢。目前统计，共有人工林 1 197 万公顷，仅占西部地区有林地面积的 20％，低于全国 31％的水平，而且质量也差，人工林每公顷的蓄积量仅为 17 立方米，也低于全国平均水平。西部地区的林业用地面积为 13 960.31 万公顷，而有林地面积只有 5 616.97 万公顷，仅占林业用地总面积的 40.2％，低于全国平均水平（50％）。

（5）可采森林资源消耗过快，木材供需矛盾十分突出。有资料显示，1984—1988 年间西部地区森林蓄积年生长量为 14 844 万立方米，平均生长率为 2.36％，森林资源的生长量大于同期的消耗量，平均每年净增长 680 万立方米。然而，这种森林蓄积的增加主要来自幼龄林增多和防护林面积的扩大，而主要的木材产区的森林资源仍在继续减少。如西南的四川、云南、广西和贵州等主要木材生产省区，其森林资源的消耗量都大于生长量，1999 年以前四省区共计每年的森林赤字就达 1 962.2 万立方米。①

（6）生态环境仍在恶化。涵养水源、保持水土、防风固沙等是森林的重要功能之一，但目前西部地区的生态环境仍未得到根本改善，水土流失面积有增无减，沙漠和沙化面积仍在扩大，生态性的灾难在某些地区已十分严重地表现出来。

从空间分布上来看，西部森林覆盖率仍然较低，面临的问题依然严峻。

---

① 白传胜. 西部森林资源开发中存在的问题及对策［J］. 科技创业，2003（6）：78-79.

西南地区的天然林多集中分布在长江上游的金沙江、雅砻江、大渡河和岷江的源头，具有十分重要的水源涵养和水土保持作用。但是近40年来，这里的森林覆盖率由30%下降到14.2%，总计森林资源消退317.5公顷。现在各支流流域的森林覆盖率都很低，金沙江流域为13.5%，雅砻江流域为15.7%，大渡河流域为13.3%，岷江流域为16.1%。这样低的森林覆盖率远远不足以维持生态平衡，这是当地乃至整个长江流域生态恶化的根本原因。长江中上游地区，水地流失面积已达72万平方千米，比20世纪50年代增加1倍，每年流入长江的泥沙量就达6亿多吨。①

西北地区，"三北"防护林建设已取得较大的成绩，一期工程造林605.5万公顷，森林覆盖率由原来的4%提高到5.9%，但仍不能扭转沙化和水土流失等严重生态恶化的趋势。如近50年平均每年沙化面积为1 000平方千米，近30年平均每年沙化面积为1 677平方千米，沙化面积呈明显的递增趋势，水土流失及江河淤泥现象也日趋严重，黄土高原因水土流失每年输入黄河的泥沙量达16亿吨，陕西省的水库，每年要淤掉1亿立方米的库容。② 生态环境的恶化，已危及西部地区农业、工业的发展和人民的正常生活。

---

① 郭月峰，王瑄，巩琼. 西部地区水土流失现状及防治对策 [J]. 内蒙古农业大学学报，2006，27（3）：153-156.
② 郭月峰，王瑄，巩琼. 西部地区水土流失现状及防治对策 [J]. 内蒙古农业大学学报，2006，27（3）：153-156.

六、水土流失

地球上人类赖以生存的基本条件就是土壤和水分。在山区、丘陵区和风沙区，由于不利的自然因素和人类不合理的经济活动，造成地面的水和土离开原来的位置，流失到较低的地方，再经过坡面、沟壑，汇集到江河河道内去，这种现象称为水土流失。我国是世界上水土流失最严重的国家之一。随着人口增长、森林砍伐、垦荒、资源开发、工程建设和城市化进程的加快，我国水土流失有加剧蔓延之势，并进而引发了一系列的生态资源问题，其中西部地区尤为严重。在西部开发过程中，这是一个不容忽视的问题。

1. 西部水土流失现状

中国科学院 2005 年的调查资料显示，我国水土流失面积为356 万平方千米，其中西部占 80％。刘玉平等人的遥感资料表明，西部地区 12 省区潜在和已经发生水土流失的耕地总面积为 45.377万平方千米，其中中度以上水土流失的耕地面积达 29.348 万平方千米，占耕地面积的 64.67％。从发展程度来看，以严重水土流失为主，占 37.35％，极严重占 29.35％，严重和极严重合计占到60％以上，说明我国西部地区耕地水土流失是非常严重的。西部地区潜在和已经发生水土流失的草地总面积为 99.664 万平方千米，已经发生中度以上程度的水土流失的草地面积为 62.98 万平方千米，占 63.19％。从发展程度来看，草地水土流失以中度为

71

主，占 87.52%。所以，从发展程度上看，耕地水土流失要比草地水土流失严重得多。西部地区耕地和草地水土流失面积合计92.329 万平方千米，其中草地水土流失占 68.21%，耕地水土流失占 31.79%。长江流域 20 世纪 90 年代的水土流失面积比 50 年代至少增加了 2 万平方千米。[①] 西北黄土高原是中国水土流失最严重的地区，其土壤侵蚀以强度大、面积大、侵蚀所产生的泥沙输移比大而著称于世，目前水土流失面积达 45 万平方千米，导致土地资源和生态环境遭到破坏。受水土流失的影响，黄土高原和长江中上游地区生态环境恶化、自然灾害频繁发生、人民生活贫困，中下游河道淤积、洪水泛滥，重要工业城市和国家基础设施经常受到洪水的威胁，严重制约了中国经济的快速发展。

2. 水土流失给西部带来的危害

（1）耕地不断减少，土壤肥力急剧下降。例如黄土沟壑区，由于冲沟发育，沟头前进、沟底下切、沟岸向两旁扩展，大量的耕地被吞噬，昔日完整的塬面耕地变成了残塬，加之风沙的南侵，大量的耕地变成沙漠。整个黄土丘陵沟壑区已经被切割得支离破碎，严重影响了今后的规模化经营。

另一方面，在水土流失的肆虐之下，农业生产用地不断变薄，养分和黏粒物质减少，引起耕地退化，轻者使耕地产量下降，严重的甚至会使耕地的生产能力丧失。同时，西部大部分地区降水

---

① 王晓东，袁仁茂，王烨. 西部开发中水土流失问题的生态角度透视 [J]. 水土保持研究，2001，8（2）：103-106.

集中在汛期，春旱特别严重，有时是春、夏、秋连旱，而严重水土流失更加剧了水、旱、风沙灾害。这样，水、肥、土都流失，严重制约着农业、牧业和林业的可持续发展。

（2）灾害频繁发生，严重制约着西部的经济发展。西部的水土流失区大多数是贫困地区，缺少基本生活资料，生活水平低，人均收入低，生活水平提高慢，而水土流失的进一步加剧使自然灾害频繁发生，人民生活更加贫困。随着西部地区人口的增加，以及水土流失等因素造成的土地产出率的下降，两者之间的矛盾日益加剧。人们为了生存，极力向自然索取，导致水土流失进一步加剧，生态环境进一步恶化，从而形成了一个建立在水土流失问题上的恶性循环，严重阻碍了西部开发的顺利进行。

（3）造成小洪水、高水位、大灾害的后果。西部地区严重的水土流失造成水库、河流、湖泊、池塘淤积，河床升高，河道变窄，防洪容量萎缩，进而引起和加剧了洪涝灾害。水土流失造成了水库和湖泊的淤积，使水库库容减小，湖泊萎缩，造成了西部地区小洪水、高水位、大灾害的后果。加之西部地区多处于黄河和长江的上游地段，更对黄河和长江的洪涝灾害起到了推波助澜的作用。从先秦到新中国成立的 2 500 多年间，黄河发生洪灾 1 500 余次，大的改道 26 次，平均三年一决口，百年一改道。新中国成立以后，黄河河库因上游的水土流失所造成的泥沙淤积而以每年 10 厘米的速度淤高，致使河床高出堤外地面 3~5 米，最大处高出 10 米。新中国成立到现在，黄河下游淤积泥沙超过 100 亿吨，加上近几年断流，进入黄河的泥沙淤积在主河槽内。下游 700 多千米

73

靠两岸大堤保护，河床远远高出堤外地面，形成著名的千里"悬河"。再看看长江，自20世纪50年代以来，因为西部地区的水土流失而从长江上游带来的泥沙使得中下游地区的湖泊面积大大缩小，如洞庭湖面积减少了2 300多平方千米，平均每年减少近52平方千米。[①] 同时，大量的泥沙被携带到中下游地区，沿江堆积，使得河床垫高，从而进一步使河道变窄，泄洪和蓄洪能力下降，成为洪灾加剧的一个重要原因（见图2-1）。

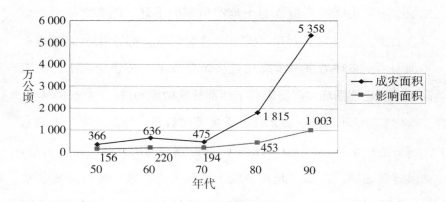

图 2-1　西部地区洪涝灾害影响面积和成灾面积

资料来源：国家环境保护总局自然生态保护司。

3. 造成西部水土流失的主要原因

造成水土流失的原因是多方面的，既有气候、地形等自然因素，又有人类不合理开发活动等因素，后者更加剧了水土流失，

---

① 刘秀兰，付强. 西部地区水土流失治理的迫切性及其对策 [J]. 西南民族大学学报：哲学社会科学版，2002，23（3）：29-36.

破坏了人类生存和发展的环境。

（1）气候因素。西南地区由于所处的地理位置，季风气候的特征十分显著。干季和雨季的界线十分明显，降水主要集中在雨季，尤其是夏季。夏季由于受季风云团的影响，加上复杂地形的动力和热力作用，对流活动十分活跃，因此，夏季多阵性降雨。在恰当的天气形势下，阵性降雨强度大，而且持续时间较长，容易形成暴雨或特大暴雨，造成水土的大量流失，进而引起河水泛滥。

（2）地形因素。西南地区地势起伏不平，多山地和丘陵，山高坡陡，暴雨到达地面后，在重力作用下，地表径流迅速被汇聚到河谷中，或积聚在凹地处，容易形成洪灾，加剧了水土流失。以黄土高原为例，在64万平方千米范围内，丘陵沟壑区的面积超过25万平方千米，许多地面为峁状地貌，而且坡度大于25度的陡坡地面积占了相当大的比重。① 这就为水土流失提供了条件。

（3）土壤因素。西北黄土高原是我国水土流失最为严重的地区之一，表层土壤大部分属于第四纪全新时代的沉积物，以黏土、砂土、粉砂土为主，土质疏松，垂直节理发育，孔隙度高，透水性强，易遭面蚀、沟蚀、重力侵蚀等，能够形成庞大的侵蚀沟系。

（4）人为因素。人们对土地的不合理利用，破坏了地面植被和稳定的地形，以致造成严重的水土流失，最主要有两个方面：第一，人类随意毁林毁草，陡坡开荒，破坏了地表植被；第二，

---

① 王晓东，袁仁茂，王烨. 西部开发中水土流失问题的生态角度透视 [J]. 水土保持研究，2001，8（2）：103-106.

人类在开矿、筑路时不注意水土保持,破坏了地表植被和稳定的地形,同时将废土、弃石随意向河沟倾倒,造成大量新的水土流失。以四川省绵阳市为例,近几年来仅仅因为修路、基建所造成的水土流失面积就达到 116 平方千米,占到同期该市水土流失总面积的近 1/5。

第二节 西部资源开发对社会经济发展的负面作用

中国近一百多年以来进行过多次西部开发,其中较著名的有左宗棠的屯垦戍边、新中国成立后的新疆建设兵团屯垦以及"大三线"建设等。但是,由于生态环境脆弱,人口增加,耕地减少,使人地矛盾十分突出。西南地区因为森林遭到破坏,过度开垦,耕作不当,造成广泛的水土流失。青、陕、宁、新、藏等地区也同样面临着生态环境问题:干旱少雨,水资源匮乏,森林稀少,植被覆盖率低,沙漠戈壁面积巨大,有超过半数以上的土地不能或暂难利用。黄土高原的水土流失严重,土地沙漠化、盐渍化加剧。

西部地区是基础薄弱、自然条件恶劣、生态环境恶化、抵御自然灾害能力差的地方,"靠山吃山,靠水吃水"的生存信条铸就的传统掠夺性就地开发脱贫手段,注定了其环境更加恶化,人们更深地陷入难以解脱的"贫困陷阱"。一个严重的现实是,在"越穷越垦,越垦越穷"的恶性循环中,不仅后人的利益得不到兼顾,就是当代人的生存也受到了极大的威胁,这给西部的社会经济发展带来了巨大的阻碍。

一、西部资源开发对经济的负面作用

西部长期建立在传统资源开发模式基础上的传统经济发展模式，几乎以自然资源为其唯一的增长源，这在经济发展初期资本稀缺、管理经验不足、劳动力素质极低、市场经济不发育的情况下，对经济的启动发挥了应有的作用。然而，这种以高消耗、高污染、高浪费为代价保证经济增长的单极增长源发展模式，随着人口的增长，随着经济发展对资源压力的增大，越来越显示出它灾难性的弊端。尤其严重的是，它与当前可持续发展对资源永续性利用这一最基本的要求极端背离。可持续发展意味着在人类一代又一代的社会经济发展中，实现资源的永续利用，不仅给当代人，也给后人保留持续发展的余地。而单极增长源发展模式，排斥了资金增长源、人力资本增长源、技术增长源、信息增长源、管理增长源等的能量，以自然资源投入为主的外延扩大再生产占优势，资源过耗与资源浪费并存，不能确保可持续发展对资源永续利用的需求。

总结西部资源现有的各种开发模式，尤其是现在以经济增量为唯一考核标准的不合理制度下所采取的违反自然生态规律的大肆开采，将导致西部经济的结构错位，在缺乏可持续发展理念的引导下，对整个国民经济会产生毁灭性的影响。

1. 长期对自然资源的过度利用，导致西部出现了生态性贫困

生态环境是一个具有自我调节功能、保持动植物稳定生长和自然状态平衡的有机系统。从 20 世纪 50 年代初到 70 年代末，我国西部地区的人们长期信奉"人类中心主义"，在改造和利用自然的时候，竞相开发"免费"的自然资源，急功近利，使许多地方的资源遭到严重破坏，自然界越来越非自然化，人们日益走向生态性贫困。① 具体表现在：

首先，西北部地区对水资源的严重超采，导致缺水的生态环境进一步恶化。西北干旱地区，高山环绕、干旱多风，高山冰雪融水是十分有限的淡水资源。随着大面积低产坡地和梯田的开发利用和低效的灌溉方式的采用，浪费水资源的现象十分严重；人口的增加和传统的工业方式也在无限扩大对水资源的需求；加之地表水大量受到污染，人们的生活用水及一些生产用水只好靠大量抽取地下水来维持，这就导致大面积的地面沉降及防洪能力下降。由此影响到农、林、牧、副、渔等赖水性产业的正常发展，缩减了经济多元化发展的可能性，导致西北部经济承载能力进一步弱化，加剧了西北部的贫困状态。

其次，整个西部水土流失加剧，致使土地荒漠化和洪涝灾害增多。由于曾经过度毁林开荒，乱采滥伐地下资源对地表造成侵害，使西部的森林和草地遭到严重破坏，土地荒漠化在恶性发展。有

---

① 张慧君. 正确处理西部资源开发的矛盾问题 [J]. 中国地质教育，2001，37（1）：1-3.

关统计资料表明，西北部地区现有沙漠 7.44 亿亩，戈壁 4.58 亿
亩，重盐碱地 0.545 亿亩，裸岩沼泽 10.44 亿亩，荒漠 16.48 亿
亩。尤其是沙漠化速度从 20 世纪 70 年代的每年 1 500 平方千米增
加到 90 年代的每年 2 460 平方千米，沙漠化面积为 168.9 万平方
千米，占国土面积的 17.6%，形成了一条东西长 4 500 千米、南
北宽 600 千米的风沙带。[①] 特大沙尘暴发生率从 20 世纪 70 年代的
13 次增加到 90 年代的 23 次。而西南部则频繁出现泥石流、塌方
和洪涝等严重的自然灾害（见表 2-4）。西部人口在增加，土地数
量在减少，适合人居的环境在缩小。这直接阻碍了西部地区农牧
业经济的发展，增加了农牧业深层次开发的成本和难度，加重了
人们抵御自然灾害的经济负担。

表 2-4　　　　　　西部地区地质灾害类型与人为原因

地区	地质灾害类型	人为原因
内蒙古	地面滑坡、地面塌陷、地裂震灾、泥石流、煤自燃	过牧、垦荒、矿产资源开发、地下水超采
陕西	泥石流、崩塌、滑坡	坡地开荒、森林砍伐、地下水超采
重庆	滑坡、崩塌、泥石流、塌陷、危岩、地裂带、水毁、地震、井泉枯竭、矿基污染	坡地种植、矿产资源开发、修水库、公路建设
四川	滑坡、崩塌、泥石流、塌陷、地裂缝	坡地种植、矿产资源开发、植物破坏
青海	崩塌、泥石流、塌陷、地震	草场退化

---

① 孙贵尚，刁金东. 西部资源开发与可持续发展对策 [J]. 国土与自然资源研究，
　 2001 (1)：18-20.

表 2-4（续）

地区	地质灾害类型	人为原因
云南	地震、崩塌、滑坡、泥石流、岩溶塌	坡地种植、矿产资源开发、公路建设
贵州	滑坡、崩塌、泥石流、塌陷	坡地种植、矿产资源开发、公路建设
广西	滑坡、岩崩、泥石流、地面塌陷、地裂缝、地面沉降	坡地种植、矿产资源开发、公路建设
新疆	滑坡、崩塌、泥石流、煤自燃	过牧、垦荒、矿产资源开发

最后，整个西部水环境质量持续恶化。由于人们长期无视水资源被浪费和污染的事实，生活用水和工业用水大量任意使用和排放，致使流经西部城市的河流78％的河段超过三类水标准；西部的部分江河及青海湖、滇池、洱海、草海等湖泊都不同程度地受到污染。水资源的污染不但危及水生物的安全，导致水生物的种群数量减少，破坏整个生态平衡，影响西部旅游业的发展；而且还致使大面积的植被坏死、农田绝收，造成重大的直接经济损失。

据现有九省（区）可比资料显示，西部地区生态破坏造成的直接经济损失约1 494亿元，相当于同期GDP的13％，间接和潜在的经济损失就更大。以青海省为例，1993年由于生态破坏而造成的直接经济损失3.8亿元，间接经济损失和生态破坏后的恢复费用为113亿元。① 上述分析计算还未包括基因、物种消失和生态功能失调等许多难以用货币形式测算的潜在经济损失（见表2-5）。

① 国家环境保护总局自然生态保护司. 西部地区生态环境变化后果及其保护对策［J］. 环境保护，2002（3）：28-31.

表 2-5　　　　　　　西部部分省区物种濒危、灭绝情况

地区	物种濒危、灭绝情况
广西	部分物种受到濒临灭绝的威胁。
四川	四川省西北地区约 5％的生物种类灭绝，约 10％～20％的种类也面临濒危的境地。有"天然药库"之称的峨眉山已有麻黄、暗紫贝母等多种药用植物绝迹，142 种药用植物濒危。川西北驰名中外的虫草、贝母明显退化，产量大幅下降；特有水生生物减少，甚至绝迹。
云南	滇池水生动物已由原来的 42 种下降到现在的 22 种。
甘肃	野生动物栖息环境恶化，动植物种群数量减少，珍惜濒危物种面临灭绝的危险。
青海	生物多样性损失严重，许多珍稀、特有的野生动植物物种种群数量锐减，甚至濒临灭绝，如藏羚羊、大黄、麻黄草、藏菌陈等。
宁夏	麝等 20 世纪 60 年代成群出现，由于滥伐森林及滥猎造成种群数量急剧下降。黄河水质污染严重和人为过度捕捞，导致黄河宁夏段特有鱼种北方铜鱼几乎绝迹。

资料来源：国家环境保护总局自然生态保护司。

　　西部地区的生态环境恶化不仅造成了巨大的经济损失，而且直接削弱了经济发展的基础，直接影响到经济的可持续发展。青海省玛多县水草丰美，畜牧业发达，20 世纪 80 年代曾是全国闻名的富裕县。但进入 20 世纪 90 年代后，由于干旱加剧，草原过牧超载，加上鼠害蔓延，草场沙化和退化以每年 20％的速度扩展，到 1998 年，退化草地面积占全县草地面积的 70％，导致该县成为全国十大贫困县之一。甘肃河西走廊及内蒙古阿拉善盟、新疆塔克拉玛干沙漠周边地区、内蒙古阴山北麓以及浑善达克沙地毗邻地区、长城蒙陕宁沿线，是我国沙尘暴主要四大发生地。自 20 世纪 50 年代以来，沙尘暴呈波动减少之势，90 年代初开始回升，西北地区的沙

尘暴源区不断扩大，影响不断加大。内蒙古自治区从 20 世纪 50 年代到 90 年代，全区因沙尘暴造成的经济损失明显增加（见图 2-2）。

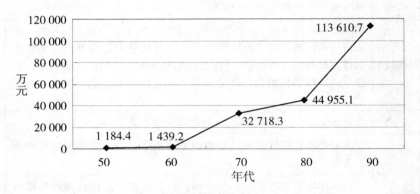

图 2-2 内蒙古自治区沙尘暴造成的经济损失
资料来源：国家环境保护总局自然生态保护司。

生态环境退化导致部分群众沦为生态灾民。据贵州省 1995 年的调查统计，因土地石漠化，全省需搬迁的移民达 30 万；新疆塔里木河下游中段由于沙化和盐碱化，2000 年全部牧民被迫搬迁；内蒙古阿拉善地区由于沙尘暴的影响，许多乡村已失去生存条件，17 万人的生存受到威胁，25 万人背井离乡，沦为生态灾民。

土壤退化、生产力下降，严重影响了西部地区的生态屏障功能和区域农业生产水平，加大了西部地区的脱贫难度。1985 年到 1999 年，四川省耕地面积减少了 126 万平方千米，平均每年减少约 9 万平方千米；云南省每年有 2 万～2.5 万平方千米耕地被占用；青海现有耕地中有 84% 表现为土壤侵蚀、沙漠化、盐碱化。[1]

---

[1] 国家环境保护总局自然生态保护司. 西部地区生态环境变化后果及其保护对策
[J]. 环境保护，2002 (3)：28-31.

生态恶化影响到西部地区的农牧业生产，成为当地农牧民脱贫致富的主要障碍，不仅使扶贫难度增大，也使返贫率上升。

总之，人们对西部自然资源盲目地、掠夺式地开发和利用，已经使西部的生态环境日趋恶化，并且严重破坏了环境资源的再生能力。它在直接影响西部人生产和生活状况的同时，也增大了国家恢复生态的代价，使西部陷入生态和经济的双重恶性循环。

2. 长期对自然资源的依赖性利用，导致西部经济结构严重失调

西部经济对自然资源的依赖性导致了其产业结构的单一化，整个经济系统缺乏内联和外联效益。国家在西部的产业结构上，从"一五"时期的重点建设，20世纪六七十年代的"三线建设"，到20世纪80年代的一些能源基地建设，除了国防安全和战备需要以外，大部分时期主要着眼于当地的资源开发，把西部当作东部加工企业的原料、燃料产地，建立东西部垂直一体化的分工体系。在这种传统的经济体系中存在两个问题：一是产业结构单一和陈旧，经济缺乏活力；二是产业成本高，资源浪费严重。

从产业结构上讲，西部产业结构具有明显的资源型、初级化特征，其高度依赖原材料和能源，产品技术含量低。由于长期的资源开发，使人们往往高估甚至夸大了自然资源的作用，形成过度依赖劳动力、资本、原料和能源的思想。西部经济增长主要是在"低技术组合"的情况下依靠高投入、高消耗、拼资源、拼环境换来的，走的是先污染后治理的路子。这种资源型的产业除了给西

83

部带来资源的浪费和环境污染之外，并没有带来明显的增长绩效，与东部的收入差距反而不断拉大。

从产业成本上来讲，资源型产业具有成本递增的特点。随着资源的深度开发，低成本的优势会逐渐消失，这在西部的一些能矿产业中已经或者正在显现出来。而现代资源观则强调，资源的优势要发挥作用，必须有一个"资源优势—产品优势—商品优势—经济优势"的升迁过程。西部地区，传统的资源价值观是建立在"资源无价"基础上的，视自然资源为"取之不尽，用之不竭"的财富，在资源利用上，存在着肆意开采和不计成本的现象。这不仅加剧了各类资源的浪费和破坏，还使各类产品在新的历史时期成本不断攀升，产品的价格严重背离产品性能，致使产品的市场竞争优势消失。

西部是我国资源最为丰富的地区，同时也是我国资源破坏最为严重的地区。西部开发战略需要十分注重资源的利用，实现资源的充分、合理利用是西部大开发的一个重要基础。

有效地利用自然资源，是西部经济效益和生态效益有机结合的逻辑起点。由于人口基数大，我国各类自然资源的人均占有量远远低于世界平均水平。尤其是关系到人类生存的淡水、耕地、森林与草地四类资源，我国人均占有量分别只有世界平均水平的28%、32%、14%和32%。① 在西部，长期不合理的开采和浪费，更加重了各类自然资源短缺的危机。面对这种危机，如果我们不

---

① 国土资源部. 2002 年中国国土资源公报［OL］.［2003-10-25］. 国土资源部网站（http://www.mlr.gov.cn/）.

对自然资源的利用进行合理规划，我们的经济建设不仅会面临物质匮乏的窘境，而且还会面临更加严重的生态灾难。经济上的贫困与生态环境恶化有较强的相关性。西部许多贫困地区之所以贫困，与历史上长期对自然资源进行掠夺式的开发不无关系。在西部，由于生产力较低和经济基础较差，人们对自然资源的有效利用率低而依赖性又强，人们不得不在大量开发自然资源的前提下，满足一定的生存需求，这就使得西部地区的生态系统和生产条件遭到破坏；生态的破坏达到一定程度往往又会加剧贫困，而贫困又迫使人们进一步扩大对资源的开发，形成生态上和经济上的双重恶性循环。因此，西部大开发必须注重对自然资源的合理开发和利用，把经济效益和生态效益有机结合起来，为西部大开发奠定稳固的基础，创造良好的环境，避免出现开发和发展的严重脱节。这样，才能把西部大开发推向一个新的高度。

二、西部资源开发对人民生活、健康的负面作用

我国西部地区经济相对落后，加之自然生态条件的原因，使实施西部大开发战略面临更多的疾病预防、职业伤害和环境影响的挑战，这些问题如不予以足够重视、着力解决，将会制约西部开发的顺利进行。

1. 西部大开发中西部人民的基本生活现状

西部地区 12 个省（自治区、直辖市），土地面积占国土面积的三分之二。根据 1999 年的统计数据，西部经济总量（国内生产总

85

值 GDP）15 353.5 亿元，占全国 GDP 的 18.7%。[①] 从经济总量、人均经济水平和居民消费水平来看，西部地区的经济水平明显低于全国平均水平。西部地区不仅经济水平低，各省（区、市）（除内蒙古）的总负担系数（15～64 岁人群负担其余年龄组人群的比例）还明显高于全国平均水平（见表 2-6）。

表 2-6　　　　　西部省区基本经济情况（1999 年）

地区	GDP （亿元）	人均 GDP （元/人）	居民消费水平 （元/人）	总负担系数 %
重庆	1 479.7	4 826	2 336	46.8
四川	3 711.6	4 452	2 191	46.7
贵州	911.8	2 475	1 542	51.9
云南	1 855.7	4 452	2 340	52.3
西藏	105.6	4 262	1 708	64.4
陕西	1 487.6	4 101	1 884	50.2
甘肃	931.9	3 668	1 650	49.1
青海	238.3	4 662	2 150	49.1
宁夏	241.4	4 473	2 014	49.7
新疆	1 168.5	6 470	2 936	46.6
内蒙古	1 268.2	5 369	2 279	39.1
广西	1 953.2	4 144	2 079	54.2
全国	81 910	6 534	3 143	46.1

资料来源：《中国统计年鉴》（2000 年）。

---

① 国家统计局. 中国统计年鉴（2000）[M]. 北京：中国统计出版社，2001.

西部地区人口分布极不均衡，很多地方自然环境恶劣，人迹罕至。西部地区人口健康指标明显低于全国平均水平，各省（区、市）人口出生率和死亡率普遍高于全国平均水平。全国第四次人口普查表明，西藏、青海和新疆的人均期望寿命分别低于全国平均9岁、8岁和6岁；西部地区孕产妇死亡率高达200/10万以上，是全国城市地区平均水平的4倍、农村地区平均水平的2倍多。除个别省（区、市）外，大多数省（区、市）的成人文盲率高于全国平均水平（见表2-7）。

表 2-7　　　　　　　　　西部省区基本人口状况

地区	人口（万人）	出生率(‰)	死亡率(‰)	成人文盲率(%)
重庆	3 075	11.9	6.94	14.7
四川	8 550	13.8	7.02	16.7
贵州	3 710	21.9	7.68	24.4
云南	4 192	19.4	7.82	24.3
西藏	256	23.2	7.41	66.1
陕西	3 168	12.5	6.38	18.2
甘肃	2 543	15.6	6.44	25.6
青海	510	20.6	6.78	30.5
宁夏	543	17.9	5.65	23.3
新疆	1 774	18.7	6.96	9.77
内蒙古	2 362	13.3	6.08	16.4
广西	4 713	14.9	6.93	12.3
全国	125 909	15.2	6.46	15.1

资料来源：全国第四次人口普查。

从量上来看，西部地区一些少数民族省（区）人均卫生资源高于全国水平。① 但是，这些少数民族省（区）地广人稀，自然条件差，与东、中部省、市比较，同样的服务，需要耗费更多的资源。因此，从实际效果来看，西部的卫生资源不会优于全国平均水平（见表2-8）。

表 2-8　　　西部省区基本卫生资源及卫生状况 (1999 年)

地区	卫生经费 （元/人）	卫技人数 （/万人）	病床数 （/万人）	农村自来水饮用 比例（%）
重庆	23.3	35.4	21.4	53.9
四川	23.5	36.3	22.3	37.3
贵州	25.6	27.4	15.9	40.6
云南	48.3	35.3	23.1	50.6
西藏	113.5	42.9	23.4	11.9
陕西	23.8	45.1	26.8	53.7
甘肃	27.4	39.3	23.2	31.8
青海	48.6	52.9	43.1	52.5
宁夏	36.6	51.5	23.9	28.7
新疆	54.3	68.7	37.7	74.2
内蒙古	35.2	55.4	27.9	29.9
广西	22.6	33.3	18.1	45.2
全国	34.8	44.2	25.1	53.3

资料来源：《中国卫生年鉴》（2000 年）。

区域可持续发展能力可从生存（生存资源禀赋、农业投入水平、资源转化效率、生存持续能力）、发展（区域发展成本、区域

---

① 国家统计局. 中国统计年鉴（2000）[M]. 北京：中国统计年鉴出版社，2001.

发展水平、区域发展质量）、环境（区域环境水平、区域生态水平、区域抗逆水平）、社会（社会发展水平、社会安全水平、社会进步水平）和智力（区域教育能力、区域科技能力、区域管理能力）五大支持系统来评价。[①] 从西部地区区域可持续发展能力在全国的排序来看，除西藏的环境支持系统排位第一，新疆的生存支持系统和陕西的智力支持系统排位第十三外，12 个省（区、市）的其余支持系统在全国的排位全部靠后。因此，西部各省（区、市）可持续发展总能力排序均在全国 19 位以后（见表 2-9）。

表 2-9   西部省区可持续发展能力在全国的位次（1999 年）

	生存支持系统	发展支持系统	环境支持系统	社会支持系统	智力支持系统	总能力
重庆	20	20	29	20	24	24
四川	18	22	23	21	15	19
贵州	28	30	26	30	29	30
云南	21	21	24	28	20	25
西藏	15	31	1	31	31	31
陕西	30	23	22	22	13	23
甘肃	31	27	28	27	25	28
青海	27	29	21	29	30	29
宁夏	25	28	31	26	23	27
新疆	13	25	24	16	27	20
内蒙古	26	24	25	15	19	21
广西	22	18	13	25	22	22

资料来源：《中国可持续发展战略报告》（2001）。

[①] 中国科学院可持续发展研究组. 中国可持续发展战略报告（2001）[M]. 北京：科学出版社，2001.

2. 西部地区人民主要疾病的基本情况

尽管西部人民做了大量艰苦卓绝的工作，也取得了显著的成效，但是由于西部复杂的自然地理景观、部分地方落后的生活卫生条件和特有的民风民俗，不少传染病、地方病和寄生虫病仍然严重威胁着西部人民的生命和健康。

（1）西部主要传染病发作与分布情况。1999 年全国疫情统计数据显示，除内蒙古外的其余省（区、市）的甲、乙类传染病均明显高于全国平均水平。就病毒性肝炎、痢疾、麻疹、肺结核这四种发病水平位居前 4 位的传染病来看，西部各省的发病率几乎都明显高于全国平均水平（见表 2-10）。[①]

表 2-10　　　　　　　　西部省区主要传染病发病率

单位：/10 万

地区	甲、乙类传染病	病毒性肝炎	痢疾	麻疹	肺结核
重庆	294.1	104.2	57.5	16.3	70.7
四川	241.1	99.1	44.2	6.1	51.7
贵州	317.8	68.5	108.6	30.1	65.9
云南	204.3	43.9	55.2	7.6	32.2
西藏	351.9	60.4	217.7	0.58	51.6
陕西	220.4	105.9	60.1	7.7	25.7
甘肃	417.1	194.2	132.4	14.1	56.9
青海	311.1	115.6	126.1	4.2	44.8

---

① 中国卫生年鉴编辑委员会. 中国卫生年鉴（2000）［M］. 北京：人民卫生出版社，2000.

表 2-10（续）

地区	甲、乙类传染病	病毒性肝炎	痢疾	麻疹	肺结核
宁夏	369.1	108.5	166.3	29.8	33.9
新疆	318.3	79.1	98.7	24.4	76.7
内蒙古	1 759	90.6	32.1	1.1	33.8
广西	218.8	60.9	42.5	8.1	61.9
全国	209.2	71.6	48.3	4.9	41.7

资料来源：《全国疫情资料汇编》（1999，2000）。

在危害大、发病水平高的传染病中，发病水平位居前 5 位的省（区、市）几乎都在西部地区。如霍乱、病毒性肝炎、麻疹、流脑和乙脑发病水平最高的 5 个省（区、市）全部在西部，伤寒、结核发病水平最高的 4 个省（区、市）也全部在西部。

重点传染病中鼠疫疫源地主要集中在西部地区。目前，西部的 12 个省（区、市）除重庆市外，均为疫源地区，疫源面积占全国疫源面积的五分之四。2000 年是 1955 年以来鼠疫发病最多的一年，病例主要分布在西部的云南、甘肃、青海、西藏、四川、广西、贵州。

1998 年全球和中国发生较大的霍乱流行，贵州、四川、云南 3 个西部省份报告的病例数，占全国病例总数的 34.36％，2000 年四川、贵州分别占当年病例数的第二、第三位，这两个省报告的病例数为全国报告病例总数的 33.6％。

1999 年和 2000 年四川、贵州、甘肃报告的细菌性痢疾病例数分别居全国的第一、第三、第四位和第二、第三、第四位（见

表 2-11)。① 1999 年和 2000 年，贵州、云南、新疆 3 个省（区）
报告的伤寒病例数分别占全国病例数的 39.1％和 42.47％。西部
是中国甲型肝炎的最高流行区，除四川和广西外，其他省（区、
市）均高于全国平均水平。西藏是中国乙肝的特高流行区之一，
广西、宁夏、青海、陕西、四川和西藏等均为乙肝慢性携带者高
流行区；西藏地区为中国甲、乙肝疫苗覆盖率最低区。静脉吸毒
者、职业献血者和丙型肝炎病毒感染高风险人群均分布在西部。
目前认为戊肝是人畜共患疾病，新疆曾发生过戊肝大流行。西部是
中国畜牧业主产区，大部分省（区）均有戊肝流行的条件和可能性。

表 2-11　西部省区主要传染病发病水平在全国的位次（1999 年）

地区	霍乱	病毒性肝炎	痢疾	伤寒	麻疹	肺结核	流脑	乙脑
重庆		5			4	2		3
四川								
贵州	5			1	1	3	3	1
云南				3				4
西藏	4		1				1	
陕西		4						2
甘肃	3	1			5		5	
青海	2	2					4	
宁夏		3	4		2			
新疆	1			2	3	1	2	
内蒙古								
广西				4		4		5

资料来源：《全国疫情资料汇编》（1999，2000）。

---

① 参见中国预防科学院内部资料《全国疫情资料汇编》（1999，2000）。

　　根据全国第四次结核病流行病学调查资料，结核病在一些贫困地区和民族地区，尤其是西部 12 个省（区、市）的疫情十分严重，发病率高达 197/10 万。

　　重庆、四川、贵州、云南、广西等省（区、市）广泛存在钩体病疫情。四川省是全国钩体病的重点疫区，2000 年钩体病病例数占全国病例总数的 28.43％；云南是中国菌群、菌型分布最多的省份，有 17 个血清群、59 个血清型，包括 1 个新群、24 个新型。

　　西部地区除个别省外，近几年流脑的发病率几乎都高于全国发病水平。

　　西部地区由于经济的原因，计划免疫工作经费得不到保障。偏远地区由于经济和交通的原因，接种周期长，达不到一年至少运转接种 6 次的要求，有效接种率低。对流动儿童、计划外生育儿童、贫困地区儿童等特殊人群缺乏有效的管理办法，使这些特殊人群不能得到及时的免疫。麻疹和一些计划免疫针对的疾病开始反弹。

　　西部地区除青海未证实存在外，其他省（区、市）均为流行性出血热的自然疫源地。其中陕西、内蒙古、贵州、四川、重庆为中国流行性出血热的高发省份，宁夏、甘肃近年发病呈现增多趋势。

　　进入 20 世纪 90 年代，全国布病（布鲁氏菌病）疫情回升明显的主要省（区）是内蒙古、西藏、新疆、陕西、甘肃。超过 50 个疫区县的省（区）有内蒙古、陕西、广西、四川、甘肃、青海。1999 年全国新暴发点已达 145 个，主要出现在新疆、内蒙古、四川、陕西、西藏。①

中国莱姆病的主要传播媒介蜱的带菌率高，西北地区主要是全钩硬蜱，其带菌率高达 40%～45%，西南地区主要是二棘血蜱，其带菌率达 16%～40%。1999 年在新疆石油勘探职工中发生了莱姆病流行，被调查的 5 286 人中，624 人感染莱姆病，感染率高达 11.8%，356 人患病，患病率达 6.74%。②

西部地区适宜多种虫媒病毒生存。中国乙型脑炎病例主要发生在中西部，病毒性脑炎的发病及死亡大部分发生在西部省（区）。

中国西部每逢夏秋季节均有大量不明原因发热的病例，呈明显的局部流行趋势，推测在西部可能存在大量的可引起发热的虫媒病毒。

（2）西部主要寄生虫病发作与分布情况。西部地区是我国当前血防工作的重点和难点地区之一。四川省还有 16 个县（市）未能控制血吸虫病的流行。全省现有血吸虫病人 67 600 人，钉螺面积 6 137.5 万平方米，受血吸虫病威胁的人口为 1 763.84 万。云南省尚有 3 个县未能控制血吸虫病的流行。全省现有病人 27 585 人，钉螺面积 2 377.7 万平方米，受威胁的人口为 155.49 万。③ 重庆市三峡地区之所以没有血吸虫病流行，主要是因为三峡水流急，两岸缺乏钉螺孳生的场所。但其上游的四川省和下游的湖北省均为中国血吸虫病严重流行区。三峡建坝后，呈冬陆夏水状态，

---

① 参见中国预防科学院内部资料《全国疫情资料汇编》（1999，2000）。
② 参见中国预防科学院内部资料《全国疫情资料汇编》（1999，2000）。
③ 参见中国预防科学院内部资料《全国疫情资料汇编》（1999，2000）。

库区流速减缓、泥沙淤积增加，将在库区形成很多类似长江中下游的淤积滩地。三峡地区气温、降水量均适合血吸虫病的流行。因此，三峡库区将成为血吸虫病的潜在流行区。

1999 年全国疟疾发病约 25 万～30 万人，西部 7 省约占 70％以上。西部地区的主要疟疾流行区分布在西南部的农村。1999 年西部地区以省为单位发病率回升的有云南、广西和四川等。

我国流行的囊型包虫病和泡型包虫病在西部地区的新疆、宁夏、甘肃、青海、西藏、四川、内蒙古 7 个省（区）最为严重。根据以上 7 个省（区）部分调查资料分析，各地平均感染率为 9.31％～18.0％，平均患病率为 0.08％～4.50％，以此推算 7 个省（区）包虫病感染人数约为 580 万，患病人数约为 75 万。

西部的 12 个省（区、市）共有 185 个县（市）发现有囊虫病的发生或流行，其中以云南、内蒙古、广西、陕西、甘肃、宁夏、青海较为严重。

（3）西部主要地方病发作与分布情况。中国是世界上碘缺乏病流行最严重的国家之一。1999 年全国第三次碘缺乏病监测结果表明，绝大部分西部地区仍存在不同程度的碘缺乏病情。重庆、四川、贵州、云南、西藏、甘肃、青海、宁夏、新疆等西部省份居民碘盐合格率低于全国平均水平近 30 个百分点。西部地区 8～10 岁儿童甲状腺肿大率为 14.7％，高出全国平均水平约 6 个百分点。

中国地方病防治研究中心于 1998—1999 年对青藏高原进行了三次较大规模的科学考察，综合全国病情监测和考察资料，目前中国大骨节病病情严重而活跃的地区集中在青藏高原以及周边的陕西、四川、甘肃和内蒙古地区，受威胁人口超过千万人，病区内成人中约有 1/3 部分丧失劳动能力，约 10％ 为残疾人群。

饮水型氟中毒严重的地区分布在内蒙古、陕西、甘肃、青海、宁夏、新疆，有病区村 112 863 个，病区人口 7 798.5 万。燃煤型氟中毒的地区主要分布在四川、贵州、云南、重庆、陕西，有病区村 35 718 个，病区人口 3 367.78 万。全国共有氟斑牙患者 4 389.18 万，氟骨症患者 272.44 万。①

地方性砷中毒是我国 20 世纪 80 年代新发现的一种地方病，它能蚕食劳动力，并造成各种恶性肿瘤。发病区主要分布在内蒙古、新疆、宁夏、贵州，其中贵州是燃煤型砷中毒，其余是饮水型砷中毒。

3. 西部大开发中公共卫生和疾病预防的主要问题

随着国家西部大开发战略的实施，各项重大工程建设（西电东送、西气东输、南水北调、青藏铁路等）在西部地区陆续展开。这些重大工程都将不可避免地触及原本处于稳定或封闭状态的一些疾病的自然疫源地，修筑穿越未开发地区的铁路、公路，架设输油、输气管道和电网，或在这些地区建立工业基地、水坝和电站以及居民点，促使一些动物宿主及媒介昆虫种数和分布发生变化。大量外来的易感人群进驻一些自然疫源地或自然疫源性不明

① 参见中国预防科学院内部资料《全国疫情资料汇编》(1999，2000)。

的地区，尤其是从事野外和露天作业的人群极易感染鼠疫、流行性出血热、钩体病及莱姆病等自然疫源性疾病，甚至造成疫情的暴发和流行。例如，新疆四个新开发的石油基地，近年来不断发现黑热病患者，若再不采取防治措施，可能会成为新的黑热病流行区。建设天生桥水电站，由于库区的生态改变，宿主动物（鼠类）迁徙，局部鼠密度增大，鼠间接触机会增多，从而造成动物之间以及动物与人类之间鼠疫传播。广西和贵州就相继暴发了鼠疫疫情。长江三峡库区蓄水以后，其生态环境将随着长江水位的上涨而发生一系列改变，也会引起疾病谱和流行强度的变化。

随着西部经济、交通和旅游业的迅速发展，西部地区的对外交流日益频繁，流动人口增加，疾病的传入和传出危险性也随之加大。在云南省的中缅、中老边境地区对 937 例出境回归人员进行调查，疟疾平均感染率为 8.86％。新疆、甘肃、四川、陕西、内蒙古 5 省（区）已有 50 个非疫区县（市）发现在白蛉活动季节去疫区居住而感染的病例。贵州省实施西部大开发战略的目标是建立畜牧业大省，将从新疆、内蒙古、青海等省（区）引进大量牲畜，这种动物种群的大流动，若不加以认真预防，包虫病的流行可能会在贵州省出现。随着人员、物资的流动，传播媒介的流动甚至媒介种群的移动，使得许多虫媒病毒及虫媒病毒病有从国外传入我国的可能。

中国西部大开发战略中的一项重要措施就是启动退耕还林还草、天然林保护、防沙治沙等生态改造工程，这就为当地某些可能已得到控制的传染病如黑热病、包虫病及肺吸虫病提供了"卷土重来"的机会。同时，如莱姆病、新疆出血热、蚊媒传染病的自然疫源地也将扩大。

具体来看，西部大开发中公共卫生和疾病预防主要存在以下几个问题：

（1）高原、干旱地区作业的劳动卫生状况不好。1 400 千米的青藏铁路已经完工，六万余名铁路施工人员常年作业在海拔 3 000 米以上的荒原上；而眼下正有数万名石油工人在被人们称为"死亡之海"的吐哈、准格尔、塔里木沙漠腹地工作。这些高原、干旱地区环境恶劣、空气稀薄，对作业工人的健康产生了许多不良影响。新疆医科大学公共卫生学院曾于 1993 年对沙漠油田工人进行过心理、生理变化及对作业能力影响的研究，发现在沙漠工作一年以上的油田工人多半有口干舌燥、心情烦躁、情绪波动、尿液浑浊、性功能减退等症状，且易患慢性咽炎。青海省劳卫所也曾对高原作业做过初步调查，发现高海拔作业使工人的劳动能力下降，有害的一氧化碳、苯急慢性中毒性现象增加。①

（2）职业危害和有害作业的转嫁。多年来，我国对传统职业危害的防治工作成效明显，但西部地区的形势依然严峻。重庆某化工厂生产磷肥、硫酸，全厂 1 000 名工人中检出氟中毒 44 人、尘肺 17 人；云南某一小企业，投产仅一星期，全体工人（18 名）全部发生急性砷中毒，死亡 1 人；甘肃某浮法玻璃生产企业竣工后，不经卫生部门审核验收即投产，后经检测，其生产车间噪声

---

① 曾毅，等. 关于西部大开发中公共卫生和疾病预防、控制的主要问题和建议 [J].
　科技导报，2002 (7)：48-50.

达 98 分贝，严重超标；甘肃省某合资企业生产一种代号为 904 的化工产品后，工人不断发生中毒性肝病，但至今对该产品的毒性和致毒机理仍毫无所知。

经济体制改革带来经济快速发展的同时，也出现了有害作业转嫁问题：一是外资企业把有害作业转到中国，如广东某外资工厂已发生二氯乙烷中毒性脑伤、正乙烷中毒病例 100 例；二是有害作业从我国东部转移到西部；三是企业主通过改变用工制度，将职业危害无补偿地转嫁给工人，如将危害严重的工种以数月一换，以及煤矿工人一年一轮的方式，将潜在的职业病后果无形地推给了工人和社会；四是部分国有大企业把有毒有害作业工序转移给小企业或乡镇企业。

（3）大型工程引发的生态环境的变化，对人类的健康造成危害。西部大开发，必然要建设大型工程。任何大型工程都要受生态环境的制约，同时也会引起生态环境变化，从而对人类健康产生影响。如广西天生桥水库工程，1998 年蓄水，水位高程从 670 米升到 780 米时，淹没面积达 66 平方千米。此库区历史上从未有过鼠疫发生，但蓄水当年至 2000 年，库区（广西和贵州交界处）不断发生鼠间和人间鼠疫，使贵州历史上从无鼠疫发生的记录被打破。2000 年在库区贵州片内，发生 88 例腺鼠疫病人（病死 1 人），鼠疫病波及 7 个乡镇 56 个村庄。①

（4）西部大开发中的鼠疫问题。我国目前处于活跃状态的鼠

---

① 杨维中. 中国西部的社会经济发展与疾病现状［J］. 预防医学情报，2002，18（1）：1-4.

疫疫源地，实际上全部分布在西部地区。鼠疫是西部建设中无法回避的问题，如果发生类似印度苏拉特那样的大规模鼠疫爆发事件，可能使整个西部开发计划遭到破坏。

在西部地区众多类型的鼠疫疫源中，有两种威胁最为严重，就是西北的旱獭鼠疫和西南的家鼠鼠疫。前者为鼠疫菌中毒力最强的类型，病人极易发展成肺鼠疫而死亡。这种鼠疫一般分布在边远落后、卫生及医疗条件差的地区，发病病人很难得到及时的诊断和救治。近年来交通条件改善，鼠疫病人在其潜伏期内可以到达任何地方。因此，这种类型的鼠疫不仅对西部，也对我国的其他地区构成重大威胁。家鼠鼠疫是目前发病最多的一种鼠疫类型，与其他类型的鼠疫一般远离人类环境不同，这种类型的鼠疫就存在于村落之中、居家之内，一旦在家鼠间流行，极易感染人类，出现大面积传染。

第三章　资源开发的理论基础

第一节　资源稀缺论

一、资源稀缺性的基本涵义

人类在这个地球上不是孤立的，其一举一动、一言一行都必定要与特定的资源发生直接或间接的联系。离开了资源，人类的生存和发展无从谈起。小至个人，大到民族、国家，都是如此。人类从太阳和地球那里可以得到个体生存和种族维持的足够的甚至可以说是过剩的能量。但是，人的需求是无限的，相对于人的需求来说，任何资源都可能是稀缺的。资源的稀缺性是被人类自身"制造"出来的。人类不断追求更高的生活质量，而这种追求本身会遇到时间、空间和各种资源的限制，于是人们也就不断地为自己制造出了更多的难题和更大的麻烦，然后又要花力气发展自己以解决这些问题，克服这些难题。从这个意义上讲，稀缺性在人类生存的意义上可能不是问题，但面对人们的"过度需求"

时，稀缺性的假定就成立了。

资源并不是取之不尽、用之不竭的。资源的有限性是资源最基本的特性。这一特性主要表现在三个方面：一是时空分布的数量有限。如一定地区、一定时间的耕地面积、矿产储量都是有限的。二是资源存在的绝对数量与可利用部分的比例及由资源特性决定的特定的用途有限。如太阳能、水能、风能，就其总量来说是相当巨大的，但人类可以利用的部分却很有限。三是在一定的经济社会发展阶段，人类利用自然资源的能力、范围和种类也是有限的。如作为国土的沙漠戈壁、埋藏很深的矿产资源等，受到现有科学技术水平和经济条件的限制，尚不能利用其为人类创造财富。但就资源的总体而言，从动态的、变化的、长远的观点看，资源都具有无限的潜力。一方面，由于有些资源本身是可以更新和循环的可再生资源；另一方面，随着科学技术的进步、经济社会的发展，人类认识、开发利用自然资源的范围、种类和用途是无限的。另外，资源潜力的无限性，还体现在对废弃物、污染物的回收、净化、重复利用方面。①

欲望是指人们的需要，也是人们的一种心理感觉。资源稀缺性是指相对于人类无限的欲望，用来满足欲望的资源总是稀缺的。资源稀缺性即物的有限性，描述了人与物之间的关系。资源"稀缺性"包含了以下两层意思：

（1）根据马斯洛的需求层次理论，人不仅有需求，而且有不

---

① 丁任重. 西部经济发展与资源承载力研究 [M]. 北京：人民出版社，2005：93.

同层次的需求。人的需求分为五个层次，即生理需要、安全需要、社交需要、尊重需要和自我实现的需要。其中第一、第二层次的需要是低层次需要，主要是物质需要，第三、第四、第五层次的需要是高级需要，属于精神需要。该理论还认为，人的低层次需求得到满足后，必然产生更高层次的需求，即人类需求具有无限性与多样性。然而，地球资源总量是恒定的，且随人的消费不断减少。相对人类无限膨胀的欲望及人口的飞速增长，地球资源具有稀缺性，并且在这一过程中，资源的稀缺性假定不断被强化。

　　（2）虽然地球上有一部分资源属可再生资源，但其恢复速度远远落后于人类欲望的膨胀速度以及人口的增长速度，三者处于非协调状态。更糟糕的是，由于人们对可再生资源的过度开发与利用，导致许多可再生资源变为不可再生资源，如草原荒漠化、土地盐碱化，以及对森林的毁灭性开采等。人类拥有的可再生资源总量急剧减少，资源的稀缺性假定进一步被强化。可见，无论是可再生资源还是不可再生资源，在人类各种活动中，其稀缺性不断被加强。资源的稀缺性分为绝对稀缺和相对稀缺。绝对稀缺指各种资源总量不仅有限而且逐渐减少，即总量的有限性。相对稀缺针对单个市场主体而言，指单个市场主体可用于交换的资源的有效性。在现实中，资源总量相对单个主体的需求具有无限性，而不具稀缺性。

　　综上所述，相对于人类欲望的无限性，资源具有稀缺性。也就是说，相对于人类的无限欲望，再多的资源也是不足的，从这种意义上讲，稀缺性是相对的。从另一种意义上讲，稀缺性存在于

103

一切时代和一切社会，所以稀缺性又是绝对的。①

二、资源稀缺性在经济学中的地位

从逻辑上来说，资源的稀缺性是现代微观经济学的基本命题。对于人类来说，资源是重要的，也是稀缺的。正因为这种稀缺性，节约才成为必要，才产生了如何有效配置和利用资源这个问题。从古至今，资源有种种配置方式，如最初的"习惯"，以及后来的排队、抓阄等。在理论界，根据资源配置的主体的不同，主要将其分为两种类型：

（1）市场配置。即以市场为基础的资源配置方式。鼓励市场形成价格和自由交易，强调效率和优胜劣汰的竞争机制。

（2）政府配置。即政府发挥宏观调配的作用对资源进行配置。所采取的手段往往是管制、许可证、配额、指标、投标等。

市场配置方式是古典经济学和新古典经济学等所推崇的资源配置方式。其理论假设是经济人，强调效率优先的原则。而关于政府配置在理论界最有影响的系统性理论是凯恩斯针对 1929—1933 年经济危机提出的，主要强调政府干预的合理性和必要性。这种理论后来被越来越多的国家和政府所采用，成为其加强宏观调控的有力的理论依据。

为什么需要经济学？是由于资源的稀缺性。设想一下，如果适用的资源是无限的，取之不尽，用之不竭，可以任意挥霍浪费，

① 樊宝平. 资源稀缺性是一条普遍法则 [J]. 经济问题，2004 (7)：8.

那经济学又有什么必要呢？当然，资源的稀缺性，一般指相对稀缺，即相对于人们现时的或潜在的需要而言是稀缺的。这就要求社会经济活动的目的，是以最少的资源消耗取得最大的经济效果。因此，资源的稀缺性及由此决定的人们要以最少消耗取得最大经济效果的愿望，是经济学作为一门独立的科学产生和发展的原因。

举例来说。相对而言，我们呼吸的空气没有什么稀缺性可言，任何人都可以任意地自由呼吸，所以并没有专门研究分配空气的学问。但就大多数自然资源来说，几乎都是稀缺的。人类的产品都要靠消耗自然资源来生产，所以人类的产品也都是稀缺的。经济学要研究如何生产、分配和利用这些资源和产品，以节省资源，达到最佳效用。过去认为水资源是无限的，所以不太重视用经济手段来调节水资源的利用。现在看来，水是稀缺资源，所以我们现在开始提倡节约用水，也开始重视利用经济手段来调节水资源了。资源有限性与人们需要无限性的矛盾是人类社会最基本的矛盾，资源的有限性、人们需要的无限性以及它们之间的矛盾，是当今世界存在的一个最基本的事实。

一方面，人类生存发展总是需要生活资料，人们的需要具有多样性和无限性。它是由人的自然属性和社会属性决定的，表现为各种各样的需要，如生存需要、享受需要、发展需要，或者经济需要、政治需要、精神文化需要，等等。这就形成了一个复杂的需求结构，这一结构随着人们生活的社会环境条件的变化而变化。人们的需要不断地从低级向高级发展，不断扩大其规模。旧的需要满足了，新的需要又产生了。从历史发展过程看，人们的需要是无限的。

另一方面，资源具有有限性和不平衡性的特点。资源的稀缺性也叫有限性，是指相对于人们的无穷欲望而言，经济资源或者说生产满足人们需要的物品和劳务的资源总是不足的。不平衡性有两层涵义：一是相对于人们不断变化的需求结构和多样化的需求而言是不平衡的，人们不得不作出选择，分出轻重缓急，在满足需求时分出先后顺序；二是资源在不同国家、不同地区、不同的社会群体中的分布是不平衡的。总之，结构和分布失衡导致每一个体和群体都面临着资源稀缺性难题。显然，资源的有限性与人类需要的无限性便成为一对矛盾。为了解决矛盾，人类世世代代奋斗不息；为了解决矛盾，人类研究、探索、创立和发展了各门科学。

在经济学看来，经济学之所以产生，其根本原因就在于资源的稀缺性。没有稀缺性，就没有经济学。后凯恩斯主流学派（亦称新古典综合派）的代表人物保罗·A.萨缪尔森在《经济学》一书中这样写道："如果资源是无限的，生产什么、如何生产和为什么生产就不会成为问题。如果能够无限量地生产每一种物品，或者，如果人类的需要已完全满足，那么，某一种物品是否生产得过多是无关紧要的事情，劳动与原料是否配合得恰当也是无关紧要的事情……研究经济学或'寻求经济的办法'就会没有什么必要。"①因为资源具有稀缺性，所以就需要人类作出选择，即如何把既定

---

① 萨缪尔森，诺德豪斯. 经济学（上）[M]. 北京：中国发展出版社，1992：41-42.

的资源分配到各种商品的生产上，以使人类获得的满足程度最大。

三、正确认识资源稀缺性的重要意义

由于资源是有限的，所以各个国家必须实施可持续发展战略。可持续发展，就是既要考虑当前发展的需要，又要考虑未来发展的需要。它的内容包括经济可持续发展、社会可持续发展和生态可持续发展，核心是实现经济社会和人口资源环境的协调发展。现代国家一般从两个方面采取措施以解决上述矛盾。一方面，运用市场与政府干预相结合的方式合理配置资源，注意保护环境，以发挥资源的最大效益；采用先进技术，提高资源利用率；计划使用资源和节约资源，扩大对外交流，利用国际资源；限制人口及其消费的过快增长。另一方面，改革和完善生产、分配制度以及政治、文化制度，以提高效率和求得社会公平，在发展经济的同时，缓和、减少人们之间的利益矛盾和斗争，保持和维护社会的稳定。需要指出的是，两方面的措施是相互作用、相互促进的。有效协同人与自然的关系，是保障社会可持续发展的基础；而正确处理人与人之间的关系，则是实现可持续发展的核心。"基础"不稳，则无法满足当代和未来人口的幸福生存与发展；"核心"背谬，将制约人们行为的协调统一，进而威胁到"基础"的巩固。

随着经济社会的发展和世界人口的增加，到了现代，经济资源的有限性或短缺性日益凸现，已经成为制约各国经济社会进一步发展的重要因素。地球上像《圣经》中描述的只有亚当和夏娃、资源十分丰裕的伊甸园那样的地方，在当今时代是难以找到了。

在当代，资源有限性与人们需要无限性的矛盾主要表现为发达国家与发展中国家的经济矛盾，即所谓的"南北问题"。发达国家的技术先进但自然资源短缺，发展中国家的自然资源相对丰富而技术落后，两者之间需要合作，取长补短。其一致性毋庸置疑。第二次世界大战以后的几十年间，两者之间的合作对世界经济的发展发挥了重大作用。但是，由于发展中国家自身的问题和不合理的国际经济政治秩序，发展中国家的经济和社会发展缓慢，发生了普遍严重的债务危机，对双方的发展都形成了制约。其对立性十分明显。资源问题是国际社会面临的共同问题之一，关系到整个世界长远的根本的利益。

我国现在的快速发展受到自然资源状况、能源供给和环境承受能力的严重约束。我国人口众多，人均资源占有量较低，人均资源占有量与世界平均水平相比，水资源是 1/4，石油是 12%，天然气仅为 4%，煤炭是 55%。而与此同时，资源利用率很低，浪费比较严重，多种资源不得不依赖进口，同时带来了巨大的环境压力。我国社会落后的生产与人们不断增长的需要之间的矛盾，正是资源有限性与人们需要无限性矛盾的反映或者表现。资源短缺已经成为制约我国加快发展的主要瓶颈。因此，正确认识资源稀缺性这一客观事实，对于指导我国的经济建设具有极其重要的意义。正视资源的稀缺性，以科学发展观为指导，通过经济、社会、技术等多种手段的综合运用，统筹协调人口、资源、环境与发展的关系，是实现我国可持续发展的根本途径。

第二节　自然资源价值论

一、价值的一般概念

　　到底经济学中的价值是指什么呢？经济学是研究人们如何使用相对稀缺的资源来满足无限多样的需要的一门社会科学。自然资源和人的需要，两者缺一不可，否则便不会形成自然资源的价值。自然资源价值是人的需要同自然资源两者之间的对立统一。所谓社会生产，是指人用自己的劳动能力获取物质资料满足自己需要的过程。人类所具有的可能用来满足自己需要唯一可指望的就是人类的劳动能力。因此，在经济学中价值指人类自己的劳动能力对自己存在的意义或应有的作用。这是经济学中哲学意义上的价值。人类是在一定条件下进行社会生产的。这些条件包括自然条件、技术水平、劳动对象、人口数量及劳动的自然时间。只要这些条件一定，在设定制度最佳的情况下，人的劳动能力就一定了。劳动能力首先体现在生产要素上，然后通过产品的质和量表现出来。从质的方面表现为人能制造一定种类一定品质的物品，从量的方面表现为能生产一定量的物品。在经济的内在层次上，劳动能力决定了人类当期应有的需求结构和水平。满足这个当期应有的需求结构和水平正是当期人类劳动能力对人类存在的意义或应有的作用。在经济的外在层次上，生产是为了需求进行的。生产满足合理需求的商品所应当花费的劳动时间正是价值，它是经济学意义上的价值，是经济学中哲学意义上的价值的具体化。

二、自然资源价值不容否定

人们利用自然资源能产生经济效益，提高自身福利，所以自然资源必定具有使用价值。如果否定或低估自然资源的这种人所共知的用处和功能，其实也就是否定和低估人类自身赖以生存和发展所必需的物质前提和基础的重要性。诚如马克思所说："土地是一切生产和一切存在的源泉。"[①]

自然资源有没有"价值"？长期以来在我国，人们的回答是否定的，其理论依据就是传统的劳动价值论。依据这种理论，价值只由劳动所创造，商品价值是人类劳动的凝结，价值量决定于社会必要劳动量；自然资源是"天赐之物"，不是劳动的产品，本身没有包含物化劳动，因而没有价值，虽然它们对人类有巨大的效用。传统的劳动价值学说为自然资源无价值论提供了思想和理论的支持，是不争的事实。应当说，自然资源无价值论不是自古就有的。据研究，古代的人们是认可自然价值的，当然是在一种直觉的或经验的形式上，甚至还不免带有迷信的形式和色彩。[②] 自然价值观念终于被颠覆，并被自然无价值观所取代，是同劳动价值观念的兴起和逐渐居支配地位同步而行的，这个变化发生在 18 世纪末到 19 世纪中叶。此后，西方社会经济的变迁虽然使劳动价值观念逐渐势微，西方经济学的价值论转向了以成本论、效用论和供求均衡

---

① 马克思恩格斯全集：第 12 卷 [M]. 北京：人民出版社，1962：757.
② 〔美〕霍尔姆斯·罗尔斯顿. 哲学走向荒野 [M]. 长春：吉林人民出版社，2000：3-11.

论为主体的学说，但它们在一个长时期内并没有将这种新的观念和学说引申和贯彻到自然资源的价值研究之中；在自利动机的驱使下，整个社会对待自然资源的支配性看法和态度，仍然是自然资源无价值论，这无疑助长了对自然资源的掠夺性开发和滥用。面对自然资源无价值论带来的严重后果，出于保护和合理使用自然资源的需要，人们急切感觉到必须对自然资源实行有偿使用原则，需要为自然资源制定合理的价格，这就需要对自然资源的价值作出说明。

　　针对自然资源无价值的命题可归结为四种不同的观点。第一种观点认为，自然资源无价值但有价格，因为马克思认为，良心、名誉、土地没有价值，可以有价格。自然资源的价格是地租的资本化。① 这种观点具有一种统一性，似乎坚持了劳动价值论，实则不然。地租是反映利益关系的一个概念，是由地主占有土地产生的。用这种理论说明普遍存在的具有一般性的资源价格是有严重缺陷的。第二种观点是完全否认自然资源无价值的命题。其中比较有代表性的论述是："自然资源是有价值的。这种价值决定于自然资源对人类的有用性、稀缺性和开发利用条件。我们设想可以在有关自然资源的财富论、效用论、地租论的基础上确立起自然资源价值观和价值理论。这样确定的自然资源价值或价格，应该包括两个部分：一是自然资源本身的价值；二是社会对自然资源进行的人财物投入的价值。前者可根据地租理论确定，后者可根据生产价格理论确定。""自然资源再生产过程是自然再生产过程

---

① 　胡昌暖. 资源价格研究［M］. 北京：中国物价出版社，1993：9-10.

和社会再生产过程的结合。按照现行的生产价值理论，只会考虑社会再生产过程，而不考虑自然再生产过程，这是不对的。对自然资源的定价，应兼顾这两个方面，即按完全生产价格等于地租加成本再加利润的原则来确定。"① 第三种观点是在肯定劳动价值论的前提下，认为自然资源在人类经济社会初期没有价值，但在当代却有价值。② 第四种观点认为，将地租同代际补偿问题联系起来，地租就是自然资源的价值。"将与自然资源相联系的代际关系概括为：上一代人用自然资源替代或节约了劳动和资本，下一代人用上一代人节约的劳动和资本替代已经耗竭或退化了的自然资源。自然资源的代际均衡条件是，当代人积累的地租能够补偿将来发生的使用者成本。"③ 它从代际关系的角度拓展了马克思的劳动价值论。还有一些学者提出了自然资源多价值理论或"综合价值论"，认为自然资源具有存在价值、经济价值和环境价值。④

马克思的劳动价值论和西方经济学效用价值论的主要分歧之一便是自然资源的价值、价格问题，对这两种理论的比较与综合是资源经济学需要解决的理论问题之一。劳动价值理论是马克思主义经济理论的核心，即拉卡托斯所谓的理论"硬核"，应对劳动价值论拓展的进一步论述，自觉结合自然资源特性对劳动价值理论的改进，保证马克思主义经济学的理论完整性。

---

① 李金昌. 资源经济新论 [M]. 重庆：重庆大学出版社，1995：42.
② 钱阔，陈绍志. 自然资源资产化管理——可持续发展的理想选择 [M]. 北京：经济管理出版社，1996：55-60.
③ 余瑞祥. 自然资源的成本与收益 [M]. 武汉：中国地质大学出版社，2000：69.
④ 徐嵩龄. 论市场与自然资源管理的关系 [J]. 科技导报，1995（2）：9-11.

三、自然资源价值的决定

其实马克思的本意并不是认为自然资源没有价值，马克思曾指出：作为要素加入生产但不需要代价的自然要素，不论在生产中起什么作用，都不是作为资本的组成部分加入生产，而是作为资本的无偿的自然力，也就是，作为劳动的无偿的自然力加入生产的……但是如果在发展的过程中，必须提供的产品比利用这种自然力所能生产出来的还要多，也就是说，如果必须在不利用这种自然力的情况下，或者说在人或人的劳动的协助下生产出这个追加产品，那末（么）一个新的追加的要素就会加入到资本中去。①这说明，马克思认为自然力没有价值存在一个界限，一旦超过这个界限，人类就要追加劳动，自然力也就具有了价值。这是因为，自然资源的再生产过程，首先是自然再生产过程，在一定限度内，自然资源可以更新、再生、恢复和增值；但随着人类活动的强化，其自然再生产已不能满足人类的需要，需要通过社会再生产来实现这一目的。因此，现代社会中开发利用的自然资源就凝结着人类的劳动。

笔者结合劳动价值论和效用价值论，来确立自然资源的价值观。自然资源中包含的人类劳动价值，可由劳动价值论的定价方法确定。对于自然资源中天然成分的价值，应由该资源的有用性、稀缺性和自然丰度来确定。

---

① 马克思. 资本论：第三卷 [M]. 北京：人民出版社，1975：840.

　　人类通过人财物等社会投入，保护、恢复、再生、更新、增值和积累自然资源，比如森林资源砍伐以前的选种、育苗、营林、护林、防火、防虫、防病等社会活动，矿产资源开采以前的勘探等社会活动。这时自然资源中包含的人类劳动有物化劳动凝结，就有价值，由劳动价值论的定价方法确定。

　　自然资源是客体，人类是主体，自然资源具有满足人类需要的功效，自然资源能够满足人的需求的物质属性（物理的或生物的属性等），即为人类的生存和发展提供物质基础和前提，包括为人类生活和生产提供场所、对象和手段，因此对人类来说，它是有用的，它是有价值的。自然资源的价值除了来自其本身属性能够满足人类需求之外，还要受其数量有限性和稀缺性的制约。事实一再证明，随着人类需求的不断增长，数量有限的资源愈发显得稀缺了，这种稀缺性更加重了人类对自然资源的依赖，也增加了自然资源的价值。自然资源越稀缺，其价值也就越大，这是自然资源的供求关系所决定的客观趋势。未经人类劳动的自然资源，也是有价值的，其性质是效用价值，它和劳动价值一样，也可以进行交换。这种认识与马克思关于使用价值的一些论述是相符合的。效用价值是人们考虑到稀缺因素时对物的有用性的一种评价。效用价值概念是从人对物的评价过程中抽象出来的，它本质上体现着人与物的关系。即当人类面对不同稀缺程度的自然资源时，如何评价和比较其用处或效用的大小。越是未被人们改造的大自然，对于人类越宝贵，如原始森林。正因为如此，才设立自然保护区加以保护，原始森林的价值随时间的推移日益增大，而原始森林之所以是原始森林，就在于它是自然形成的，没有经过人类的多少劳动培植。在整个人类实现的价值活动中，这种未经人类改造的客体尽管已经很少，但它确实存在。

四、自然资源的价格

价值是价格的基础，价格是价值的货币表现。自然资源价格由自然资源价值决定，同时受供求关系的影响。价格是单位自然资源的卖价，也是单位自然资源的价值。自然资源定价就是根据价格理论确定自然资源价格。自然资源价格理论主要研究自然资源价格水平的确定方法及其原理。需要指出的是，自然资源价格是指自然资源本身在交易中的货币价格，并非自然资源产品价格。

基于对自然资源价值理论的认识，目前价格理论主要有两种：马克思主义的价格理论和市场经济价格理论。前者的核心是劳动价值论，它认为价格是价值的表现形态，价值是价格的基础，制定价格必须以价值为基础，而价值量的大小决定于所消耗的社会必要劳动时间的多寡。任何商品的价格都可用下式表示：$P=C+V+M$（式中，P 为价格，C 为已消耗的生产资料价值，V 为劳动者为自己的劳动所创造的价值，M 为劳动者为社会所创造的价值）。市场经济价格理论的核心是效用价值论，它认为在市场经济中，决定市场价格的是供给和需求。任何商品的实际的市场价格是供给和需求相等时的价格，即均衡价格。

依据前面的理论阐述，首先，我们确认自然资源的价格为 P，包括两个部分：一是自然资源本身的价值，即未经人类劳动参与的天然产生的那部分价值 P_1；二是基于人类劳动投入所产生的价值 P_2。即 $P＝P_1＋P_2$。

第三节　自然资本论

一、自然资本论的提出

人类的生产活动离不开自然资源。在传统的生产函数中，自然资源被统称为"土地"，不能全面反映自然资源在生产中发挥的作用。系统分析自然资源与经济增长的关系必须构造一个比"土地"更宽泛的概念。自然资本论是针对自然资源系统提出的全新理论。在费雪的资本概念中，已将环境列入资本范畴。最早提出自然资本概念的是经济学家戴利·H.E.。他在 1968 年发表的《论作为生命科学的经济学》一文中指出，"实际上，整个自然环境都是资本，倘若没有空气、土壤和水这些媒介，植物就无法吸收太阳能，整个生命（和价值）链条也就失去了存在的基础"，他批评传统经济理论是忽视自然资本的"冰山理论"[1]。吉利斯、罗默等人指出："自然资本是一国现存的自然资源的价值，包括渔场、森林、矿藏、水和环境。它……正如投资能够增加后天资本的存量一样。"[2]

---

[1] Daly H. E. On Economics as a Life Science [J]. Journal of Political Economy，1968，76（2）：392-406.

[2] 〔美〕吉利斯，罗默，等. 发展经济学 [M]. 北京：中国人民大学出版社，1998：168.

　　1995 年美国的三位社会和环境研究工作者保罗·霍根、艾·拉维斯和亨·拉维斯出版了一部理论专著《自然资本论》。正是对传统工业生产方式破坏自然状况的深刻认识，导致了自然资本论的提出。《自然资本论》这部书不仅论述了自然生态、资源与社会经济增长的关系，还提出要重新认识人类财富，创建一套新型的工业系统。该书不仅在欧美被认为足可与亚当·斯密的《国富论》比肩，甚至被誉为"下次工业革命的圣经"①。

二、自然资本论对自然资源的研究

　　传统定义的资本包括：加工资本（包括基础设施、机器设备和厂房在内）、人力资本（以劳动、智力和文化形式出现）、金融资本（由现金、投资和货币手段构成）。自然资本论认为，传统资本的定义不能概括人类创造财富过程中所使用的全部资本内涵，还存在第四种资本——自然资本，自然资本由资源、生命系统和生态系统构成。戴利·H. E. 认为，自然资本符合资本的内在规定性，完全可以按照投资资本那样对自然资本进行投资。②

---

① Peter Senge，《第五学科》（The Fifth Discipline）一书的作者评论："如果说亚当·斯密的《国富论》是第一次工业革命的圣经的话，那么《自然资本论》很可能会成为下一次工业革命的圣经。我相信，唯一能够取代我们'获取、制造、浪费'社会的是一场渴望和灵感的革命。渴望必须出自我们的内心，出自我们对这个要留给我们的孩子们以及孩子的孩子们的这个世界的理解。而灵感将来自一种能与自然运作保持一致的生态系统原则的共识以及这样一种领悟：幸亏有像《自然资本论》这样极为出色的书，才能达到这种共识。"

② Daly H. E. Beyond Growth the Economics of Sustainable Development [M]. Boston: Beacon Press, 1996：25-76.

　　1988 年 David Pearce 引入了自然资本这一概念，他认为，如果自然环境被当作一种自然资产存量服务于经济函数，可持续发展政策目标就可能具有可操作性。要给自然资本下一个明确的定义，首先必须明确资本的涵义。由于资本本身就是一个争议很大的经济学概念，关于资本的定义有多种版本。生态经济学家更青睐 Hicks（1974）对资本所下的定义，即"资本是能够为未来提供有用产品流和服务流的存量"①。据此，自然资本是指能够在现在或未来提供有用的产品流和服务流的自然资源及环境资产的存量（Daly，1996）。

　　与其他资本形式一样，理性的经济人在使用自然资本时，会尽可能经济地使用它，力图以最小的经济代价去追逐和获得自身最大的经济利益。自然资本理念也强调在经济过程中和生产过程中要进行再投资，以保证自然资本再生，甚至扩大其存量，为人类生存和经济发展服务。最近的一些研究证明，从自然资本储备中直接流入社会的服务，每年至少价值 36 万亿美元，这个数字接近全世界的年生产总值（39 万亿美元）。这就是自然资本惊人的经济价值所在，如果给予自然资本一种货币价值，并假定这种资本每年生产 36 万亿美元的效益，那么全世界的自然资本价值大约会在 400 万亿～500 万亿美元之间，地球上的每个人可以分到几万美元。②

---

① 　Hicks J. Capital Controversies：Ancient and Modern［J］. American Economic Review，1974，64（2）：307-316.

② 　白钦先，杨涤. 21 世纪新资源论［M］. 北京：中国金融出版社，2006：176.

　　从 18 世纪中期起，自然界受到的损害要比整个史前时代受到的损害还要大。工业资本主义时代，工业体系达到极高的水平，导致了人造资本的积累，同时，人类文明赖以创造经济繁荣的自然资本却正在急剧减少，而这种损失的速率与物质福利增长成比例同步增长。在过去 30 年中，地球上 1/3 的自然资源已经消耗殆尽。地球正以每年 6% 的速度丧失淡水生态系统，以每年 4% 的速度失去海洋生态系统。自然资本论从人与自然和谐关系出发，认识到自然资源和生态环境对人类社会的经济价值和存在价值，并对传统的忽视自然资本的经济分析提出批评，认为自然要素资本化的意义在于自然资本为人类提供商品和服务，是人类创造价值不可或缺的手段。

　　自然资本论指出，工业资本主义最大的问题就是不给自然资源计算价值。投资的时候仅仅考虑制造资本、人力资本和金融资本，而把自然资本忽视了，或者把自然资源的价值看得极低，这样就造成自然资源无节制的消耗和逐步匮乏，形成人与自然资源关系紧张甚至对立。自然资本论提出的解决办法就是计算自然资本，并且把它纳入国民生产体系。在这个前提下，实现四种变革：一是要通过提高使用效率而减少对自然资本的使用；二是按仿生学的原理组织生产，形成良性循环的生产流程；三是减少自然资本的使用，增加人力资本的使用；四是支持发展那些恢复自然资源、促进环保的产业。自然资源是一个国家发展壮大的资本，只有维护好这个资本，各国才有足够强大的原材料基础和发展后劲，经济才能可持续发展。如果为了追求一时的发展速度，毁掉了自然资本，给各国乃至全人类带来的只能是厄运和经济社会的不可持续发展。自然资本论提出了新一轮工业革命的四项基本原则：一是珍惜自然资源；二是师法自然，仿效生物和生态系统设计生产流程，使废弃物达到"零排放"；三是倡导"服务经济"，主张消费者通过租赁商品得到服务，减少资源浪费并使供需双方都能以最低的价格获得最大收益；四是向自然资本进行再投资，通过税收等政策调整，促进自然资源的节约和生态平衡的保持。① 使用自然资本的实践已经开始了。世界银行提出了用人造资本、人力资本、自然资本三种资本来表征一国一地发展水平的新概念。② 把大自然的作用概括为经济学中的"资本"，是人们重视自然资源的明证。

三、提出自然资本论的深层意义

自然资本这一概念对于生态经济学、可持续发展经济学以及循环经济研究具有重要的理论意义。自然资本逐渐取代人造资本成为生产过程中的稀缺要素，自然资本与人造资本之间总体上互补的关系实际上是生态经济学的根本观点，也是生态经济学成为一门独立学科的立足点。自然资本论拓展了资本的涵义，并丰富了人们对可持续性内涵的认识。

---

① Paul Hawken, Amory Lovins, L. Hunter Lovins. Natural Capitalism: Creating the Next Industrial Revolution [M]. Back Day Books, 1999, 289-291.
② 1995 年，世界银行对全球 192 个国家和地区做了"财富和价值"平均占有量的统计。结果发现，人造资本、人力资本和自然资本的比例分别为 16%、64% 和 20%。

自然资本论的提出为可持续发展战略提供了坚实的理论基础。以往我们在提到可持续发展战略时，往往是从人道主义、道德、伦理的角度出发，阐述合理利用资源及保护生态环境的重要性和必要性，缺乏经济学方面的理论基础。殊不知，处于生态环境中的人或经济个体均为经济人、理性的人，他们的行为往往取决于自身利益的最大化，道德教育的约束往往是有限的。如不尽快在经济学方面提出理论基础，将会使可持续发展战略缺乏正确的理论指引，阻碍该战略的顺利推进和实施。①

自然资本论的提出为今后如何在保护环境的同时发展经济提出了切实可行的理论指导，做到经济发展与保护生态两者兼顾。自然资本理念也为整体性、全局性发展经济提出了恰当的经济模式及企业经营战略模式，使当前的企业能自主地转变经营方式及生产方式，自觉自愿地减少污染，减少资源浪费，并在经济利益驱动下对人类自然栖息地及生物资源进行再投资。

第四节　自然资源产业论

一、自然资源产业化

在人类社会发展的早期，人口较少、生产力水平较低，自然资源相对比较丰富，自然资源依靠自然再生过程就可以满足人类

---

① 邢继军. 自然资本论——可持续发展与提高经济效益的双赢理论 [J]. 开发研究，2000 (3)：39-40.

经济社会发展的需要，用不着强调自然资源的社会再生产。但时至今日，人口激增、经济迅猛发展，自然资源被大量消耗和损毁，生态环境不断恶化，社会经济发展受到严重制约。自然资源再生产的速度和规模与经济的增长速度不协调，尤其是在当今市场经济条件下，只有通过产业部门之间的相互调节才能实现这种"平衡"和"协调"。因此，界定资源产业，将自然资源产业作为一个独立的产业部门，加强自然资源社会再生产，提高资源产业的供应能力，更显出了它的必要性。自然资源的再生产过程，是自然再生产过程和社会再生产过程的结合。在现代社会化大生产的情况下，人口激增不断加大对自然资源的压力、经济持续增长日益扩大对资源的需求，以致引起资源枯竭、生态环境恶化，此时单纯依靠自然资源的自然再生产已远远不能解决自然资源短缺的矛盾，必须强化其社会再生产，即通过增加社会投入来扩大自然资源的再生产，才有可能满足当代和后代经济社会发展对自然资源的需求。

自然资源产业化，就是通过社会劳动投入，对自然资源进行保护、恢复再生、更新、增值和积累等社会再生产活动。

二、自然资源产业的基本内涵

自然资源产业是从事自然资源再生产产业活动的生产部门的总称，其产业再生产活动主要包括资源的普查与勘探、土壤改良、耕地恢复、育林、育草、水产育苗、废气废水的净化、资源保护，等等。它是原材料产业的基础。如矿产资源开采以前的生产活动

（保护、测绘、勘探等）为矿产资源产业，开采及以后的生产活动（洗选、运输等）为矿产原材料产业；又如森林资源采伐以前的生产活动（选种、育苗、营林、护林、防虫、防火、防病等）为森林资源产业，采伐及以后的生产活动（运输、粗加工等）为森林原材料产业；水资源开发前的普查、监测、保护等生产活动为水资源产业，开发时的控制、调配等生产活动为水资源原料产业。其他自然资源均可以开发利用为前后界限，依此类推而划分为自然资源产业和自然资源原料产业。

按照自然资源再生产的特点，自然资源产业还可以划分为两类：自然资源勘察业和自然资源再生业。尽管都是通过社会劳动的投入，使自然资源不断更新、积累的生产过程，但两者又具有各自的特点。自然资源勘察业生产活动是"异地"更新、积累资源的生产过程；自然资源再生业是通过人类的劳动投入，促进自然资源再生的过程。

自然资源产业是处于"人类社会与自然界"毗邻的上游产业，它的生产过程是自然再生产过程和社会再生产过程的统一。自然资源便是通过自然资源产业的生产活动转化为社会经济潜力的物质基础，可以说自然资源产业是国民经济生产过程中的第一个环节。自然资源产业主要包括自然资源再生产和再积累部门，具体可分为如下类型：①矿产资源产业。依靠人类劳动投入专门从事矿产资源"异地更新"的产业，如地质勘探业。②土地资源产业。通过人类劳动专门从事耕地地力恢复、土壤改良、土地资源的保护等活动的产业。③森林资源产业。指从事育种、育苗、营林、防治病虫害及预防森林火灾等活动的产业。④草地资源产业。指育种、育草、营草，防治草地退化、沙化和病虫害活动的产业。⑤水资源产业。指专门从事水资源勘探、净化、保护等的产业。⑥海洋资源产业。指专门从事海洋资源勘察、保护、增殖等活动的产业。自然资源产业不包括开发利用部门，即不包括矿产的采掘业、森林的采伐业、供水和自来水业、畜牧业、种植业和海洋资源的开发利用等。在我国，自然资源产业还没有被赋予独立的产业地位，与其后续产业混在一起，产业分工不明确。作为矿产资源产业的地质普查勘探业放在第二产业中，土地资源产业、森林资源产业、水资源产业、海洋资源产业属于第一产业的农、林、牧、渔业。自然资源产业长期滞后于其他社会生产部门，严重制约了自然资源产业的良性发展。①

三、自然资源产业的主要作用

从物质生产部门发展的角度来看，自然资源产业是在特定的资源禀赋和劳动分工过程中必然产生的一个物质生产部门。马克思最早将物质生产部门分为采掘工业、农业、加工工业和运输业；随着分工的加快和规模的扩大，出现并形成第五个物质生产部门即建筑业；为了有效地解决已经发生的或潜在的资源危机、防止生态环境恶化，人们提出建立新的第六个物质生产部门——自然资

---

① 那日，严文.西部地区自然资源产业化问题探讨 [J]. 中央民族大学学报：人文社会科学版，2001（1）：49.

源产业。

自然资源产业是整个国民经济基础产业的基础,在社会物质生产的产业领域排序中应该列在首位:自然资源产业、农业、采掘业、加工工业、运输业、建筑业。这样,社会物质生产领域就完成了由原来的五大产业向现在的六大产业的转变过程。为了保证自然资源的稳定供应和经济社会的可持续发展,世界各国都将自然资源的生产和生态环境保护作为一个独立的产业部门给予了极大的关注,并得出了许多具有价值的探索性成果。比如,认为建立自然资源产业具有客观必然性,自然资源产业的任务就是生产一种高质量的资源;主张将自然资源分为物质资源和环境资源,资源核算与环境核算同等重要,应将资源和环境经济活动作为一个独立生产部门,从国民经济核算账户中独立出来;将环境保护作为一个产业部门(环保产业)来进行投入产出分析,等等。将自然资源产业和环境保护作为一个独立的产业部门,是世界各国经济、社会、资源环境协调发展的必然趋势。①

由于自然资源产业是组织各类自然资源进行社会再生产的一个物质生产部门,是利用社会力量通过人、财、物的投入而进行自然资源的保护、恢复、再生、更新、增殖和积累的生产过程,因此,自然资源的社会再生产过程与自然再生过程的结合和统一,构成了整个自然资源的再生产过程。自然资源产业是协调经济系统、社会系统与自然系统,完善资源资产管理,明确资源产权,

---

① 杨艳琳. 我国资源产业发展的制度创新 [J]. 学习与探索,2007 (6):21.

实现资源价值的重要手段。① 发展自然资源产业，不仅可以扩大资源的市场供给，缓解资源的约束，为整个产业发展提供物质基础，优化整个产业结构，而且还可以建立起资源节约型的国民经济体系，使人类的生产和生活主要依靠自然资源的"股息"增值，使资源得以可持续利用，促进社会经济的可持续发展。

要保持国民经济均衡关系，就必须使自然资源产业具有相当的规模、合适的发展速度以及生产结构。巩固自然资源的基础产业地位，彻底把各类资源产业与相关的传统资源开发业区分开来，划清界限，明确自然资源产业部门的任务、责任，强化自然资源产业部门的功能，使其成为一个独立的专门化产业，调动其进行自然资源生产的积极性。把自然资源产业的产值纳入国民经济核算体系，可以全面、客观地评价经济社会发展的状况，评价未来发展的潜力，有助于界定自然资源的所有权关系，确立自然资源的有偿使用制度，实现资源的有效管理，同时有助于理顺自然资源产业的内部结构及其与外部的关系。建立资源产业，促进资源产业的良性发展，对经济、社会及自然进行协调管理，使人类依靠自然资源的"股息"为生，而不是"吃老本"，从而保持并改善自然资源基础，逐步实现持续发展的目标。

---

① 钱阔，陈绍志. 自然资源资产化管理——可持续发展的理想选择 [M]. 北京：经济管理出版社，1996：21-23.

第五节 自然资源产权论

一、自然资源产权制度的一般性

产权就是对物品或劳务根据一定的目的加以利用或处置，以便从中获得一定收益的权利。产权是一组而不是一种权利，一般可以分解为所有权、使用权、收益权和让渡权。产权制度是指既定产权关系和产权规则结合而成的且能对产权关系实行有效的组合、调节和保护的制度安排。产权制度安排合理与否，直接关系到一个国家的经济发展速度的快慢。根据产权的定义，资源产权是指所有和使用资源的权利。

合理而清晰的产权界定一方面赋予产权主体一定的权利激励，激励其保护自身的合法财产，并采取最为有效的方式利用资源以提高资源价值；另一方面又使这种权利的行使受到一定的责任约束，约束产权主体的机会主义行为，阻止侵权行为的发生。而发挥这一功能的关键就是产权界定必须赋予产权主体明确而对称的权利与责任。既要使权利受到法律保护并可在产权交易中得到承认，又要使权利无法逃脱相应的责任约束。只有权利激励没有责任约束，必然导致权利的滥用；而只有责任约束没有权利激励，必然导致资源配置效率的低下。

德姆塞茨指出："产权的一个主要功能是引导人们实现将外部

性较大地内在化的激励。"① 其功能的发挥是以产权的清晰界定以及产权交易为前提。外部性内在化就是通过产权的清晰界定与交易，使外溢的成本、收益重新纳入产权主体的成本、收益函数中，以矫正内部激励与约束的偏差，这是最基本也是最有效的消除外部性的方式。当无法进行产权界定与交易，利用市场方式无法克服所有的外部性，或即使可以界定与交易但成本极高，从而利用市场方式变得不经济时，就需要借助国家、政府以法律或行政手段强制矫正。

对自然资源的排他性占有不能是无偿的。自然资源在经济体系中周转、流动应当是有偿的，自然资源的有偿转让必须以产权的确立为基础。只有产权是明确的，转让及交易才有可能，使其成为人们行为的激励机制去实现资源的最有效配置。健全完善的自然资源产权制度应当具备明晰性、排他性、可分离性、可分割性、可转让性、稳定性等一般的财产权利特征。②

自然资源及其产权安排是一国经济增长与发展的决定性因素③，因而自然资源产权制度的安排在任何国度中都具有突出的位置。明确的产权是自然资源发挥其最佳效用的关键，自然产权制度的完善与创新有着极大的应用价值，直接决定着自然资源的配置效益、开发利用效率和保护培育程度。主要表现为：①有助于

① R. 科斯，A. 阿尔钦，D. 诺斯. 财产权利与制度变迁 [M]. 上海：上海三联书店，1991：67.
② 谢地. 论我国自然资源产权制度改革 [J]. 河南社会科学，2006 (5)：1.
③ 〔美〕W. 阿瑟·刘易斯. 经济增长理论 [M]. 上海：上海三联书店，1994：7-8.

自然资源市场的建立。产权制度对自然资源开发、利用、保护的影响是市场机制的作用，这无疑对自然资源市场的建立是一个强有力的促进。②促进自然资源的优化配置。明确自然资源所有者与使用者的地位，使其在使用有限的自然资源时，必须慎重比较机会成本，使资源使用的收益达到最大化。有助于减少自然资源开发、利用、保护中的纠纷，减少自然资源的无谓浪费。③补充政府干预。产权制度的引入可以使政府免去许多产权已明确界定的自然资源管理问题，使政府集中力量行使必要的政府干预职能。

二、自然资源产权制度的特殊性

自然资源本身是一种特殊的生产要素。从自然属性来看，它具有可再生性或不可再生性。可再生资源虽然具有自我再生机能，但若过度使用，也会陷入不可逆转的资源退化；而不可再生资源则具有明显的耗竭特性，过度开发利用，会加速其耗竭。从经济属性来看，某些资源的使用具有很强的公共性、正负外部性较大、开发利用的经济周期较长、资源增值或贬值的幅度较大等特征。因此，自然资源产权制度的特殊性，从根本上是由自然资源本身的特殊性所决定的。对所有权的界定，是自然资源产权界定的首要问题，确定了自然资源作为物的归属，才能将产权主体的权利与责任进一步细化。对使用权的界定是自然资源产权界定的核心环节，其不但是人类解决自身与自然界的矛盾时配置稀缺资源的各种选择，更深层次的是人与人之间在使用资源时的权利与地位问题。

（1）自然资源是天然生成的，作为人们生产生活的共同物质基础，理应为全体国民共同所有。因此，一国的全体国民是自然资源的最终所有者。

（2）自然资源产权的现实非排他性。从法律层面来看，这种法律约束的产权具有无限的排他性。如果从实践上来看，在很多情况下，自然资源产权具有非排他性，这是自然资源产权的特征之一。

（3）自然资源的复杂性、多样性，客观上要求自然资源的所有权安排也是复杂多样的，任何单一的所有权安排都将难以对自然资源进行全面管理和有效控制。

（4）自然资源的外部性。自然资源产权具有一定的外部性。例如，森林资源资产除了森林产品等经济价值以外，还具有涵养水源、固土、防沙、吸收二氧化碳、释放氧气、固定能源、维护生物多样性等多种生态功能。生态效益优先的原则，要求对自然资源使用权的界定应倾向于使负外部性最小化，以避免较严重的生态损害，甚至可以牺牲部分产量。

（5）自然资源开发利用的经济周期相对较长，使用权的期限安排应该与不同资源的经济周期相匹配，以保持使用权的相对稳定。

（6）以市场作为配置资源的主要手段，以自然资源价格为信号，引导自然资源的合理流动。在自然资源的转让过程中，资源价格的确定应正确反映资源的稀缺程度，不仅应该包括附加在自然资源上的人类劳动的价值，而且应该包括对资源再生、退化、耗竭所支付的补偿费用。

"公地悲剧"模型由加勒特·哈丁于1968年提出，一直被视为分析自然资源产权制度的重要模型。"公地悲剧"的实质是对稀缺资源的产权界定不清，缺乏明确的产权主体，对它的进入与使用未加限制，导致公有财产沦为无主财产，引发过度使用的悲剧，而不是公有产权或公有财产性质本身的悲剧。从对"公地悲剧"的分析可以看出，解决"公地悲剧"的途径在于，必须对自然资源作出清晰的产权界定，明确所有权、使用权主体以及它们各自的权利与责任，建立对使用者的有效约束与监督机制。

自然资源的产权制度安排，应坚持生态效益优先的原则。这并不是放弃对经济效益的追求，而是要在追求经济效益的过程中，正确处理自然资源合理开发利用和保护投资的关系，既要根据经济发展的实际需要合理地开发利用，又不能以破坏生态效益为代价，追求不可持续的经济效益。要求自然资源产权制度必须给予产权主体经济利益上的激励与约束，通过明晰的产权界定以及对产权主体合理开发利用的权利与保护投资的责任作出明确、对称的安排，实现国家对生态效益追求与产权主体对经济效益追求的激励相容，以使对资源的合理开发利用和保护投资成为产权主体追求自身经济效益最大化的理性选择。

三、自然资源产权关系与自然资源产业效率

现代市场经济制度的核心是产权界定。产权的界定和明晰是市场交易的前提。产权关系，即财产权利关系。界定产权关系的总

的原则是，"谁投资，谁所有，谁受益"①。自然资源产权关系不同，其经济效率也不一样。我们在这里可以将问题简化，用简单的数学分析清楚地说明这一点。设自然资源的回采率为 $H\%$，自然资源开采量为 C，自然资源损失量为 S，自然资源耗损总量为 R，则自然资源开采量 $C = RH\%$，自然资源损失量 $S = R(1-H\%)$。

自然资源开采量与损失量之间存在下述关系：

$$\frac{C}{S} = \frac{H\%}{1-H\%}$$

当自然资源开采量 C 为定值时，回采率 $H\%$ 越低，损失量 S 越高，为开采量的 $\frac{1-H\%}{H\%}$ 倍；当回采率 $H\% < 50\%$ 时，损失量 S 就要大于开采量 C。由于技术和资源开发条件所限，各种矿产资源的经济回采率不同，存在着较为经济的开发范围。但我们也应该认识到，在这一经济开发范围内适当增加投入，就可增大回采率，挽回必要的自然资源损失。

根据生产投入 K（指除人力资本投入以外的技术和物资设备投入）与回采率 $H\%$ 的一般关系，可假定 $H\% = f(K)$ 为增函数，其中，$f'(K) > 0$、$f''(K) < 0$，即自然资源的回采率随投入 K 的增加而增长，受自然资源与技术条件所限，投入增加到某一程度时，回采率增长减慢，甚至几乎不再增长。

---

① 成金华. 市场经济与我国资源产业的发展 [M]. 武汉：中国地质大学出版社，1997：80.

自然资源开发者对生产投入的多少，往往取决于其对生产利润最大化追求的计算。利润为销售收入与成本之差。设每吨矿产销售价格为 P，则收入为 $PH\%$，单位成本为 K，利润 $\pi = PH\% - K$。

可写为 $\pi = Pf(K) - K$

为了追求利润最大化，则边际条件为：

$$f'(K) = \frac{1}{P}$$

这里，对应自然资源开发者的最佳投入水平，我们记为 K_1。

然而，若从追求社会损益值最优出发，生产投入就将有所不同，设开采 1 吨矿产资源的损失率为 $1 - H\%$，其中由于不可避免的技术因素造成的资源损失系数为 $W(0 < W < 1)$，则技术可避免的资源损失系数为 $n(n = 1 - W)$，则社会损益最优可表示为：

$$\max[P1H\% - K - P(1 - H\%)n]$$
$$= \max[Pf(K) - K - Pn + Pnf(K)]$$
$$= \max[(1 + n)Pf(K) - K - Pn]$$

当社会损益为最优时，则边际条件为：

$$f'(K) = \frac{1}{(1 + n)P}$$

其对应的投入水平为 K_2。

由于 $n > 0$，所以 $\dfrac{1}{(1 + n)P} < \dfrac{1}{P}$

即 $f'(K_2) < f'(K_1)$

$\because f''(K) < 0$

$\therefore K_1 < K_2$

由此分析得出：只追求个别利益主体利润最大化时的生产投入水平低于考虑社会损益程度最优时的生产投入水平。也就是说，只追求局部的最大经济效益是以较大的社会成本（自然资源损失）换来的。企业只顾追求利润，不太关心也难以要求他们关心这些社会损失；而政府，为了社会利益和可持续发展，在制定自然资源开发政策时则需加以引导。应以社会损益最优为目标进行资源开发管理，保证投入，防止为单纯追求经济效益而出现的过低回采率，以提高自然资源的有效利用程度。

第六节　自然资源的可持续发展观

关于自然资源稀缺，有两种完全不同的观点，存在"资源有限论"和"资源无限论"之争。悲观主义者认为，随着世界性人口猛增，经济快速发展，人类利用自然资源的数量和程度不断扩大，最终必将造成自然资源的衰竭，人类经济的发展终将停滞。乐观主义者认为，尽管人们对自然资源的利用越来越多，地球上的自然资源总量"似乎"在不断减少，但是随着科学技术的进步，人们认识水平的提高，人类勘探手段、技术与方式的改进，人们也在不断地发现新资源或发现资源新的利用途径，同时人类在不断地改进管理手段及研究节能方式，并把经济发展与环保结合起来。

只有这样，人类才能够做到经济的可持续发展。尽管增长极限论低估了科学技术进步和市场机制的巨大作用，但对可持续增长的认真探索，使人们重新审视资源利用、环境保护与经济发展的关系，这无疑是十分及时和重要的。① 两种意见的争论是有益的，促进了理论的发展，从零增长到有机增长，由关注物理极限转向更为关注社会极限和人的生物极限，从消极的限制增长论走向积极的生态经济价值观。这些越来越深入的探讨，反思传统的经济增长方式，使人们认识发展问题的理论不断完善，为可持续发展思想及战略的形成铺平了道路。

可持续发展思想的形成，经历了一个不断充实、完善的过程。1972 年联合国在瑞典首都斯德哥尔摩举行的人类环境会议上，通过的《人类环境宣言》中出现了可持续发展思想。1978 年，世界环境和发展委员会首次在文件中正式使用可持续发展概念。1987年，布伦特兰报告《我们共同的未来》科学论述了可持续发展的概念，并给出了定义："可持续发展是在满足当代人需求的同时，不损害人类后代的满足其自身需求的能力"。1992 年 6 月在里约热内卢举行的"联合国环境与发展大会"是人类有史以来最大的一次国际会议，大会取得的最有意义的成果是发布了两个纲领性文件《地球宪章》和《21 世纪议程》，这标志着可持续发展从理论探讨走向了实际行动。

从可持续发展思想的发展历程可以看出，可持续发展已从注重自然资源，扩展到注重包括生态环境、经济、社会等各个相关因素，并使之相互协调发展。可持续发展是一个内涵十分丰富的概念，其基本要素有：①可持续发展不是一个单纯的经济学问题，而是涉及自然科学、社会学、政治学、经济学等许多领域的一个复杂、综合的系统工程；②可持续发展追求代际和区域间的公平与效率，追求人类平衡与增长极限；③可持续发展认为有限增长的经济与解决贫困问题同样重要，强调发展是硬道理；④从某种意义上说，经济持续发展是社会可持续性发展的基础，资源的永续利用是经济可持续发展的基础，生态环境的保护与改善是资源可持续利用的基础。

可持续发展是一种新的发展观，是对单纯追求经济增长的"工业化实现观"的否定，使人们以全新的目光，重新审视经济增长和经济发展，摒弃"无发展的增长"，使经济沿着健康的轨道长期持续地发展。实施可持续发展战略将改善人们的自然资源利用状况，增强资源对长期发展的支撑力。而且，可持续发展将使人们改变传统的对自然的态度，实现人与自然的和谐。自然资源是经济增长的基本因素，但自然资源又是有限的，这就构成自然资源与经济增长之间的矛盾冲突。可以从可持续发展的角度考察自然资源的利用问题。①自然资源的永续利用是可持续发展的物质基础和基本条件。可持续发展的本质是人类社会自身的永续生存和发展，自然资源利用不能只顾及当代人的利益，还必须关注后代人发展的需要。自然资源支持着自身及人类的持续发展，其承载力预示着人类种群数量的规模，也制约着人类经济社会的结构的规模。没有自然资源系统的可持续发展，人类的可持续发展将是一句空话。②自然资源的利用与经济发展是相辅相成的关系，不能盲目地坚持限制或停止自然资源的利用。经济发展，一方面保证了人类的生存条件和生存质量的改善，另一方面也不断积累了资金和技术实力，提高了人类抵御自然灾害和保护、改造大自然的能力。不发展经济，就不能消除贫困和落后，就会因缺乏必要的物质基础、资金财力和技术条件而无法更好地保护自然资源。③如何实现自然资源的持续利用，是可持续发展的关键所在。自然资源的持续利用，是指在不断努力获得更多自然资源的同时，在人类社会有意义的时间和空间尺度上，就自然资源的数量和质量的总体水平而言，人类社会利用自然资源的选择空间不断缩小，这就要求我们在经济发展过程中，科学开发、合理利用和节约自然资源，高效利用资源，同时不超过生态供给阈值。①

　　人与自然的关系是可持续发展方式建立的基础，保持人与自然和谐至关重要。可持续发展的提出，指明了人与自然和谐发展的新道路。人类必须有长远的眼光，遵循自然规律，合理地配置和开发利用自然资源，谋求可持续发展。自然资源时空分布的有限性在一定程度上制约着人类经济社会的发展，人类的发展必须在

---

① 　生态供给阈值是维持生态功能持续性的最低存量水平，可以通过技术进步和投资增加而增大。

现有的资源条件下，合理利用资源，充分发挥资源的潜力，同时注意保护资源，避免资源枯竭的危机和生存环境的恶化，赢得可持续发展的人类未来。

第四章　生态补偿机制与方式

　　建立和完善生态补偿机制不仅是我国解决生态环境问题的有效手段和完善环境经济政策的重要方面，也是调整相关主体利益关系，协调地区发展，促进社会和谐的重要途径。早在 20 世纪 90 年代初，我国即开始了有关生态补偿机制问题的理论研究和实践探索。在我国深入贯彻落实科学发展观的新时期，研究和完善生态补偿机制显得越发紧迫，对我国建设生态文明意义重大。正确理解生态补偿机制的概念，梳理生态补偿机制的理论基础，认识我国建立生态补偿机制的重要性，总结国内外生态补偿的各种成功做法与经验，对我国进一步加快生态补偿机制建设具有积极作用。

第一节　生态补偿机制的概念

　　国外并没有"生态补偿"和"生态补偿机制"的概念，与之相近的是"生态服务付费"（Payment for Ecological Services），顾名思义，就是享有和使用生态服务这一产品要支付费用。我国的"生态补偿"最早是一个自然科学的概念，后来被引入社会科学研究领域，其内涵由此得到了极大的丰富。我国理论界已从生态学、经济学、法学、管理学等多学科领域的角度界定了生态补偿的涵义。从总体上讲，生态补偿的多重涵义主要包括自然生态补偿、对生态系统的补偿、促进生态保护的经济手段和制度安排三个方面。后者目前受到公众、政府和社会的重点关注，也是环境管理与公共政策领域内的涵义，即生态补偿机制是以保护生态环境、促进人与自然和谐为目的，根据生态系统服务价值、生态保护成本、发展机会成本，综合运用行政和市场手段，调整生态环境保护和建设相关各方之间利益关系的环境经济政策（《关于开展生态补偿试点工作的指导意见》）。这一界定具有三层涵义：第一，生态补偿的原则和依据，即生态系统服务价值、生态保护成本和发展机会成本。前者是个变量，很难准确计算，目前这方面的研究成果还不能直接应用到工作层面，它的确定主要依靠谈判和博弈机制，即通过生态效应"供求"双方的谈判，确定其交易价格；后两者可以通过成本或价值来核算。第二，实现补偿机制的政策途径，即政府补偿和市场补偿两者的结合。第三，生态补偿机制的本质是一种环境经济政策，包括两个层次，一方面要明确相关方的权、责、利关系，另一方面是促进制定各行为者可持续发展的激励和约束制度。只有激励和约束制度而没有责、权、利制度设计的生态补偿机制政策是不可持续的。

第二节　生态补偿机制理论基础简要回顾

分析生态补偿机制的主要理论基础有两个目的，一是佐证对生态补偿机制概念界定的科学性，二是对实现生态补偿机制的政策工具给予方向性的指导。关于生态补偿机制的理论基础，学者们从不同学科的角度加以解释。例如：对自然资源环境利用的不可逆性是建立生态补偿机制的生态学基础；环境资源产权界定为建立生态补偿机制提供了法理基础；生态补偿的公共物品属性有助于确定在不同生态补偿问题类型下补偿的主体及其权利、责任和义务，从而确定相应的政策途径；外部性理论是建立生态补偿机制的基本原则和制定相应政策手段的出发点；环境资本论是建立生态补偿机制的价值基础和确定补偿标准的理论依据。总之，这些理论多角度地论述了对环境资源利用进行生态补偿的合理性，其基本思路是通过恰当的制度设计使环境资源的外部性成本内部化，由环境资源的开发利用者来承担由此带来的社会成本和生态环境成本，使其在经济学上具有正当性（王金南，2006）；同时为确定生态补偿机制的三个关键要素，即补偿责任机制、补偿标准和补偿方式奠定了基础，从而推动生态补偿政策向实践操作层面迈进。

第三节　我国建立生态补偿机制的重要意义

建立生态补偿机制是我国落实新时期环保工作任务的迫切要求。《中共中央关于制定国民经济和社会发展第十一个五年规划的建议》中要求："按照谁开发谁保护、谁受益谁补偿的原则，加快建立生态补偿机制。"《国务院关于落实科学发展观 加强环境保护的决定》中明确提出："要完善生态补偿政策，尽快建立生态补偿机制。中央和地方财政转移支付应考虑生态补偿因素，国家和地方可分别开展生态补偿试点。"《国务院 2007 年工作要点》已将加快建立生态环境补偿机制列为大力抓好节能降耗和污染减排工作的重要任务。发展改革委员会会同有关部门制定的《节能减排综合性工作方案》也要求"健全资源矿产有偿使用制度，改进和完善资源开发生态补偿机制。开展跨流域生态补偿试点工作"。温家宝总理在第六次全国环境保护大会上指出："按照谁开发谁保护、谁破坏谁恢复、谁受益谁补偿、谁排污谁付费的原则，完善生态补偿机制，建立生态补偿机制。"国家环保总局印发的《关于开展生态补偿试点工作的指导意见》旨在通过在自然保护区、重要生态功能区、矿产资源开发和流域水环境保护的生态补偿试点工作，建立重点领域生态补偿标准体系，探索多样化的生态补偿方法模式，推动相关生态补偿政策法规的制定和完善，为全面建立生态补偿机制奠定基础。可见，我国建立和完善生态补偿机制，已经从社会呼吁、科学研究阶段发展到政府操作、试点实施阶段。

完善生态补偿机制是贯彻落实科学发展观的重要举措，对推进我国生态文明建设具有重大战略意义。

首先，加快生态补偿机制建设是完善环境经济政策的重要方面。现阶段由于环境及其经济利益关系的扭曲，我国生态保护政策面临结构性缺位的挑战。目前我国已经建立了初步的生态补偿机制，但存在责权利不明确、政策部门色彩严重、补偿标准不合理、资金渠道不畅等问题。建立生态补偿机制，就是确保在公平、合理、高效的原则下，实现生态环境保护与建设投入的制度化、规范化和市场化，使环境保护工作从以行政手段为主向综合运用法律、经济、技术和行政手段转变，从而推动资源可持续利用，加快环境友好型社会的建设。

其次，加快生态补偿机制建设是协调区域发展和促进社会和谐的重要途径。在我国，生态环境的恶化一方面严重地制约着经济的持续发展，另一方面也因生态环境保护成果的不合理分享，加剧了城乡之间和地区之间发展的不平衡和不协调，影响到社会福利在不同群体间的公平分配，在局部地区甚至影响到社会的稳定。生态补偿机制作为调整环境利益分配关系的经济手段，有利于城乡、地区以及社会群体间的协调和公平发展。

第四节　国内外生态补偿方式与途径

自 20 世纪 50 年代以来，生态补偿逐渐被越来越多的国家认识并付诸实践。1992 年，联合国发布了《里约环境与发展宣言》和

143

《21世纪议程》，体现了利用经济手段来调整经济社会发展与生态保护关系的思想，即在环境保护政策上，价格、市场和政府财政经济政策要发挥补充性作用，环境费用应体现在生产者和消费者的决策上，价格应反映出资源的稀缺性和全部价值，并有助于防止环境的恶化。

目前国内外已经积累了不少生态补偿的成功做法和经验，为我国加快生态补偿机制建设提供了借鉴。生态补偿方式与途径的分类体系很多，按照补偿方式可以分为资金补偿、实物补偿、政策补偿和智力补偿等；按照补偿条块可以分为纵向补偿和横向补偿；按照空间尺度大小可以分为生态环境要素补偿、流域补偿、区域补偿和国际补偿等。但补偿主体与补偿的运作机制是关键因素。按照补偿主体与补偿运作机制的差异，国外一般把生态补偿分为政府补偿和市场补偿两大类。国外"生态服务付费"的内涵与我国生态补偿机制概念没有本质区别，但从调整相关利益关系的手段看，我国的生态补偿途径更宽泛，除了付费方式外，还包括经济援助等间接方式。因此，从总体上讲，国内外的各种生态补偿主要从政府补偿、社会补偿、国际合作、生态移民四个层面展开。

一、政府补偿方式

政府补偿方式是以国家或上级政府为实施和补偿主体，以区域、下级政府或农牧民为补偿对象，以国家生态安全、社会稳定、区域协调发展等为目标，以财政补贴、税费优惠、项目实施和人才技术投入等为手段的补偿方式。政府补偿机制是目前开展生态补偿最重要的形式，也是目前比较容易启动的补偿方式。在国外的生态补偿模式中，政府是生态补偿机制建设的主要力量，政府购买社会需要的生态环境服务，然后提供给社会成员。例如，法国、马来西亚的林业基金中，国家财政拨付占很大比重；德国政府是生态效益的最大"购买者"；美国政府一直采取保护性退耕政策手段来加强生态环境保护建设，由政府购买生态效益、提供补偿资金，对原先种地的农民为开展生态保护放弃耕作而由此所承担的机会成本进行补偿等。我国政府在建立和推动实施生态补偿方面同样发挥了主导性作用。政府购买生态环境服务的资金来自公共财政资金，有针对性的税收、收费，优惠信贷以及专项基金和国债等金融资源。

1. 财政转移支付

一是纵向财政转移支付，指中央对地方或地方上级政府对下级政府的经常性财政转移，适用于国家对重要生态功能区的生态补偿，以补偿功能区因保护生态环境而牺牲的经济发展的机会成本。二是横向转移支付，即地方同级政府的财政转移支付，适用于跨省界中型流域、城市饮用水源地和狭小流域的生态补偿。

财政转移支付是当前我国政府最主要的生态补偿途径。我国财政部制定的《2003 年政府预算收支科目》中，与生态环境保护相关的支出项目约 30 项，其中具有显著生态补偿特色的支出项目，如退耕还林、沙漠化防治、治沙贷款贴息占支出项目的三分之一多。就支持力度而言，2000—2005 年，中央在退耕还林、退牧还草、天然林保护、防护林建设和京津风沙源治理五大生态建设工程累计投资 1 220 多亿元。以退耕还林工程为例，自 1999 年试点以来，中央财政累计投入 1 300 多亿元，全国累计完成退耕还林 1.39 亿亩，配套的荒山荒地造林 2.05 亿亩，封山育林 2 000 万亩；工程涉及 25 个省区市和新疆建设兵团以及 3 200 万农户共 1.2 亿农民。由于当时农业税费负担沉重，粮食价格低，农民退耕积极性很高。加上这一政策主要由中央财政出钱，多退耕就可以多拿补贴，县乡政府也积极性高涨。但退耕还林的补助期一般为经济林 5 年、生态林 8 年。近年来，一些地方的补助期已满，如果停止中央的补助，这些农民的生计就难以保障。为此，国务院最近下发了《关于完善退耕还林政策的通知》，决定完善退耕还林政策，继续对退耕农户给予适当补助，以巩固退耕还林成果，解决退耕农户生活困难和长远生计问题。一方面，继续对退耕农户进行直接补助。补助期为：还生态林补助 8 年，还经济林补助 5 年，还草补助 2 年。另一方面，建立巩固退耕还林成果专项资金，主要用于西部地区、京津风沙源治理区和享受西部地区政策的中部地区退耕农户的基本口粮田建设、农村能源建设、生态移民以及补植补造。此外，继续扶持退耕还林地区，中央有关预算内基本建设投资和支农惠农财政资金要继续按原计划安排。我国地方政府也在尝试采取灵活的财政转移支付政策，激励生态环境保护和建设。福建、浙江、广东等省加大了对上游落后地区的支持力度。作为全国生态公益林保护管理试点之一，福建省早在 2001 年就实行了森林生态效益补偿制度，从省级财政收入中逐年增加安排森林生态效益补偿金，使省级生态公益林补偿标准达到5元/亩的国家级标准，为保护生态公益林起到了极其重要的作用。2007 年 2 月 26 日，福建省委常委会专题研究并通过了《福建省江河下游地区对上游地区森林生态效益补偿方案》，采取以上下游之间补偿为主、省级政府支持相结合的办法。浙江、广东以集中资金、专项转移支付的办法进行生态补偿。2004 年浙江省出台《浙江省生态建设财政激励机制暂行办法》，将财力补贴、环境整治与保护、生态公益林补助和生态省建设目标责任考核奖励政策等作为主要激励政策。

财政转移支付是政府补偿方式中最重要的手段，具有资金来源稳定、启动容易、见效快的优点。但其缺点也是明显的：一是体制不够灵活，全国统一的财政转移支付制度很难照顾到各地千差万别的生态环境问题；二是运行和管理成本高，许多专项资金往往由于高额的管理成本而难以发挥效益；三是部门分割严重，资金分散使用，效率低。

2. 税收制度

环境税收政策是调节发展与生态保护的经济手段，包括环境税、与生态环境保护有关的税收优惠政策等。通过实施环境税收政策，既能为生态环境保护与建设筹措必要的资金，又能提高生态破坏和占用成本，使企业和消费者选择有利于生态环境保护的生产和消费方式。

目前，生态环境税在西方国家尤其是经济合作发展组织内的国

147

家已经取得成功，它们普遍开征了空气污染税、水污染税、固体废弃物税、噪声税、注册税等。1991 年瑞典为森林生态效益补偿提供资金颁布了世界上第一个生态税调整法案，根据产生二氧化碳（CO_2）的来源，对油、煤炭、天然气、液化石油气、汽油和国内航空燃料等征收碳税，排放 1 吨 CO_2 征税 120 美元，并对其他生态环境破坏行为征税。法国为加强对温室效应的控制，从 2001 年 1 月 1 日起对每吨碳征收 150～200 法郎的税，以后逐年增加，10 年期末即 2010 年要达到每吨碳征收 500 法郎的标准。欧盟已建议在其成员国内部推广 CO_2 税，并制定了具体的征收措施。巴西在森林生态效益补偿中遵循"谁保护、谁受益"的原则，国内已有 6 个州开征生态增值税。美国、瑞典、荷兰、德国、日本等国家还开征了二氧化硫（SO_2）税，例如美国税法规定 SO_2 浓度达到一级和二级标准的地区，每排放一磅分别征收 15 美分和 10 美分，瑞典对每吨 SO_2 排放征税 3 050 美元。

我国目前还没有专门的环境税[①]，但许多税收政策中作出了有利于环境保护的规定，带有生态补偿的性质，这样的税包括增值税、营业税、消费税、所得税、城市维护建设税，以及土地、矿产等开发的资源税。涉及生态环境保护的增值税主要有三类。

第一类是资源综合利用产品，包括：①建材产品，对利用废渣

---

① 环境税的设计和实施是一项非常复杂的工作，涉及税制设计、环境税与其他税种的关系、税率的测算、征收成本，以及实施环境税对经济社会的影响分析等等，因此，环境税的征收工作很难一下子全面推开。但征收环境税已经提上了议事日程。国务院印发的《节能减排综合性方案》中已明确提出要研究建立环境税，财税部门也在积极考虑运用税收手段加强环境保护。

生产的建材产品免征增值税，其中水泥实行增值税即征即退；对利用废旧沥青混凝土生产的再生沥青混凝土实行增值税即征即退；对利用废渣生产的废渣砖石煤和粉煤灰砌块、煤矸石砌块、炉底渣砌块及其他废渣砌块依照6％征收增值税，部分新型墙体材料产品实行增值税减半征收。②电力产品，对利用垃圾生产的电力产品实行增值税即征即退；对利用煤矸石、煤泥、油母页岩和风力生产的电力产品按增值税应纳税额减半征收。③森工产品，对以三剩物和次小薪材为原料生产的15种产品实行增值税即征即退。④其他产品，对利用舍弃物油母页岩生产的页岩油及其他产品实行增值税即征即退；对利用废液（渣）生产的黄金免征增值税。

第二类是废物处理，包括：①各级政府及主管部门委托自来水厂（公司）随水费收取的污水处理费免征增值税。②对报废汽车拆解企业拆解报废汽车免征增值税。③废旧物资回收经营单位销售其收购的废旧物资免征增值税；对生产性企业一般纳税人从废旧物资经营单位购进的免税废旧物资，可按10％抵扣进项税额。

第三类是利用清洁能源生产的无污染产品，包括：①县以下小型水力发电单位生产的电力可按简易办法依照6％的征收率缴纳增值税；对利用风力生产的电力按增值税应纳税额减半征收。②三峡电站和二滩电站生产销售电力缴纳的增值税，税负超过8％的部分先征后返。

营业税政策规定：病虫害防治、植物保护及其相关的技术培训收入可以免税。

消费税政策规定：对汽油、柴油、机动车、轮胎等污染产品，

149

在征收增值税后，再征一道消费税。自 1999 年 1 月 1 日起，含铅汽油的消费税税率由 0.2 元/升提高到 0.28 元/升，对企业生产销售的低污染排放小汽车减征消费税。

所得税政策规定：①企业以国家规定的废弃资源为主要原料从事生产的，可以酌情减征或者免征企业所得税，免税期最长可达 5 年。②外国企业在节约能源和防治环境污染方面提供专有技术的，收取特许权使用费时，经过国家税务总局批准，可以按 10% 的税率减征所得税。其中，技术先进或者条件优惠的，可以免征。③企业淘汰消耗臭氧层物质生产线而取得的赠款免征所得税。④省级以上人民政府、国务院部委、中国人民解放军军级以上单位和外国组织、国际组织颁发的环境保护方面的奖金，可以免征个人所得税。

城建税专门为城市建设及市政建设环保项目筹集资金，间接地发挥了税收对环保的积极作用。目前我国对原油、天然气、煤炭、其他非金属矿原矿、黑色矿原矿、有色金属矿原矿和盐征收的资源税，其目的是调节资源级差收入，并未体现资源有偿使用的政策，因而并非真正意义上的资源税；但资源税的征收方式由"从量计征"改为"从价计征"后，将有利于资源开发补偿和生态保护。

从资源保护的角度来看，我国现行税制有缺陷，大部分税种覆盖面小，尤其是消费品税收的作用还未发挥出来。我国建立环境税已经具备一定的基础，国家环境保护总局环境规划院提出了中国环境税收政策框架，提出独立型环境税、融入型环境税、环境税费和环境税式支出四种环境税改革方案。国务院印发的《节能减排综合性方案》中已明确提出要研究建立环境税，财税部门也在积极考虑运用税收手段加强环境保护。

3. 行政收费

行政收费是政府运用经济手段促进排污单位治理污染、改善环境的一项主要措施，在发达国家使用普遍，目前在我国主要由环保部门以排污费的形式收取。

我国最早的生态环境补偿费实践始于1983年，在云南省对磷矿开采征收覆土植被及其他生态环境破坏恢复费用。1993年，我国确定了14个省的18个市、县（区）作为试点，开展征收生态环境补偿费试点工作。征收范围涉及了矿产开发、土地开发、旅游开发、自然资源开发、药用植物开发和电力开发六大领域。征收方式主要有按项目投资总额、产品销售总额、产品单位产量征收，按生态破坏的占地面积征收，综合性收费和押金制度六种。征收标准有固定收费和浮动收费（按比例）两种。征收生态补偿费对生态环境保护和建设发挥了作用。例如，广西利用征收的生态补偿费，开展水土流失和农田污染的治理，取得了良好效果；福建省通过征收生态补偿费，解决了矿区村民的搬迁和饮水问题。但是在2002年全国清理整顿乱收费时该项收费被取消，各地的试点工作基本停止。

近年，山西等地已经恢复征收生态环境补偿费，效果明显，其他地区也开征了类似的规费。江苏是全国首批实行排污费"收支两条线"的省份，早在 2003 年，江苏省就开始执行排污费收入全部用于环境污染防治的规定。党的十六大以来，污染防治专项资金从每年的 3 000 万元增加到 3 亿元，省级环保奖励奖金也从 100 万元增加到 500 万元。到 2006 年，江苏省排污费收入已达到 13.3 亿元，其中对违法排污行为的经济处罚为 1.3 亿元。当前排污费征收存在的突出问题是排污费管理使用不严，被擅自挪作他用。湖北省对排污费征收使用管理实行重大改革，从 2007 年 10 月 1 日起，排污费由"环保部门负责核定和征收"改为"环保部门核定、地方税务机关征收"，环保部门只负责核定排污费的数额。这将从根本上解决过去排污费征收难和管理上存在的问题，是排污管理制度改革的一个创新。在节能减排的大背景下，2007 年以来很多省区市对排污费征收使用管理的重视程度都在"升级"。如江苏省 2007 年 7 月 1 日起，已经提高了排污费征收标准。广东省出台的《广东省排污费征收使用管理办法》于 2007 年 8 月 1 日正式施行。按照新的排污费征收办法，超标排废水将按超标倍数追缴超标排污费，最高可追缴 4 倍，比以前高了 3 倍。甘肃省 2007 年 9 月底印发了《甘肃省节能减排综合实施方案》，明确将逐步提高二氧化硫排污费和城市污水处理费收费标准，通过完善价格政策推进节能减排工作。该方案确定，将二氧化硫排污费由目前的每千克 0.63 元，分三年提高到每千克 1.26 元，并全面开征城市污水处理费并提高收费标准。

生态补偿费在征收的初期存在很多问题，主要有：缺乏法律依据；征收标准和范围不统一；征收方式不合理；管理不严格，资金的收取和使用都存在很大漏洞，并没有完全用于生态恢复和补偿等。但生态补偿费的实践对完善生态环境管理产生了很好的促进作用，为生态税的设置奠定了基础。

4. 金融信贷政策

从国际经验看，国际金融组织是很多国家生态补偿机制的推动者。利用国内外政策性银行的力量，以低息或无息贷款的形式向有利于生态环境的行为和活动提供小额贷款，可以筹集生态环境建设的启动资金，加快生态补偿的进程。

金融信贷作为环保管理的手段应该得到加强，越来越多的国际大金融机构都在朝这方面努力。截至 2006 年 11 月，包括花旗、渣打、汇丰在内的至少 43 家大型跨国银行明确实行"赤道原则"，在贷款和项目资助中强调企业的环境和社会责任。世界银行、亚洲开发银行、美国和欧盟的进出口银行，都已经把环境因素纳入贷款、投资和风险评估程序。

2007 年 7 月中旬，国家环保总局、中国人民银行、中国银监会联合推出了《关于落实环境保护政策法规 防范信贷风险的意见》，对不符合产业政策和环境违法的企业和项目进行信贷控制，以绿色信贷机制遏制高耗能高污染产业的盲目扩张。环保总局随后向银监会、人民银行通报了第一批蚌埠农药厂等 30 家环境违法企业名单。该意见规定，金融机构要依据环保部门通报的情况，严格贷款审批、发放和监督管理。对未通过环评审批或环保设施验收的新建项目，不得新增任何形式的授信支持。对于各级环保

153

部门查处的超标排污、超总量排污、未依法取得许可证排污或不按许可证规定排污、未完成限期治理任务的已建项目，在审查所属企业流动资金贷款申请时，应严格控制贷款。该意见还提出了建立环保部门和金融监管部门的联席会议制度，定期召开协调会交换信息，并将商业银行落实环保政策法规、控制污染企业信贷风险的情况纳入监督检查范围，对商业银行违规向环境违法项目贷款的行为实行责任追究和处罚。另外，据典型省份执行的情况看，如山西实施"停贷治污"以来，全省先后关停各类违法企业和设施 1 200 多个，对全省 500 家环境违法企业采取停贷措施，停贷资金 23 亿元。在 2007 年上半年公布的各地主要污染物减排状况中，山西省的二氧化硫和化学需氧量排放量均较 2006 年同期有所下降。

5. 其他途径

其他途径包括专项资金、基金、国债、差异性的区域政策等。专项资金目标明确，操作简单，是实施生态补偿的另一种重要途径。国土、林业、水利、农业、环保等部门实施了一系列项目，建立专项资金对有利于生态保护和建设的行为进行资金补贴和技术扶助。杭州等市县将财政转移支付、补助资金、生态建设资金、环保补助金、城建补助、扶贫资金、水利建设补助等 10 余项相关资金整合后建立生态补偿专项资金，形成聚合效应。国家"十一五"规划纲要提出，要基于主体功能区划分，实施差异性的区域发展政策。

二、社会补偿方式

社会补偿是对生态保护有觉悟的非利益相关者通过某种形式的资金募集和捐助，包括国际、国内各种组织和个人通过物质性的捐赠与援助，与生态保护义务群体之间建立惠益关系。建立生态补偿机制应充分调动社会各方面的积极性。社会公众广泛参与生态补偿机制建设是筹集生态环境建设和保护资金的重要渠道，而且在提高广大人民群众环保意识的同时，有利于克服官僚体制运作的低效率和腐败等弊端。

1. 社会捐助

捐助不仅包括国际资助和国内个人、公司、协会、团体、基金会提供的直接资金援助，也包括国际和国内团体或个人的修复技术资助。捐助是国际环境非政府机构经常使用的补偿手段。一方面，我国应积极争取全球环境基金、联合国环境署、世界银行、亚洲开发银行等官方国际组织和世界野生动物保护基金会等民间国际组织直接对我国受补偿地区或群体进行补偿。引进国外资金和项目受国家财政体系的影响较小，易于操作，但是这种形式的资金是有限的，适宜于特别贫困的地区。另一方面，积极鼓励企业捐赠。现行的财务制度对企业列支捐赠等公益性支出作了较大的限制，直接影响了企业贡献社会的积极性。通过深化企业财务制度、企业所得税、个人所得税改革，在企业履行社会责任的管理上，从数量控制转化为质量控制，可以很好地引导企业为生态

155

补偿服务。同时，广泛动员个人、民间组织、环保组织、中介组织关注生态补偿机制建设，奉献爱心，为我国生态补偿建设出一份力。

2. 发行生态彩票

彩票在西方发达国家被称作第二财政，是政府的一条重要筹资渠道，具有强大的集资功能。目前彩票业已发展成为世界第六大产业。近年来，我国彩票业发展十分迅速，体育和社会福利彩票销售火暴，各地不断推出新的销售方式，发展潜力巨大，不过中央政府对其发行资格、规模和具体动作等均要进行严格管理。我国应积极支持彩票业发展，在全国范围内发行生态环境建设彩票，使之成为生态建设和保护的重要融资渠道，更重要的是让民众心系生态环境建设，推广生态意识，真正实现"取之于民，用之于民"。当然，彩票业作为一种特殊的社会公益事业，其运行稳定与否以及收益如何都存在波动性，如何保持彩票的长期性和持久性等问题需要认真研究和设计。

3. 自愿义工

自愿义工是西方国家的广大公众参与生态补偿机制建设的有效途径之一。20世纪30年代美国罗斯福新政时实施的民间资源保护队计划，先后招募了200余万名青年从事植树护林、防治水患、水土保持、道路建筑、开辟森林防火线和设置森林瞭望塔等工作，开辟了740余万英亩（1英亩≈4 049平方米）国有林区和大量国

156

有公园。民间组织和环保志愿者是环境保护公众参与的重要力量。
我国目前有非政府环保组织 1 000 余家，要充分发挥它们的积极作
用，为生态补偿机制建设提供必要的资金、劳动、技术和智力支持。

三、国际合作补偿方式

生态系统是一个整体，许多国家的经验都证明，大范围的生态
补偿机制不可能由一个国家、一个地区或部门建立起来，而在国
际间推动生态补偿机制的区域性合作，可以达到利益共享、成本
分摊的目的，从而使生态补偿政策更好地发挥作用。

德国易北河的生态补偿机制是比较典型的实行区域合作性生态
补偿机制的案例。易北河上游在捷克，中下游在德国，1980 年前
从未开展流域整治，因此水质日益下降。1990 年后德国和捷克达
成采取措施共同整治易北河的双边协议，成立双边合作组织，由
两国专业人士参与，目的是长期改良农用水灌溉质量，保持两河
流域生物多样，减少流域两岸排放污染物。双边合作组织由行动
计划、监测、研究、沿海保护、灾害、水文、公众、法律政策 8
个专业小组组成，并制定了短中长期分步实施目标。经整治，目
前易北河上游水质已基本达到饮用水标准。易北河流域建起了 7 个
国家公园，占地 1 500 平方千米。两岸流域有 200 个自然保护区，
禁止在保护区内建房、办厂或从事集约农业等影响生态保护的活
动。下游对上游的经济补偿是易北河流域整治的经费来源之一。
2000 年德国环保部拿出 900 万马克给捷克，用于建设捷克与德国
交界的城市污水处理厂。

　　亚洲沙尘暴是目前世界上最主要的沙尘暴，影响范围覆盖了蒙古、中国、日本、韩国、哈萨克斯坦等国家，主要有三大源区，即蒙古南部、我国塔克拉玛干沙漠及其南部周边地区、我国内蒙古西部巴丹吉林沙漠及其周边地区。由这些源区产生的沙尘暴占亚洲沙尘暴总量的70%，其中仅蒙古南部一处就占40%。据我国气象部门公布的数据显示，2000—2003年，我国境内共出现53次沙尘天气，其中有33次源于蒙古中南部戈壁地区，即有六成来自境外。我国有173万多平方千米沙化土地面积，每年因土地荒漠化和土地沙化造成直接经济损失高达540亿元，近4亿人的生产生活受到影响。近年来，我国加强了沙尘暴防治的国际合作。2002年12月，中、日、韩、蒙四国与一些国际组织成立了联合治理沙尘暴的工作小组。2003年，中、日、韩、朝、蒙五国举行了沙尘暴高级会议。2004年，中、韩、日三国环境部长在日本会晤，商讨联合治理沙尘暴、研究沙尘暴的成因、确定沙尘暴的起源和去向，以及沙尘暴对环境造成的影响、如何预防等问题。2005年2月，日本设置沙尘暴对策有关省厅联络会议，集中收集国内外信息，各省厅协调实施对策。日本还设立了日中绿化交流基金，协助中国植树造林。韩、中两国政府就监测防治沙尘暴等签署了多项协议，在沙尘暴和气象雷达、气象卫星资料共享等领域建立了良好的合作关系。韩国政府援助中国60万美元，在五个地方设立了沙尘暴联合监测站。很多日、韩媒体以及有关的专家学者，对中国政府采取的植树造林、退耕还林、退牧还草以及保护天然林等措施表示认可。

同时，我国加强和推动与周边国家或相关地区的合作，积极参与区域合作机制化建设。建立中、日、韩三国环境部长会议机制，定期进行政策交流，讨论共同关心的环境问题。大湄公河次区域环境合作机制开始启动，并于 2005 年成功举办了第一届大湄公河次区域环境部长会议，提出了次区域生物多样性保护走廊计划等合作项目。东盟与中国（10＋1）、东盟与中日韩（10＋3）机制下的环境合作开始起步。在中国政府的倡议下，2002 年召开了第一届亚欧环境部长会议，通过了《亚欧环境部长会议主席声明》，就开展亚欧环境合作的基础、潜力及合作原则等方面达成基本共识，确定了亚欧环境合作的关键领域和重点。近年来，建立了中欧环境政策部长级对话机制和中欧环境联络员会议机制，并于 2006 年 2 月召开了中国—阿拉伯国家首次环境合作会议。

此外，我国积极开展环境保护领域的双边合作，先后与美国、日本、加拿大、俄罗斯等 42 个国家签署双边环境保护合作协议或谅解备忘录，与 11 个国家签署核安全合作双边协定或谅解备忘录。在环境政策法规、污染防治、生物多样性保护、气候变化、可持续生产与消费、能力建设、示范工程、环境技术和环保产业等方面广泛进行交流与合作，取得了一批重要成果。我国还与欧盟、日本、德国、加拿大等 13 个国家和国际组织在双边无偿援助项下开展了多项环保领域的合作。我国积极开展与发展中国家的环境合作与交流。为配合中非合作论坛的后续行动，我国举办了"面向非洲的中国环保"主题活动，推动中非在环保领域的交流与合作。2005 年我国与联合国环境规划署共同举办了中非环保合作会议。我国政府还举办了"非洲国家水污染和水资源管理研修班"，帮助非洲国家开展环境保护培训。

四、生态移民补偿方式

生态移民作为一项重要措施，目前被广泛应用于我国生态脆弱区的保护和建设当中。实施生态移民，是保护生态环境、蓄积自然资源的重要保障；而且是减少贫困人口，巩固扶贫成果的根本举措；也是降低扶贫成本、提高扶贫效益的有效途径；同时还是加快城镇化进程、实现城乡统筹发展的现实选择。

美国科学家考尔斯率先提出了"生态移民"的概念。生态移民是为了保护贫困地区生态环境，将生态环境脆弱的贫困社区的生态超载人口迁到生态人口承载能力高的农牧业社区或城镇郊区从事农牧和农畜产品加工业，且不应该破坏迁入地的生态环境。目前国内学者对生态移民的概念众说纷纭。笔者认为，一方面生态移民是出于保护环境目的而实施的移民，环境因素被认为是除了政治、经济或社会因素之外，引起大规模人口迁移的一个根本因素；另一方面，生态移民在背景来源、移民目的、行为主体、社会效果等方面不同于生存移民。从我国实施生态移民政策的实践来看，对生态移民的界定应是："国家或某一组织为恢复和保护生态环境，采取工程治理措施，对由此产生的移民群体实行有计划、

160

有组织、有资金扶持的异地搬迁安置称为生态移民。"①

　　国外由政府组织的有计划的迁移较少，成功的有计划移民的典型案例发生在以色列、埃及等国家。以色列的荒漠化土地面积约占其国土面积的75%，因此历届以色列政府都十分重视荒漠治理，并取得了世人瞩目的成就，其经验之一就是移民。政府制定了一系列支持移民的原则，原则之一是使之生存下来，建立农业社区，定居的移民在一切方面具有优先权。埃及国土的96%是沙漠，为解决粮食问题，埃及政府非常重视沙漠治理，1952—1987年在沙漠中开垦土地53.11费丹（约0.223平方千米）。从1975年起，计划用25年时间在沙漠建10座小城。埃及移民的主要对象是大学毕业生和高中毕业生。埃及农业和土地垦殖部实施"新毕业生穆巴拉克国家项目"，每年为2 000名毕业生提供2 000个专门项目。每一个进入项目的毕业生都可获得5费丹（0.021平方千米）总价值58 000埃镑（1美元≈3.4埃镑）的土地和一套价值12 000埃镑的住房。国家每月给每个毕业生50埃镑的现金，每三个月无偿提供给每个毕业生100千克食品。每三个毕业生组成一个合作社，国家提供给合作社各种农机和灌溉设备。合作社为毕业生组成的家庭农场提供各种服务，教育部门为毕业生提供各种短期培训的机会，文化部门为每个村庄建立俱乐部、图书馆、文化中心。所有这些举措都为埃及移民工程的成功奠定了良好的基础，一个国土绝大部分是沙漠的国家建立了自给自足的农业经济体系。

---

① 王中贤. 生态移民的实践与探讨［OL］.［2005-09-09］. 十堰扶贫开发信息网（http://www.syfpb.gov.cn/）.

我国移民的历史可以追溯到几千年前。我们的祖先很早就曾从黄河流域向长江流域、珠江流域迁徙。明朝在洪武年间累计移民达 20 万户，新中国成立后，也向西部民族地区进行过移民，但这种类型的移民大都是生存移民。伴随着西部大开发战略的实施，生态移民这一概念开始真正进入我国中央决策层面的视野。2002 年 4 月 11 日，国务院下发了《关于进一步完善退耕还林政策措施的若干意见》，对生态移民工作作了部署安排。2003 年 3 月，在全国政协十届一次会议的记者招待会上，时任国家计委主任曾培炎同志和原任国务院扶贫开发领导小组副组长、国务院扶贫办主任吕飞杰同志，根据中央决策精神，就"扶贫和西部开发"答记者问时，均对生态移民作了解答，国家每年将安排 30 亿~50 亿元资金，通过十几年的努力，分期分批地解决全国 700 多万人的生态移民问题。《西部大开发"十一五"规划》在第三章"扎实推进新农村建设"中，提出西部地区新农村建设十大重点工程，其中就有"易地扶贫搬迁（生态移民）工程——对基本失去生存条件地区的农牧民，国家优先安排资金，进行易地扶贫搬迁。加强游牧民定居点建设"。《国务院关于完善退耕还林政策的通知》提出，"继续推进生态移民。对居住地基本不具备生存条件的特困人口，实行易地搬迁"。

近年来，宁夏、内蒙古、云南、贵州等省区的试点单位已取得生态移民的成功经验。当前，生态移民主要有六种情况：一是以保护大江大河源头生态为目的的生态移民，如国家对"三江源"地区居住在海拔 4 500 米以上的牧民实行生态移民。二是以防沙治沙、保护草原为目的的移民。如我国沙尘暴源头的内蒙古，计划用 6 年时间移民 65 万人，从根本上解决人、畜活动对生态脆弱地区的破坏问题。三是以防洪减灾、根治水患为目的的生态移民。比如，1998 年长江中下游特大洪涝灾害过后，国家在湖北、湖南、江西、安徽四省实施平垸行洪、移民建镇工程，共计移民 62 万余户 245 万多人。四是因兴修水利水电工程引起的生态移民。比如，为减轻三峡库区生态压力，三峡移民工程外迁移民 16 万；为保护水源不受污染，南水北调工程在丹江口水库地区生态移民 22 万人。五是以扶贫为主要目的的生态移民。比如，2002 年内蒙古根河市对该市敖鲁古雅鄂温克民族乡全乡 49 人实施生态移民，结束了我国最后一个狩猎部落的狩猎史。六是以保护自然保护区内稀有动植物资源或风景名胜区生态系统为目的的生态移民。比如，地处滇藏交界地带的西藏芒康县准备将居住在滇金丝猴保护区的农牧民分批迁出保护区外安置；湖南衡阳计划将居住在南岳衡山的 324 户山民共 1 400 多人搬迁至南岳城区，风景区内 1 200 亩农田将退耕还林等。西部大开发以来，国家已经投入几十亿资金，将居住在生态环境脆弱、不具备基本生存条件地区的一百多万贫困人口实行了生态移民。生态移民工作将在更大范围内予以推进。

第五章　生态补偿的理论、原则、标准和体系

第一节　生态补偿理论

从理论上看，生态补偿是促进生态环境保护的一种经济手段，而对生态环境特征与价值的认识，则是实施生态补偿的理论基础。

一、生态服务功能价值认识与量化评估

随着生态环境日益恶化，人们开始认识到生态环境具有重要的价值。对生态系统价值特别是生态系统服务功能价值的深入认识和研究，是建立生态补偿机制、确定生态系统市场价值的重要支持。在这方面，Costanza 等和 MA 的研究起到了划时代的作用。

从 20 世纪 70 年代起，人们就开始了对生态系统服务及其价值的研究。1997 年，Robert 和 Costanza 等在 Nature 杂志上发表了《世界生态系统服务价值和自然资本》一文。他们首次系统地设计出测算全球自然环境为人类所提供服务的价值方式，并认为"生

165

态服务"数值是全球国民生产总值的 1.8 倍（Costanza R et al.）。然而，仅仅知道某个国家或地区的生态价值还不能平衡不同国家或地区间的生态经济效益，这就意味着需要有一个能够衡量这一生态消费不平衡性的方法。生态足迹的有关理论和方法近几年逐渐发展和完善，成为生态经济学领域一种强有力的评价工具。生态足迹是指现有生活水平下人类占用的能够持续提供资源或消纳废物的、具有生物生产力（Biologically Productive）的地域空间，它可以清晰地分析不同国家或区域之间消费的生态赤字/盈余。

2005 年 3 月，千年生态系统评估报告（Millennium Ecosystem Assessment，简称 MA）正式发布。MA 对生态系统服务功能给予了极大的重视，认为"生态系统服务功能是人类从生态系统获得的效益"。生态系统给人类提供各种效益，包括供给功能、调节功能、文化功能以及支持功能。MA 认为，生物多样性和生态系统具有内在价值，人类在进行与生态系统有关的决策时，既要考虑人类的福祉，又要考虑生态系统的内在价值。[1]

二、自然环境资源价值论

我国长期实行原材料低价的资源开发政策，这除了由于我国经济基础薄弱外，还因为理论认识上的一个错误，那就是片面地理解马克思的劳动价值论，认为自然资源是天然存在的，不是人类

---

[1] 燕乃玲. 生态功能区划与生态系统管理：理论与实证 [M]. 上海：上海社会科学院出版社，2007.

劳动的产物，没有价值和价格。

在前面第三章我们已经提到，自然资源没有价值并不是马克思的本意。马克思认为自然力没有价值存在一个界限，一旦超过这个界限，人类就要为此追加劳动，自然力也就具有了价值。① 这是因为，自然环境资源的再生产过程，首先是自然再生产过程，在一定限度内，自然环境资源可以自然地更新、再生、恢复和增殖；但随着人类活动的强化，其自然再生产已不能满足人类的需要，人类必须付出劳动，这就使它具有了社会再生产的性质。因而，自然环境资源的价值即为在其自然再生产能力之上，人类为维护、恢复、增殖自然环境资源所应付出的必要劳动时间。

马克思说：社会必要劳动时间是在现有的社会正常的生产条件下，在社会平均的劳动熟练程度和劳动强度下制造某种使用价值所需要的劳动时间。② 由此可见，商品的价值是再生产商品所必需的社会必要劳动时间。因此，考察自然环境资源价值，应从生产以及再生产自然资源所"必需的"劳动而不是"实际付出的"劳动角度进行，才不会因为人类的失误而低估了自然环境资源的价值。

自然环境资源社会再生产所需要的劳动包括两类：第一类是生态环境遭到破坏后，为改善生态环境状况而进行的劳动，如治理污染、治沙保水、植树造林等，这类劳动可以称为直接劳动；第二类是在某项自然资源开发行为发生前预见到其将对生产环境产

---

① 马克思，恩格斯. 马克思恩格斯全集：第 25 卷 [M]. 北京：人民出版社，1972.
② 马克思，恩格斯. 马克思恩格斯全集：第 23 卷 [M]. 北京：人民出版社，1971.

生不利影响，为保护生态环境，改变该项行为本身所付出的劳动或伴随该行为发生的同时而附加的劳动等，如开发替代品、提高技术水平从而减少对生态环境资源的消耗等，这类劳动可以称为间接劳动。

三、外部性理论

外部性（Externality）理论是环境经济学的基础，也是环境经济政策的理论支柱。环境资源在其生产和消费过程中产生的外部性主要反映在两方面：一是资源开发造成的生态环境破坏所形成的外部成本；二是生态环境保护所产生的外部效益。前者导致资源开发领域里严重的环境污染与生态破坏，这部分成本没有纳入经营者的生产成本；后者导致生态环境的效益被其他个体无偿占用，生态环境保护的效益难以兑现。外部性的存在，导致环境保护难以达到帕累托最优。

庇古认为，当社会边际成本收益与私人边际成本收益背离时，不能靠在合约中规定的补偿办法来解决，因为这时市场机制无法发挥作用，即出现市场失灵，所以这时候就需要利用外部力量，即政府的干预来解决。当它们不相等时，政府可以通过税收与补贴等经济干预手段使边际税率等于外部边际成本，这是外部性内部化。而这种外部性内部化的制度就是制定生态补偿政策的核心目标。

新制度经济学的创始人科斯则在庇古的外部性理论研究基础上，提出通过交易费用和产权理论进一步解释和解决实际中的外部性问题，即科斯定理。科斯指出，如果交易费用为零，无论权利如何界定，都可以通过市场交易和自愿协商达到资源的最优配置；如果交易费用不为零，则制度如何安排和选择是重要的，亦即解决外部性问题可能也可以利用市场交易形式。① 当然，科斯定理也存在其自身的问题，如市场化程度不高产权不可能被很好地界定，法制不健全的社会交易费用很高会造成交易不可能等。

四、生态资产理论

生态资产指由生态系统提供的生态服务或者说价值的载体，实质上就是人造自然资产，主要包括自然资源总量、环境自净能力、生态潜力、生态环境质量。随着社会的进步，人类对生存环境质量的要求越来越高，生态系统的整体性也就越重要，而生态资产存量的增加在经济发展中的作用也日益显著。随着生态产品稀缺性的日益凸显，人们意识到不能只向自然索取，还要投资于自然。②

这个理论说明了生态系统提供的生态服务功能具有价值，也是一种日渐稀缺的重要资源，而该理论的产生和发展就是为了有效地管理和合理地配置生态资源。制定生态补偿政策，特别是依托市场机制的补偿政策，必须依据生态资产理论，从生态资产的一般特征入手，通过立法建立生态资产用于交换和保值增值的外部

---

① 〔美〕R. 科斯，A. 阿尔钦，D. 诺斯，等. 财产权利与制度变迁 ［M］. 上海：上海三联书店，1996：4-11，46-52.
② Pearce D W. Atkinson, G Economics of Natural Resources and the Enviroment，1990.

条件。

资产首先是具有市场价值或者交换价值的一种实体，具有稀缺性并能产生效益。具有重大效益的生态资源日渐稀缺是不容置疑的，但目前还很难通过市场途径将这种效益兑现，其问题就在于作为资产的另一个条件即所有者的问题没有明确，而生态资源的所有者问题目前还非常不明确。① 明确资源所有者最有效的手段就是法律机制，因此生态资产管理的核心问题就是立法问题，而立法问题的核心则是生态资源的产权界定问题。

五、公共物品理论

按照微观经济学理论，社会产品可以分为公共物品和私人产品两大类。一般认为，公共物品的严格定义是萨缪尔森给出的，他认为纯粹的公共物品是指这样的一种产品，即每个人消费这种产品不会导致别人对这种产品消费的减少。与私人产品相比较，纯粹的公共物品具有以下两个基本特征：非竞争性和非排他性。公共物品的非竞争性和非排他性，使得在使用它的过程中容易出现两个问题，即英国生物学家加利特·哈丁（Hardin，1968）提出的"公地悲剧"和"搭便车"问题；与此相似的，还有哥顿（Gordon，1954）在分析公海过度捕鱼问题时所提出的"公海悲剧"问题。这些问题的分析说明了物的归属权不明是导致对物的本身过度追求的根源。同样，对于公共资源来说，如果缺乏相应必要的管理，

---

① 穆贤清. 国外环境经济理论研究综述［J］. 国外社会科学，2004（2）.

会由于竞相追逐利益而最终过度开发利用，势必产生与"公地"或者"公海"相似的枯竭的结果。虽然目前与生态环境相关的森林、水体、农田等自然资源的权属属于私有，但大部分的自然资源属于共有或者国有，所以它们也属于公共物品的范畴，而生态环境则具有公共物品的典型特征。"公地悲剧"和"搭便车"的问题就成为生态环境保护的根本问题。

生态环境由于其整体性、区域性和外部性等特征，很难改变公共物品的基本属性，需要从公共服务的角度对其进行有效的管理。完善公共服务，重要的是强调政府的主体责任、公平的管理原则和公共支出的支持。在生态环境保护方面，基于公平性的原则，区域之间、人与人之间应该享有平等的公共服务，享有平等的环境福利，这就是制定区域生态补偿政策必须考虑的问题。

六、公平正义观

公平正义观应该是生态补偿的法理基础。法是公平正义与秩序的结合，它不仅要追求社会经济的有序性，而且要考量社会公平正义。生态补偿制度所追求的公平正义，就是要实现权利、义务在区域之间、代际之间的合理配置。由于我国区域经济背景下各地区承载的发展经济和保护生态环境的功能和压力存在较大的差异，在生态保护过程中出现了区域间发展上的不公平。一方面，生态功能区承担了较多的保护环境、维持生态平衡的义务，同时也丧失了发展经济的机会；另一方面，重点开发区域的快速发展，透支、占用了大量的环境容量和资源存量，成为生态环境问题的主要制造者和生态保护的受益主体，却未承担相应的义务，违背了权利义务对等性的法理，不利于主体间利益的协调和生态环境的改善。因此，建立生态补偿制度，赋予生态保护主体补偿权，以维护区域之间、行业之间利益的动态平衡，有力地推动区域可持续发展战略的全面实现。

七、生存的伦理

生态补偿遵循"谁破坏，谁受益，谁补偿"的原则是符合生存的伦理这一生态伦理学原则的。[①] 正如美国的政治家阿德林·斯蒂文森所言："毫无疑问，我们正处于动荡的时代，我们需要一种伦理，一种得以生存的伦理。"这种生存伦理，包括发展中国家求生存求发展的伦理问题，也包括一国内贫困地区生存发展的伦理问题。我国的生态功能区的生存伦理问题日益突出，如西部一些地区是我国最贫困的地区，也是生态环境最脆弱的地区。这里的人民为了保护江河源头的森林、生态环境和自然保护区内的生物多样性，丧失了发展经济的机会，为国家的整体生态环境建设作出了巨大的牺牲，换来了生态环境的部分改观和中东部地区经济社会的繁荣。生存的伦理关注经济欠发达的生态功能区人民的生存权和发展权，要求经济发达的中东部地区承担更多的生态责任和义务，给予经济欠发达的生态功能区人民更多的生态补偿，以帮

---

① 郑玉歆. 环境影响的经济分析——理论、方法与实践 [M]. 北京：社会科学文献出版社，2003.

助这些区域的人民脱贫致富，改善环境条件。

八、生态足迹理论与增长的极限

"生态足迹"（Ecological Footprint）是由加拿大生态经济学家
Willian 和 Wackernagel 于 20 世纪 90 年代提出来的，起初是作为一
种度量人类活动对生态环境景象的一种方法的认识，也是一组基
于土地面积的量化指标。他们认为，生态足迹是一只负载着人类
和人类所创造的城市、工厂等等在内的巨脚踩在地球上时留下的
脚印。这个概念所反映的是人类活动对于地球环境的影响。当地球
所能提供的土地面积容不下这只"巨脚"时，地球上的城市、工厂
等就会失去平衡；如果"巨脚"始终得不到一块允许其发展的立足
之地，那么它所承载的人类文明将最终坠落、崩溃。Wackernagel
（1992）提出并完善了生态足迹概念，通过测定现今人类为维持生存
而使用的自然来评估人类对生态系统的影响。其分析思路在于人类
负荷是人类对环境的影响规模，由人口本身的规模和人均对环境的
影响规模共同决定。当一个区域的生态承载力小于生态足迹时，就
会出现生态赤字，这也就说明该区域的人类负荷超过了其生态容量，
要满足本区域人口现有生活水平下的消费需求，该区域就要么需要
从地区之外进口欠缺的资源以平衡生态足迹，要么通过消耗自然资
本来弥补收入供给流量的不足。此外，Wackernagel（1997）在《国
家生态足迹》（Econological Footprint of Nations）中对 52 个国家和
地区的生态进行计算，表明全球人类活动与生态承载力之间的关系

已经十分紧张。从对地球影响（总生态足迹最大）的排名来看，中国列第二位，亦即对环境影响规模很大。而这就需要人类努力消除生态赤字，为人类的生存与发展创造良好的环境；否则，人类的生存基础将达到承载能力的极限。美国的 J. W. Foorestor 等人认为，造成生态问题的根源是追求经济增长。D. L. Meadows（1972）等人在《增长的极限》中进一步认为，如果不采取坚决的措施来制止或缓解人口和经济增长的速度，那么人类社会的增长会达到极限。

九、生态补偿的理论依据和方法导向

综上所述，生态补偿的理论基础可以归结为以下几个方面：第一，生态环境具有系统性，具有多重价值，目前的资源价值体系还没有完全包括这些价值，这是需要开展生态补偿的根本原因；第二，生态环境服务功能日益得到重视，对其进行评估的方法也日益完善，这为定量衡量生态环境价值提供了有力的支持；第三，生态环境具有外部性，控制生态环境的外部成本和体现外部收益是制定生态补偿政策的基本出发点；第四，生态资产理论是依托市场机制实施生态补偿政策的基础，其关键是通过立法明确资源权属的问题；第五，生态环境的公共物品特征显著，建立生态补偿机制实际上也是完善公共管理政策的必要补充。

第二节　构建生态补偿机制的多视角分析

构建生态补偿机制，还生态以价值，不仅是环境降压的出口，而且是缩小区际差距的有效路径，在促进环境建设走上可持续发展道路的同时，也符合构建和谐社会的精神。这里我们先对构建生态补偿机制进行一定的多视角分析说明。

一、生态意识：树立生态意识有利于解决
发展与环境的矛盾问题

生态补偿机制还生态以价值，强化人们的环保意识。生态补偿机制是自然资源有偿使用制度的重要内容之一，它的建立要求生产者、开发者、经营者改变生态资源是公共物品无需付费的观念，要求整个社会认同生态功能的价值。作为生态受益人支付一定的费用，既是所有权人实现其经济利益的方式，也是对生态环境保护作出努力并付出代价者的合理的经济补偿。

生态补偿机制的建立促使人们由"谁污染、谁治理"的理念向"谁受益、谁付费"的理念转变，这一转变不仅会打破最初的"先污染后治理"的发展模式，更会通过经济手段把生态意识贯穿于人们生产和生活的各个环节，增强人们保护环境的责任感，在潜移默化中将生态保护变为人们的自觉行动。同时，人们生态意识的增强也有利于为保护生态环境筹措资金，解决社会发展与环境对立问题。

175

二、科学的发展观：建立生态补偿机制有利于我国走可持续发展道路

我国自 20 世纪 70 年代以来，在自然资源保护立法和污染防治立法领域曾出现过两次高潮，但是，这些法律的设立主要是末端防治，未能达到环境保护的源头根本控制的目的。建立生态环境补偿机制恰恰能从源头上促进经济社会同环境保护的协调发展，为经济的可持续发展提供制度保障。生态补偿机制将改变企业无偿使用生态资源的观念，迫使企业在进行商品生产时将生态环境损耗计入成本。为了降低生态成本，企业必须采取措施减少对环境资源的破坏、污染和占用。这样，既可以促使企业自觉提高技术水平、改善管理、合理利用资源，又可以减少对生态环境的破坏，从而确保生态系统对当代人和后代人的支持能力不会由于当前的经济发展而遭到削弱和破坏，这是经济可持续发展的前提和基础。

三、区际平衡与和谐社会：建立生态补偿机制有利于缩小区际差距，构建和谐社会

建立生态补偿机制的基本目标就是把发达地区与欠发达地区、把整体时空上的"现在"和"未来"看作一个生态保持和发展的整体，并且从更长远的时间区间来看待和评估某种资源的价值，要求生态获益地区对为生态作出贡献的地区给予某种形式的补偿。

在大多数情况下这将表现为相关发达地区对欠发达地区进行补偿，以便换取欠发达地区停止以破坏生态为客观后果的经济发展方式，获得整体生态状况的优化。

有关研究表明，中国生态环境脆弱的县（市）中贫困县占51.4%。从地域上看，西部地区高于东部地区，流域上游地区高于流域下游地区。在我国西部地区，贫困县占70%，其中许多是少数民族地区。这些地区（如江河源头、水土流失敏感地区）往往具有较强的生态外部性，其发展往往陷于"贫困—人口膨胀—生态脆弱—环境恶化—贫困"的恶性循环之中，存在着不断破坏整个生态系统的经济社会机制。因此，建立生态补偿机制尤其是区际生态补偿机制，有利于帮助欠发达地区跳出上述恶性循环的怪圈，实现建立在环境因子上的区域非均衡增长和协调发展的时空和谐。

四、环境库兹涅茨曲线的反思：生态补偿机制是环境降压的出口

1955 年，库兹涅茨（S. Kuznets）提出人均收入与环境的倒U字曲线关系，被称为环境库兹涅茨曲线（Enviromental Kuznets curve，EKC）。一般地，在经济起飞初期，环境会伴随着经济增长而不断恶化，经济发展到一定阶段环境恶化会得到控制，并伴随着经济的进一步发展而向好的方面转化，而且经济越发达，其环境保护能力也就越强（见图5-1）。

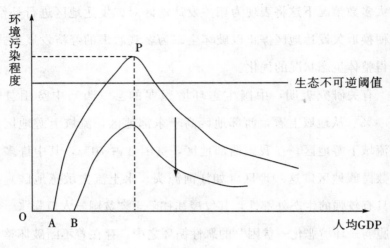

图 5-1　EKC

　　对一些较发达国家经济发展与环境保护之间关系的实证研究表明，环境污染的峰点 B 的人均收入水平一般在 4 000～5 000 美元。我国经济发展水平较低，人均收入 1 000 美元左右，按照环境库兹涅茨曲线，我国的环境污染程度仍会处于 AP 的上升阶段。在我国人均 GDP 达到 B 点前，环境污染程度是否会超过生态不可逆阈值是令人担忧的问题。随着人们对清洁环境需求的增长，我国经济社会的发展面临的环境压力也逐渐增大。尽管库兹涅茨曲线认为经济发展进入高收入阶段后环境压力会自发减少，但环境压力由高状态到低状态的转化并非完全由收入状态决定，而是社会演化的结果。一般而言，环境压力引发外部不经济性，使 GDP 的福利成分下降，同时引发社会的环境运动，迫使政府进行环境政策调整，加强环境法规建设，在环境外部性与社会环境意识之间找到降低压力的出口（表现为图中库兹涅茨曲线的下移）。建立生态补偿机制是降低环境压力的出口，它通过增加整个社会的生态供给，减少政府及社会的环境压力，保障国民经济持续稳定发展。

五、福利经济学：生态补偿机制属于卡尔多—希克斯改进

福利经济学家认为，帕累托最优的标准在现实生活中很难达到。一项经济政策的制定很可能导致某些人的处境改善一些，而同时使另外一些人的处境变坏一些，正如卡尔多—希克斯改进（Kaldor—Hicks efficiency，1939）是一种既有人受益又有人受损的改进。按照卡尔多—希克斯意义上的效率标准，在社会资源配置过程中，如果那些从资源重新配置过程中获得利益的人，只要其所增加的利益足以补偿在同一资源重新配置过程中受到损失的人的利益，那么通过受益人对受损者的补偿，可以达到双方均满意的结果，这种资源配置就是有效率的。但是这种判断社会福利的标准应该从长期来观察，经过较长时间后，所有人的境况都会由于社会生产率的提高而自然而然地获得补偿。

如图 5-2 所示，从 E 点到 H 点的变化，既没有使消费者 a 的效用降低，又没有使消费者 b 的效用降低，因此，H 点属于帕累托最优状态，E 点属于非帕累托最优状态。实际上，变化后的点只要处于曲线上 F 点与 G 点之间，那么均属于帕累托改进。但是生态补偿机制的建立是实现从 E 点变化到 H′点改进的过程，在此过程中消费者 a（补偿接受者）的效用 U_a 增加，消费者 b（补偿支付

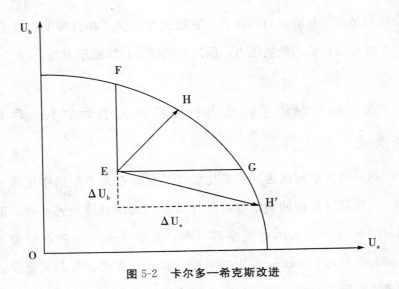

图 5-2   卡尔多—希克斯改进

者）的效用 U_b 降低。由于 ΔU_a 大于 ΔU_b，从整个社会来看，从 E
点到 H′ 点的变化存在着福利增加的余地，因此，生态补偿机制属
于卡尔多—希克斯改进。

第三节   生态补偿的机理

生态系统存在一定的自我净化能力，但人类发展对生态资源的
过度开发造成了生态资源的破坏，特别是主体功能区中的禁止开
发区和部分限制开发区，其脆弱的生态正面临严峻的考验。这里
基于对生态补偿的机理的阐述，通过环境控制的合成模型说明在
保护或合理开发使用不可再生资源的同时，应该确立一个合理的
可再生资源消费水平。

一、环境控制的合成模型①

这里主要是考虑环境自净部门的索罗模型，也就是在索罗模型引入环境污染和自净模块后的模型形成一个简洁的经济环境平衡模型。

设 Q 为总产出、C 为物资消费数量、S 为产品累计数量、L 为劳动力资源数量、K 为资本数量，亦即固定资产量。

$Q=F（K，L），Q=C+S$

$S=sQ，0<s<1，s$ 是常量

$dK/dt=S-\mu K，0<\mu<1，\mu$ 是常量

$dL/dt=\eta L，\eta$ 是常量

引入变量 Z 即环境污染量，并假设总产出 Q 的 E 部分被用于减少污染当中，这种方式也就是 1 单位的 E 减少 δ 单位的污染，且 $\delta>1$。这个过程如图 5-3 所示：

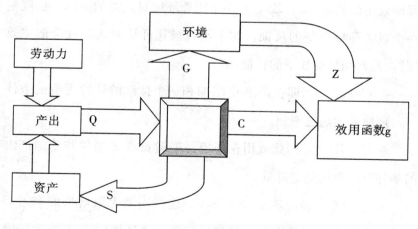

图 5-3　环境污染模型示意图

① 纳塔利. 经济生态与环境科学中的数学模型［M］. 北京：科学出版社，2006.

这样，模型就具有以下形式：

$$Q=F(K,L),Q=C+S+E \tag{1}$$

$$S=s_1Q,E=s_2Q \tag{2}$$

$$dK/dt=s_1Q-\mu K \tag{3}$$

$$dL/dt=\eta L \tag{4}$$

$$dZ/dt=(\varepsilon-\delta s_2)Q-\gamma Z,0<\varepsilon<1,\gamma>0,\delta>1 \tag{5}$$

ε 是产出 Q 的废物污染的部分，γ 是自然对污染吸收的系数。

以上为简易的环境自我净化的线性说明，而一个更加精确的公式则是非线性的，即：

$$dZ/dt=(\varepsilon-\delta s_2)Q-\gamma GZ^a,0<\alpha<1$$

$$dZ/dt=(\varepsilon-\delta s_2)Q-\gamma GZ^a,0<\alpha<1$$

为了描述经济环境系统的控制目标，我们引入一个新的模型元素即效用函数 g (C,Z)，它用于测算环境对人类的影响，也就是一个经济环境系统的反馈。这个函数描述环境对人类社会的"效用"，而此函数有如下的特征：

$\partial g/\partial C>0$，即在产出 C 增加和一个持续的环境污染的条件下，环境效用随之增加。

$\partial g/\partial Z<0$，即此效用在环境污染增长量 Z 增加和稳定产出的条件下，效用随之降低。

$\partial^2 g/\partial C^2<0$，$\partial^2 g/\partial Z^2<0$，这样一个无限增长的产出 C 导致一个更小的"效用"增长率，鉴于一个环境污染 Z 的无限增长导致"效用"更大程度的降低。

模型分析的优化：考虑式子（1）～（5），利用效用函数 g

(C, Z) 的目标则有这个形式：

$Q \equiv Q,\ C \equiv C,\ Z \equiv Z,\ K \equiv K.$

$$I\ (s_1,\ s_2)\ = \int_{t_0}^{T} e^{-qt} g\ [C\ (t),\ Z\ (t)]\ \mathrm{d}t \longrightarrow \max \qquad (6)$$

二、消费水平的确定

实施生态补偿，显然应该对经济增长设定限制，使获得它的不可再生资源 R 作为资料投入促成的经济增长。同时，一定库存量的资源 R 的可用性，应以较高的课税影响产出水平。

考虑一个能够自动满足物质资料平衡的物质资料平衡产出函数：

$$Q = F_m\ (K,\ L,\ R)\ < R \qquad (7)$$

R 和 Q 分别指代物质资料投入和产出水平，这样，函数就可以写为：

$$F_m\ (K,\ L,\ R)\ = \min\ \{F\ (K,\ L),\ \lambda\ (t)\ R\} \qquad (8)$$

这里 $F\ (K,\ L)$ 是个所谓标准的生产函数，参数 $\lambda\ (t)\ <1$。假设同样的产出 Q 需要以较低的资源 R 投入，那么技术变化能够产生更高的效率，所以 $d\lambda/dt \geqslant 0$。如果 λ 依赖于技术状态，那么它就计入内生技术变化。

资源消费本身也可以通过恰当的产出函数形式来描述：

$$r = \min\ \{\ F_R\ (K,\ L,\ R),\ R^{\lim}\} \qquad (9)$$

资源开发率 r 受限于一个可接受的资源开发率 $R^{\lim}$，而 $R^{\lim}$ 是基于伦理道德和生态学综合考虑的。既然按照伦理道德视角来看，$R^{\lim}$ 表述的是可被理解的或者可被接受的水平，那么 $R^{\lim}$ 一般会低

183

于实际地下物理存储的物质资源可用水平。

基于生态的考虑，也就是包括对未来后代和自然关系以及考虑到再生和吸收，可接受的不可再生资源消费水平可以粗略地定义为：

$$R_S{}^{\lim} = P_S R^m \tag{10}$$

这里，P_S 即代际关注系数，其取值为 $P_S \in （0，1）$。

一个可接受的可再生资源消费水平可以定义为：

$$R_N{}^{\lim} = \max \{ 0，dp_N R + （1-d） B\} \tag{11}$$

B 就是可再生资源承受力的再生函数。名义上的变化值 d〔$d \in （0，1）$〕反映的是全部再生（$d = 0$）的目标或者不太完全的可持续使用的目标（$d > 0$）。

三、生态补偿的福利效用分析

生态保护的效用在于给社会带来了巨大的福利，而社会及社会成员在享受生态功能和效用的同时却不必为此支付相应的费用，也就是说生态保护以及本地区在生态保护的经济活动中产生了巨大的积极的外部性效果，这就必然导致市场机制不能有效地保护生态区。这也就说明需要对生态保护区实行生态效益补偿制度，进而使得承担一定生态功能的保护区及其居民得到相应的补偿并让享受生态功能的社会公众支付相应的费用，以有效地调节生态功能区及其居民与生态受益者之间的关系；否则，会使生态保护区及其居民减少对森林等资源的经营，进而造成社会公众享受的生态效用减少。① 由此，为了促使森林等生态资源的经营最佳规模与社会福利最佳规模相适应，在生态保护区及其居民与社会之间必须就生态补偿问题进行协商。

假设在交易成本很小甚至忽略不计的条件下，科斯交易是一种有效的补偿手段。这里假设生态资源的总量为 Z，其中用于为社会公众提供生态效用的生态资源规模为 Z 中的 X 部分，则（$Z-X$）是直接用于提供物质产品而直接获得经济效益的部分。此时，生态保护区及其居民的直接收益为：$\pi(X)=(Z-X)P-C(Z-X)$，其中 P 为生态资源的平均价格，$C(Z-X)$ 为经营者的成本函数，则经营者收益最大化的均衡资源分配为 X_M、$Z-X_M$，满足极大化的一阶条件为 $\pi'(X_M)=-P+C'(Z-X_M)=0$，其中 $\pi'(X_M)$、$C'(Z-X_M)$ 分别为边际利润、边际成本；而全社会的利益则为 $(Z-X)P-C(Z-X)+E(X)$，其中 $E(X)$ 是生态资源给全社会带来的生态福利的福利函数。相应地，全社会福利最大化的资源配置为 X_S、$Z-X_S$，满足极大值的一阶条件是 $-P+C'(Z-X_S)+E'(X_S)=0$，其中 $E'(X_S)$ 是边际社会福利函数（如图 5-4 所示）。

生态保护区及其居民的最佳生态资源保有量 X_M 与全社会利益前提下的生态资源保有量 X_S 不同，且 $X_M<X_S$。如图 5-4 所示，生态保护区及其居民保有生态资源超过 X_M 时，其收益水平将减少，而生态功能享受者的福利水平却在继续增加，生态福利的增

---

① 宋冬林，等. 可持续发展的分析框架与制度安排——依据马克思主义再生产理论双重补偿原理 [J]. 北方论丛，2008 (3).

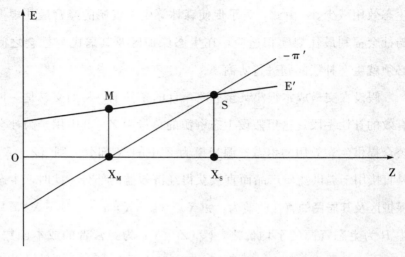

图 5-4　正的外部性以及科斯交易

加与生态保护区及其居民的利益减少之和为正值且不断增加，直至生态资源保有量达到 X_S 之前，两者的福利增加与利润减少之和都在增加。所以说，从整体利益最大化为出发点，应当使生态资源区及其居民保有生态资源达到 X_S 水平，而为弥补生态保护区及其居民的利润减少的损失，作为生态功能受益者的社会与生态保护区及其居民之间需要进行一个有关外部性的科斯交易。当生态森林保有量达到 X_S 时，生态保护区及其居民的利润损失为 $\triangle X_M MS$ 的面积，而此时全社会的福利增加量为 $X_M MSX_S$，剩余部分即 $\triangle X_M MX_S$ 则是双方共同的福利水平的增加。所以，生态保护区及其居民将生态功能的生态资源从 X_M 提高到 X_S 对共同利益是有利的。而剩余福利增加值需在双方之间进行协商和分配就可以了。如果假设剩余福利部分分配给生态保护区及其居民的比例为 a，则生态保护区及其居民应从社会公众那里获得的补偿量为

186

$\Delta X_M MS + a$（$\Delta X_M SX_S$）。如此，社会公众在支付补偿之后得到的福利增加为（$1-a$）（$\Delta X_M SX_S$）。

第四节　生态补偿原则

一、主体功能区规划的要求

为了促进区域协调发展，我国逐步实施了区域发展战略，在促进区域协调发展方面发挥了积极作用。但由于人口众多、资源短缺、生态脆弱、经济发展方式粗放等因素的制约，我国区域发展过程中的生态环境问题还相当突出，严重制约着区域经济社会和生态环境协调可持续发展。为了应对日益严峻的区域性生态环境危机，落实可持续发展战略，坚持在发展中解决环境问题，《"十一五"规划纲要》中提出要根据资源环境承载能力、现有开发密度和发展潜力，统筹考虑未来我国人口分布、经济布局、国土利用和城镇化格局，将国土空间划分为优化开发、重点开发、限制开发和禁止开发四类主体功能区，按照主体功能定位调整、完善区域政策，规范开发秩序。

优化开发区域是指国土开发密度已经较高、资源环境承载能力开始减弱的区域。重点开发区域是指资源环境承载能力较强、经济和人口集聚条件较好的区域。重点开发区域要充实基础设施，改善投资创业环境，促进产业集群发展，壮大经济规模，加快工业化和城镇化步伐，承接优化开发区域的产业转移，承接限制开发区域和禁止开发区域的人口转移，逐步成为支撑全国经济发展和

187

人口集聚的重要载体。限制开发区域是指资源承载能力较弱、大规模集聚经济和人口条件不够好并关系到全国或较大区域范围生态安全的区域。该区域要坚持保持优先、适度开发、点状发展，因地制宜发展资源环境可承载的特色产业，加强生态修复和环境保护，引导超载人口逐步有序转移，逐步成为全国或区域性的重要生态功能区。禁止开发区域是指依法设立的各类自然保护区域。该区域要依据法律法规和相关的规划实行强制性保护，控制人为因素对自然生态的干扰，严禁不符合主体功能定位的开发活动。

主体功能区的划分意味着不同区域承载着不同的功能，有不同的发展模式、不同的发展机会，这就需要建立和完善生态补偿制度。也就是要求综合运用法律、行政、经济等各种手段，调动各种不同的功能区划积极预防和控制生态环境污染，积极治理和恢复已经遭到破坏和污染的生态系统，以保护整个生态系统的完整性和自然资源的可持续供应能力，同时这也是实现可持续发展目标的重要举措和必然要求。

"十一五"规划首次将全国划分成优化开发、重点开发、限制开发和禁止开发四大功能区，此举旨在将生态保护和建设的重点从事后治理向事前保护转变，从人工建设为主向自然恢复为主转变，从源头上扭转生态恶化趋势。"十一五"规划提出不同区域要有不同发展模式的思路，更是把生态补偿问题推到了前台。建立和完善生态补偿是"十一五"期间的重要工作，同时也应成为战略环评关注的重点。实施生态补偿是环境有偿使用的具体体现之一，作为缓解当前环境问题的重要措施，生态补偿将是"十一五"

期间一项非常值得研究和推动的现实工作，研究和落实好生态补偿的原则、标准与体系等将是一项非常有意义的工作。

　　针对中国国土空间开发利用的基本特征和区域发展的关键问题，四大主体功能区明确了区域的功能定位，使衡量区域发展的指标由单一化走向科学化，确保了可持续发展所必需的"绿色空间"，指明了未来生产要素聚集的空间范围，为建立空间开发秩序和科学地进行生态补偿提供了一个坚实的操作平台，更为生态补偿的实施奠定了基础。①

　　首先，主体功能区的划分理顺了原来困扰区域协调发展的生态补偿中的部分基本关系。在主体功能的视角下，区域发展要之于区域发展能力，区域分工要之于区域功能互补，区域差距的缩小要之于公共物品服务的均等化，而这又推动了生态补偿的落实。主体功能区给不同的区域规定了明确的发展原则，这些原则又规定着不同区域发展的内涵、方向和模式，有利于不同的区域发挥各自的比较优势和功能优势，形成合理的开发秩序。从西部生态保护的角度来说，主体功能区的评估与管理也有利于生态补偿制度的形成与完善。

　　其次，管理主体功能区，要求以梯度式开发结构重建空间开发秩序，这既考虑了中国自然环境的空间特征，又考虑了中国经济发展的空间结构特征，同时也符合生态补偿的安排。一方面可以利用市场机制，通过生产要素的大范围合理流动和空间聚集，减

---

① 王双正，要雯. 构建与主体功能区建设相协调的财政转移支付制度研究 [J]. 中央财经大学学报，2007（5）.

少生态脆弱地区的人口对资源环境的压力，为这一部分地区的可持续发展创造条件，也正是生态补偿的出发点；另一方面可以利用公共财政转移支付，通过提高公共服务的供给水平，实现区域差距的逐步缩小，在推动生态补偿落实的同时，也能创新出一种基于空间结构优化和区域功能互补的公平发展模式。①

再次，西部生态建设需要长期的大量资金投入，是一项利国利民、惠及子孙的浩大工程，也是西部大开发的首要任务和成败的关键，然而它的顺利进行需要相应的制度予以保障。② 禁止开发区和限制开发区多处于我国西部，生态建设工程艰巨而又复杂，从公平的法理角度分析，西部地区将难以解决也不应当独立解决上述资金困难等问题，国家和生态建设的社会受益者应对西部地区予以相应补偿，从而构建起一种良性运转的区域补偿机制，促进西部的生态保护和恢复建设。

二、生态补偿的基本原则

生态补偿涉及领域、地域繁多，情况也比较复杂，总体来说，就是要实行谁开发、谁保护，谁破坏、谁恢复，谁受益、谁补偿，谁污染、谁付费的补偿原则；同时，应实行政府主导、市场推进的组织原则，以及从点到面、先易后难的操作原则和广泛参与、

① 贺思源. 主体功能区划背景下生态补偿制度的构建和完善 [J]. 特区经济，2006 (11).
② 丁任重. 经济增长：资源、环境和极限问题的理论争论与人类面临的选择 [J]. 经济学家，2005 (4).

因地制宜的实施原则，科学地建立中国生态补偿整体框架。也就是从三个尺度上即通过上级对下级、国家对地方的纵向公益补偿，区域之间、上下游之间横向利益补偿和资源要素管理实现部门补偿三种方式，通过政府行为和市场手段并用，逐步实现全方位、全覆盖、全过程的生态补偿。总体来说，生态补偿的付费和补偿可根据下面几个原则确定。

1. 破坏者付费原则

破坏者付费原则（简称 DPP）[①]，主要针对行为主体对公益性的生态环境产生不良影响从而导致生态系统服务功能的退化的行为进行的补偿。这一原则适用于区域性的生态问题责任的确定，也符合主体功能区的经济、人口与资源在一定空间相互协调的要求。

2. 使用者付费原则

使用者付费原则（简称 UPP）原先主要是应用于公共环境基础设施的建设与营运等方面。在制度安排上主要实施了排污收费制度、生活污水处理收费制度、生活生产废物处理收费制度和处理危险性废弃物收费等制度，同时，公众需要对环境基础设施的使用付费。在生态补偿领域，UPP 的应用可以解释为在生态恢复能力和环境自净范围内的生态资源环境的占用，从理论上而言无

---

① OECD. OECD Environmental Outlook to 2030 [OL]. www.oecd.org/environment/out-
　　look 2030，5 Mar 2008.

需承担生态环境治理的费用,但是生态资源属于公共资源,具有稀缺性,应该按照使用者付费原则,由生态环境资源占用者向国家或公众利益代表提供补偿。该原则可应用在资源和生态要素管理方面,如占用耕地、采伐利用木材和非木质资源、矿产资源开发,企业在取得资源开发权时,需要向国家缴纳资源占用费。

3. 受益者付费原则

实行横向生态补偿不是"劫富济贫",也不是发达地区对贫困地区的怜悯施舍,而是生态在两者之间进行平等的市场交换,因此构建横向生态补偿机制必须坚持"谁开发谁保护、谁破坏谁恢复、谁受益谁补偿"的基本原则。凡是从生态建设中获利的受益者,包括自然资源的开发利用者、污染物的排放者、资源产品的消费者和其他生态利益的享受者,均应按照"谁受益,谁补偿"的原则对生态环境的自身价值予以补偿。这样,一方面有利于形成对生态供给者的长效激励机制;另一方面也有利于形成对生态受益者的约束机制,改变以往受益区普遍存在的公共消费"搭便车"心理,帮助其树立"谁受益,谁就必须付费"的生态消费观念,促进西部生态环境的改善和保护,推动主体功能区的建设与维护。①

以流域生态建设为例,区域之间或者流域上下游之间,应该遵循受益者付费原则,即受益者应该向生态环境服务功能提供者支

---

① 中国生态补偿机制与政策研究课题组. 中国生态补偿机制与政策研究 [M]. 北京:科学出版社,2007.

付相应的费用。如对国家生态安全具有重要意义的大江大河源头区、防风固沙区、洪水调蓄区等区域的保护与建设，对国家级自然保护区、国家级地质遗迹、自然与文化遗产的保护，受益范围是整个国家乃至世界，国家应当承担其保护与建设的主要责任。同时，国际社会亦应承担相应的责任。区域或流域内的公共资源，由公共资源的全部受益者按照一定的分担机制承担补偿的责任。①

这里需要说明的是，对西部地区生态建设进行补偿应符合公平合理的原则。所谓公平，是指凡是生态建设的受益者均应给予相应补偿。所谓合理，是指受益者补偿的数额应与其所获利益相当。对直接受益者和间接受益者、受益大者和受益小者，应适用不同的标准和数额，最有效地发挥生态补偿的效益，促进生态环境的保护和恢复。

4. 保护者得到补偿原则

对生态建设作出贡献的集体和个人，对其投入的直接成本和丧失的机会成本应给予补偿和奖励。与此同时，应采取激励原则，调动广大群众的生态保护积极性，使群众乐于广泛参与到生态保护的工作中来。以草原生态补偿为例，补偿制度的设计一定要能最有效、最大限度地促进草原生态保护，并通过制度的实施形成"保护草原者受益"的良性局面，真正调动全社会以及广大农牧民自觉保护草原生态的积极性。从现实情况来看，禁止开发区和限

制开发区多是生态脆弱区，生活在本地区的居民相当一部分比较贫困，以往单纯的退耕还林、退耕还草等工程的实施过程中出现部分群众毁林开荒种地的情况，究其原因就是没有做好群众的生产生活方面的后续工作。① 因此，在推动生态补偿过程中应注意横向生态补偿与扶贫工作相结合。贫困与生态环境恶化既互为原因，又互为结果，因此生态环境的改善必须与发展经济、摆脱贫困相结合。在建立横向生态补偿机制的同时，应当将扶贫工作有机地融合进来，使之成为一个综合战略来予以推进。

5. 循序渐进、分时分区进行原则

由于横向利益协调牵涉上游地区与下游地区、开发方与保护方、受益者与受损者等各种错综复杂的关系，而且生态受益范围及外溢效应又很难精准确定和计量，因此，构建横向生态补偿机制不可能一蹴而就，必须在时间和空间上按轻重缓急有序地进行。"十一五"规划提出将国土空间分为四大类主体功能区来推进区域发展的构想，为分时分区建立横向生态补偿机制奠定了基础。鉴于禁止开发区域和限制开发区域的资源环境状况关系到全国或较大区域范围的生态安全，它们又大多属于"三位一体"地区（即生态脆弱、环境敏感且贫困）②，笔者认为当务之急是在这两类区域优先实施横向生态补偿，强力推动当地生态环境的改善与保护，为全国的环境安全构筑起一道绿色生态屏障。待条件允许时，再

---

① 陈佐忠，等. 关于建立草原生态补偿机制的探讨 [J]. 草地学报，2006 (5).
② 王青. 西南山区产业发展的理论环境影响评价 [J]. 世界科技研究与发展，2006 (8).

在所有生态关系密切的区域、流域、行业之间全面开展生态补偿。

与此同时，在实施生态补偿过程中应实行分区补偿原则，也就是将需要补偿的地区按生态环境的现状进行规划分区，如按建设的重点不同分为生态保护区和生态恢复区。生态保护区是指生态系统保存较为完好、尚未遭到破坏的区域。生态保护区又可按其起主导作用的生态功能分为水源涵养区、物种保护区、湿地自然保护区等。生态恢复区是指生态环境已遭到破坏，需要进行整治和恢复的地区，按生态破坏的不同程度可以将之划分为生态重灾区（生态环境已遭到严重破坏、出现生态恶化和逆转）、生态脆弱区（生态环境受到一定程度破坏）、生态维护区（生态环境遭到轻微破坏）等。因上述不同地区生态建设的投入和产出差别较大，故对其可采取不同的补偿标准和办法。

仍以草原生态补偿为例，草原生态保护需要进行补偿的方面很多，所涉及的地区和范围也很广，但从现阶段我国的国情来看，无论是补偿数额还是补偿范围都不可能一步到位，因此必须分清主次，突出重点。也就是说，补偿政策的设置决不能过多、过杂、面面俱到，这就需要首先突出带有普遍性、根本性的问题，设置几项重点补偿政策。要着重针对当前破坏草原、影响草原生态环境的关键因素设置补偿政策。从地区看，当前应着重对草原生态破坏严重区、生态脆弱区和生态关键区实施补偿。

6. 便于操作的原则

我国生态资源分布广泛，资源情况复杂，利用现状多种多样，生态现状不尽相同。在补偿内容、补偿标准、补偿对象、发放形式等方面一定要更多地考虑可操作性，尽可能地照顾到全局，并适当兼顾个别地区的特殊情况，做到逐步渐进、先易后难。从生态补偿具体操作的角度来说，应遵循前面提到的从点到面、先易后难的循序渐进操作原则；同时，有必要在重点领域开展试点工作，遵循因地制宜、积极创新的原则探索建立主体功能区框架下的生态补偿标准体系，以及生态补偿的资金来源、补偿渠道、补偿方式和保障体系，为全面建立生态补偿机制提供方法和经验。要在试点工作中结合试点各主体功能区的特点，总结借鉴国内外经验，科学论证、积极创新，探索建立多样化生态补偿方式，为建立生态环境机制提供新方法和经验。在补偿资金的落实方面，为便于操作，可以采取资金直补到县的方式。这是因为，主体功能区的基本单元是以县为单位，所以省对生态脆弱区或者限制开发区的生态补偿是以县（市、区，以下统称县）为测算单位，并将生态补偿资金直补到县，增强其可支配财力，保证乡镇政权有效运转。在确定生态补偿额度方面，应根据科学合理补偿的原则，考虑与生态效益密切相关的因素，选择客观公正、易于计算的森林、湿地、草原等资源指标，作为实施生态补偿的测算因素，同时根据省财力状况，合理确定便于操作的各类生态资源补偿资金额度。这里根据生态资源的现状和脆弱性，建议适度调高中央财政转移支付直接用于生态保护的比例，并加大对列入限制开发、禁止开发区域的支付力度，提高国家公益林的补偿标准。

7. 政府主导、市场推进的组织原则

这个原则也就是要求政府引导与市场调控相结合，充分发挥政府在生态补偿机制建立过程中的引导作用，结合国家相关政策和当地实际情况，研究改进公共财政对生态保护的投入机制，同时要研究制定完善调节、规范市场经济主体的政策法规，引导建立多元化的筹资渠道和市场化的运作方式。通过市场化的运作，逐步建立和形成良性的生态补偿机制，促进生态资源的保护和合理开发。这里的尽快完善生态补偿机制，即通过前文提到的上级对下级、国家对地方的纵向公益补偿，区域之间、上下游之间的横向利益补偿，对资源要素管理进行部门补偿三种方式，逐步实现全方位、全覆盖、全过程的生态补偿。

8. 责、权、利相统一的原则

总体来看，生态补偿的过程就是生态资源的所有受益者向生态资源的供给者付费的过程，生态资源的管理者在其中充当两者利益的协调者。生态补偿的过程涉及多方利益调整，需要广泛调查各利益相关者的情况，合理分析生态保护的纵向、横向权利义务关系，科学评估维护生态系统功能的直接和间接成本，研究制定合理的生态补偿标准、程序和监督机制，确保利益相关者责、权、利相统一，做到应补则补、奖惩分明，以期达到共建共享、双赢发展的目的。区域或流域生态环境保护的各利益相关者应在履行环保职责的基础上，加强生态保护和环境治理方面的相互配合，

并积极加强经济活动领域的分工协作，共同致力于改善区域、流域生态环境质量，改善发展空间，推动区域可持续发展。

第五节　国内外生态补偿经验的比较

一、国外生态补偿的经验

以环境管理法规方式全面体现环境补偿的典型法律是美国国会 1980 年颁布的《综合环境反应、补偿与责任法案》（The Comprehensive Environmental Response, compensation and Liability Act, CERCLA），即所谓的超级基金（Super Fund）法案。该法律授权环境保护署（The Environmental Protection Agency, EPA）建立一个托管基金（Atrust Fund），又被称为超级基金（Super Fund），负责调查和治理遭受危险物质污染的场所。基金来源于两方面，一是以环境税形式向石油与化工企业征收，二是从总税收中提取一部分。根据 CERCLA 中的相关条款，EPA 列出了危险物质目录。无论何时，只要有理由确定包含在该目录上的污染物危害已发生或可能发生，CERCLA 的官员就有权开始调查，并实施有效措施强制要求当事人负担治理费用，包括赔偿费用。如果难以追究到责任人，或治理及补偿费用超出责任人的能力，则动用超级基金（Super Fund）进行补助。CERCLA 既体现了环境污染损害的补偿要求，又反映了生态环境重建的补偿要求。日本学者都留重人认为，与公害相关的费用可以分为以下四种：防治费用；损失补偿费用；消除蓄积性公害的费用；用于监测、技术开发、行政管理等的间接费用。他认为，经济合作与发展组织（OECD）的 PPP 只涉及其中的费用，具有很大的局限性。1972 年以来，PPP 原则就已成为 OECD 欧洲国家最重要的环境政策基石，进入 20 世纪 80 年代后期，OECD 中的西欧国家在环境与农业政策一体化改革中，结合生态补偿，提出了另一类环境补偿，即环境资产补偿。在这些国家中，对区域生态环境影响最大的是农业，与自然生态环境接触最紧密的是农场主。OECD 研究发现，和明确针对农业污染者的分级罚款投入品税更有效率一样，明确针对农场主"有利环境"的行为进行分级奖励特别有效。有利补偿原则要求任何与提供有利的非市场效益（如景观质量）有关的额外费用均须得到补偿。英国生态补偿的经验是：政府通过付钱给传统农场主，让其采用低强度农耕方式和在科学管理协议的限制下对生态敏感区加以保护；城市居民（包括学生）在县级非政府组织的指导下在周末参与环境保护工作，通过参与生态建设和保护从而获得精神愉悦。

日本的生态林称为保安林，对保安林的损失补偿内容为：对造林、抚育、间伐、林道建设环节进行财政补贴；对造林过程中的固定资产投资税、不动产取得税、特别土地保有税、所得税、继承税、转让税等进行减免；对农林渔业金融公库融资利息实行减免优惠；通过绿色羽毛基金、森林环境税（水源税）征集生态补偿金。其生态补偿项目包括：经济损失按年度全额补偿；免除固定资产税、不动产取得税和特别土地保有税。补偿方式根据采伐方式的限制内容，按照相应的比例减征继承税和转让税；对抚育管理、更新造林，给予高于一般林地的政府补贴；可以申请获得农林渔业金融公库提供的低利率、长期限的政策性贷款；可优先申请国家治山计划公共事业项目经费。

世界银行与联合国开发计划署及联合国环境署共同建立了"全球环境基金"（Global Environment Facility，GEF），向发展中国家在保护臭氧层、减少温室气体排放、保护国际性水资源、保护生物多样性等环保领域的活动提供优惠贷款。除 GEF 的优惠贷款措施外，GEF 的环境补偿措施还包括国际环保资金的转移和债务互换。"债务与自然环境互换"是把发展中国家的商业债务转换成环境融资，即一些国际环保组织通过债权交易获得债务国一些商业债务的债权后，以债权置换债务国保护某些特定环境区域的权利。

二、生态补偿政策实践评述

从我国现行与生态补偿相关的各项政策可以清晰地看出，现有生态补偿政策主要是一些部门性的政策，或在一些部门性的政策中零星、分散地纳入了生态补偿的概念。归纳起来看，我国已经实施的与生态补偿相关的政策主要有：20 世纪 80 年代开始实施的生态环境补偿费政策，20 世纪 90 年代末实施的退耕还林（草）工程、天然林资源保护工程和退牧还草工程的经济补助政策，2001年开始试点的生态公益林补偿金政策，扶贫政策中的生态补偿政策、生态移民政策，矿产资源开发的有关补偿政策，耕地占用的有关补偿政策，三江源保护工程经济补助政策，流域治理与水土保持补助政策等。从立法角度看，我国 1998 年的《森林法（修正案）》中第一次明确提出了"国家设立森林生态效益补偿基金"，但是这项立法至今还没有全面实施。从严格意义上说，上述与生态补偿相关的政策还不能称为生态补偿政策，确切地说应当是针对单一要素或单一工程项目的补助政策。① 尽管如此，这些生态补偿相关政策在保护生态环境、调节生态保护相关方经济利益的关系上发挥了积极作用，对于完善我国生态补偿机制具有重要参考价值。综合起来看，我国现行的生态补偿相关政策存在的主要问题有：政策基本上还不是以生态补偿为目标而设计的，带有比较强烈的部门色彩；整体上还缺少长期有效的生态补偿政策；在政策制定过程中缺乏利益相关方的充分参与；补偿标准普遍偏低；资金使用上没有真正体现生态补偿的概念和涵义。

第六节　生态补偿标准

确定生态补偿的标准，首先要明确生态补偿责任主体，其次是要确定生态补偿的对象、范围，进而形成合理的科学的生态补偿标准。

一、生态补偿主体的确认

生态补偿主体应根据利益相关者在特定生态保护/破坏事件中的责任和地位加以确定。生态补偿主体是围绕生态环境效益的利益相关者，一般而言有三类：①生态资源的供给者；②生态资源的

---

① 杨润高. 国外环境补偿研究与实践 [J]. 环境与可持续发展，2006 (2).

受益者；③生态资源的管理者。我们可以从不同的角度来细分生态环境效益的利益相关主体：从区域的角度来看，生态环境效益的主体处于不同的区域层次，即当地、省内、国内和全球；从时间的角度来看，生态环境效益的利益相关主体又有当代人和下一代人之分。按照受益者补偿的原则，生态补偿的主体应包括国家、社会和西部地区自身，具体可分为国家补偿、社会补偿和自我补偿。

国家补偿是指中央政府对西部生态建设给予的财政拨款和补贴。为保障西部生态建设有稳定的资金来源，中央政府宜按国民收入的一定比例将西部的生态建设拨款和补贴纳入财政预算，按年度或者其他单位时间进行拨付。

社会补偿有以下四个方面的内容：一是各种形式的捐助，包括国际、国内各种组织和个人对西部生态环境建设的捐款。二是自然资源的开发利用者对生态恢复的补偿，如采煤、采矿、水力开发等，应给予当地生态补偿。三是资源输入地区对资源输出地区的补偿。如西气东输工程，将新疆、陕西等地的天然气输往北京、上海等地，会对生态环境造成影响和破坏，可从气费中附加提取一定比例的资金用来进行输出地区的生态环境补偿。四是下游地区对上游地区的补偿。上游地区不仅对生态保护进行了资金投入，而且限制了自身若干产业的发展，从中受益的下游地区应对上游地区进行补偿。

自我补偿是指西部地方政府对直接从事生态建设的个人和组织进行的补偿。从长远来看，西部地区自身将是生态建设最大的受益者。但由于西部地区目前经济较为落后，大部分地区比较贫困，自身进行生态建设的能力十分薄弱。① 因此，现行的生态补偿政策应以国家和社会补偿为主，自我补偿作为补充的办法较为切实可行。

二、区域生态补偿的对象

生态补偿的对象应主要是西部进行生态建设、符合规划条件的生态功能区，如防护林区、水土保持区、水源保护区及其他自然生态保护区等，应对各生态功能区内进行的生态恢复和增殖功能的项目给予直接补偿。对此我国目前已有相关的法律规定，1998年修改通过的《森林法》中明确规定，"国家设立森林生态效益补偿基金，用于提供生态效益的防护林和特种用途的森林资源、林木的营造、抚育、保护和管理"。但此种补偿缺陷较大：一是范围过窄，仅限于个别种类的森林，没有包括草地、水域等的保护；二是林种补偿不如区域补偿科学，因为即使是用材林、经济林等，在特殊的生态区域内，其生态保护作用亦不可忽视。

三、生态补偿标准的核算

环境和自然资源的开发利用者要承担环境外部成本，履行生态环境恢复责任，赔偿相关损失，支付占用环境容量的费用；生态

---

① 金明亮. 西部生态补偿的理论与实践——中国西部生态补偿国际研讨会综述 [J].
贵州财经学院学报，2005（4）.

保护的受益者有责任向生态保护者支付适当的补偿费用。所以，有必要对生态补偿的标准进行核算。

1. 生态保护补偿的标准的核算

基于核算法确定生态补偿标准需要针对外部行为正和外部行为负两种不同的情况展开。特别是当有关责任主体对生态环境进行保护而其他主体受益，却没有得到补偿时，核算补偿标准有两个思路：一是生态环境服务功能价值评估；二是机会成本的核算。生态环境服务功能价值评估主要是针对生态保护或者环境友好型的生产经营方式所产生的水土保持、水源涵养、气候调节、生物多样性保护、景观美化等服务功能价值进行综合评价与核算。国内外已经对相关评估方法进行了大量的研究，估算的成果与当地的 GDP 往往存在数量级的差别，难以直接作为补偿依据。而对机会成本的损失进行核算的思路则相对可以接受，这种补偿是相对于损失而言的。一些大型的生态建设项目和开发建设行为会使项目区居民的生产和生活受到很大的影响，必然会造成机会成本的损失，如退耕还林还草工程直接造成农民粮食收成的减少、部分生产工具的闲置、劳动力的剩余等，同时，开展生态公益林保护则必须放弃森林砍伐或者种植经济林的收益。[①]

依据机会成本计算出的生态补偿标准明显低于通过生态价值评估得到的数值。随着生态价值理论和方法研究的逐渐深入，更多

---

① 孟昌. 外部性、可转让排污许可证与绿色 GDP 核算 [J]. 改革，2006 (7).

的人强调生态与环境的巨大价值，倡议通过生态价值评估来确定生态补偿标准。而事实上，通过机会成本来确定生态补偿标准才是合理的选择。

要保护并维持生态与环境正外部性的连续发挥，生态补偿的标准应该基于成本因素，即只有把生态保护和建设的直接经营成本，以及部分或者全部机会成本补偿给经营者，经营者才可以获得足够的动力参与生态保护和建设，进而能够使全社会享受到生态系统所提供的服务。

2. 资源开发的生态补偿标准核算

资源开发活动的外部成本补偿标准的核算方法，一是生态价值的核算，二是环境治理和生态恢复的成本的核算。从理论上来说，确定生态补偿标准的基本准则应该是低于生态价值或服务功能并且高于或者等于机会成本或恢复治理成本。

资源开发活动会造成一定范围内的植被破坏、水土流失、水资源破坏、环境污染、土壤损失等，直接影响到区域性的水源涵养、水土保持、景观资源、气候调节等生态服务功能。

环境治理与生态恢复作为一项工程措施，具有投入产出上的效益，生态补偿的最低标准应该是等于或大于环境治理与生态恢复的成本。例如，对山西省煤炭开采对水的永久性破坏、水土流失、人畜缺水、房屋建筑破坏等 15 项损失进行核算，得出 1978 年以来造成的环境污染与生态破坏损失为 3 988 亿元，相当于每吨煤 60 元。如果要恢复到原来的生态环境，则需要投资 1 089 亿元，相当于每吨煤 17 元（王金南等，2006）。

3. 通过博弈—协商确定补偿标准

生态环境价值核算与机会成本核算都有较多的计算方法，但由于不同的方法计算得出的结果差别较大，进而难以得到利益相关者的一致认同。在实践中，以核算为基础，通过协商达成一致来确定补偿标准往往是一种更为行之有效的标准确定方式。

自由协商的实质也就是受益方和保护方之间的经济博弈过程。在一次博弈中，生态保护实施者与受益者的策略组合是一个纳什均衡，即"不补偿，不保护"。诚然，如果采取"不补偿，保护"会提高整个社会的福利水平，并切实有效率，但它不是一种纳什均衡，因这个策略组合会使得生态保护者受到利益损失，而其所提供的公共物品则被受益者获得效用。"补偿，保护"通过生态补偿将受益者的部分收益转移到保护者一方，这种重新分配使得整个社会的福利水平得到提高，它相对于组合策略"不补偿，不保护"是一个帕累托改进。只是由于它不是纳什均衡，不具备制度效力，因而这种改进不会在一次博弈中实现。[①] 同样，"不补偿，不保护"策略组合在有限次重复博弈中仍然是纳什均衡，而不改变单阶博弈的结果。如果引入一个"冷酷策略"，则在无穷次重复博弈中，那么任何短期机会主义行为的所得都是很小的，故而存在帕累托改进，进而形成纳什均衡（毛显强等，2006）。由于自由

[①] 赵泽洪. 公共政策制定中的纳什均衡——从博弈论视角看政府治理的合理性 [J]. 西南民族大学学报：人文社会科学版，2004（2）.

协商往往难以达成保护—补偿协议，所以需要国家层面在法规和政策方面提供协商和仲裁机制，促进利益相关者通过有限次的协商来形成补偿协议。

四、生态补偿标准的确定

目前，关于生态补偿标准的确定尚无统一的方法和体系，笔者认为可以从以下若干方面进行探讨：

1. 基于生态足迹理论的生态补偿的认识

1992 年加拿大生态经济学家 Rees 首先提出"生态足迹"的概念，1996 年由 Rees 及 Wakernagel 将这一概念发展成为一种可测度可持续发展的方法。随后，国际上许多组织展开了对生态足迹问题的研究，而且其测算方法也逐步完善。从目前的资料来看，对生态足迹理论认识比较统一的概念是，生态足迹是指在一定范围内人口生产这些人口消费的所有资源和吸纳这些人口所产生的废弃物所需要的生态生产面积。在涉及的生态补偿问题上，在国家层面上，可以以州（省）作为计算对象，计算各州（省）的生态足迹，同时在按照赤字和盈余的分类基础上，生态赤字状态的州（省）对生态盈余区给予生态补偿。需要说明的是，生态补偿的标准应根据赤字或盈余面积的大小按照单位面积的平均生产效益进行补偿。

2. 基于共同生态保护责任的区域补偿标准

这里就要求以公平合理的原则制定适当的生态保护标准。在国家层面上，可统一规定各州（省）国家级自然保护区的面积比例、生态用地的面积比例、生态公益林的面积比例等指标，借鉴环境领域里比较成熟的配额交易制度，要求生态保护指标短缺地区对富裕地区按照一定配额交易成本进行补偿。

3. 基于同等公共服务的区域生态补偿标准

2007 年 10 月 15 日，胡锦涛同志在中国共产党第十七次全国代表大会上的报告中指出，要缩小区域发展差距，必须注重实现基本公共服务均等化，引导生产要素跨区域合理流动。围绕推进基本公共服务均等化和主体功能区建设，完善公共财政体系。生态环境保护也是典型的公共服务，自然保护区建设、生态公益林保持、湿地保护等工作应该属于公共支出的范围。按照国家"十一五"规划的要求，各地应该享有大致平等的公共服务，但自然保护区建设等这些生态保护项目在空间上分布非常不均匀，国家的相应公共支出应该根据这些生态保护项目的空间分布情况进行合理安排，这样才能达到同等公共服务的目标。根据我国目前的实际情况来看，生态保护的公共支出显然还没有向生态保护重点地区倾斜。

五、生态要素补偿标准的制定

森林、湿地、土地等生态环境要素都具有生态服务功能价值，目前相关领域已经形成若干评测方法，并认为生态环境要素的生态服务功能为其经济开发功能价值的几到几百倍。研究生态补偿标准，需要充分考虑到两种情形，而不同的情况下需要制定不同的相应生态补偿标准，其一即资源开发造成生态环境破坏的成本补偿，其二则是生态环境保护造成的发展机会损失的补偿。

1. 资源开发造成生态环境破坏的成本补偿

资源开发特别是矿产资源开发通常造成了严重的环境污染和生态破坏。其中典型的就是山西省的煤炭资源开发，在有一定收益的同时，也造成了严重的环境污染和生态破坏，其成本在每吨60元左右，而森林资源开发的生态价值损失则更大。虽然为了社会的生存和发展，自然资源的开发也是必需的，但是由此产生的环境污染和生态破坏所形成的损失的补偿则需要按照环境污染治理和生态环境恢复的成本进行核算，而不能简单地按照生态环境损失进行核算。仍然以山西省为例，山西煤炭开发所造成的环境污染治理与生态破坏恢复的成本为17元，而一棵树的培育成本也将大大低于这棵树的经济开发价值。按照这种思路制定的生态补偿标准才具有可行性，同时能够反映人们进行环境保护工程的效益。

2. 生态环境保护造成的发展机会损失的补偿标准

以生态公益林为例，其创造的生态价值远大于其经济开发价值，如果生态补偿标准低于其市场开发价值，则难以提高生态保护的产业经营者或所有者的积极性。所以，生态补偿的标准应该在市场价值与生态价值之间取舍。

不同国家或地区的自然资源条件和社会经济发展水平不一致，致使消费水平和消费也不平衡。按照前文的生态足迹的分析，如果该区域是生态盈余，说明该区域各类生态系统提供给本区域消费是富余的，其剩余的部分提供给了其他区域，所以该地区应该获得生态补偿。[①] 如果该区域是生态赤字，说明该区域各类生态系统不足以支撑该区域的生产和消费，需要消费其他区域的生态足迹，所以该区域应该支付生态补偿。具体生态补偿标准的判断公式为：

$$Iec = (EF_i - A_i) \tag{12}$$

式（1）中：Iec 为 i 国家或地区支付/获得生态补偿的标准；EF_i 为 i 国家或地区的总生态足迹（公顷）；A_i 为 i 国家或地区经产量均衡因子调整后的各类生态系统的总面积（公顷）。

若 $Iec > 0$，则该国家或地区应支付生态补偿费；若 $Iec < 0$，则该国家或地区应获得生态补偿费；若 $Iec = 0$，则该国家或地区不

---

① Wackemagel M, Onisto L, BeUo P, et al. National Natural Capital Accounting with the Ecological Footprint Concept [J]. Economical Ecorromics, 1999 (29): 375-390.

支付也不获得生态补偿费。[①]

3. 支付/获得生态补偿量的确定

通过生态补偿标准的分析，可以确定某个国家或地区到底是应该支付还是获得生态补偿。具体的补偿量可以通过下式计算：

$$EC_i = |Iec| \times ES_iA_i \times R = |EF_i - A_i| \times ES_iA_i \times R_i \quad (13)$$

式(2)中：EC_i 为 i 国家或地区支付/获得的生态补偿量（元/年）；EF_i 为 i 国家或地区的总生态足迹（公顷）；A_i 为 i 国家或地区经产量均衡因子调整后的各类生态系统的总面积（公顷）；ES_i 为 i 国家或地区的总生态系统服务价值（元/年）；R_i 为生态补偿系数。

R_i 的生态经济学内涵：生态系统提供的服务价值是巨大的，有关研究表明其价值是现实经济系统生产价值的几十甚至上百倍。由于不同国家或地区的经济发展水平不一致，不可能对所有的生态系统服务价值进行补偿，因此，生态补偿量必须是基于经济发展水平的一定比例的生态系统服务价值。经济发展水平高的国家或地区比发展水平低的区域"消费"更多的生态系统服务，必须以较高的比例进行生态补偿。生态补偿系数 R_i 充分考虑到这些因素，以某个区域的 GDP 和国家总 GDP 的比值（定义为补偿能力，以 L_i 表示）为基本参数，经济发展水平以恩格尔系数来表达，因

---

① Wackernagel M, Rees W. Our Ecological Footprint: Reducing Human Impout on the earth [M]. Gabriola Island: New Society Publishers, 1996.

此，可通过对 $R.\ Pearl$ 生长曲线模型①的改进来确定 R_i。具体表达如式（3）：

$$R_i = L_i\ (1+ae-bt) \tag{14}$$

我们对该模型进行属性修改，令 L_i 为补偿能力，a、b 为常数，e 为自然对数的底数，t 为恩格尔系数的倒数，具体表达如式（4）：

$$L_i = GDP_i/GDP \tag{15}$$

式（4）中：GDP_i 为 i 国家或地区的国内生产总值；GDP 为 i 国家总的国内生产总值（元/年）。

将 a、b 都取值为 1，可得：

$$R_i = e\varepsilon(e\varepsilon+1) \times L_i = e\varepsilon \cdot GDP_i(e\varepsilon+1)GDP \tag{16}$$

式（5）中 ε 为恩格尔系数。

4. 支付/获得生态补偿的宏观管理

如何通过一定的形式或机制来平衡管理不同区域间的生态补偿，需要以国家为实体来统一进行宏观管理。建议国家设立国家生态补偿基金，通过收取生态赤字区域的生态补偿，再宏观地对生态盈余区域进行补偿。这样，国家生态补偿基金收取生态补偿总量为 EC，计算公式如下：

$$EC = \sum n_i = 1ECi = \sum n_i = 1R\,|Iec| \times ES_iA_i = \sum n_i = 1R\,|EF_i - A_i| \times ES_iA_i \tag{17}$$

① National Research Council New Strategies For America's Water Sheds [M]. Washington DC：National Academy Press，1999：1-36.

第七节　生态补偿体系

尽快完善生态补偿机制，健全生态补偿政策，国家才能在优化开发区、重点开发区与限制开发区、禁止开发区之间进行平衡和调整，才能通过公益补偿机制寻求东部经济资本和西部生态资本的平衡，实现东西部人民生态保护收益与支出的平衡。近年来，我国已经开展了一些生态补偿的实践，例如根据政策安排，我国支出了巨额的财政转移用于退耕还林（草）、湿地保护、水土涵养、森林保护工程、防沙固沙工程等。但从实际情况看，这些补偿的内容分散于各个不同的部门，尚不能构成一个相互支撑的补偿体系。

一、生态补偿实践需要解决的问题

从目前的实践来看，多数的生态补偿只是拘泥于一个流域内或者一个省区范围内的区域性的实践，其所涉及的地理空间、经济范围等都比较小，协商起来相对比较便捷、容易。一旦扩大到国家的空间层面，则问题会复杂得多。总体来说，我国实施生态补偿存在以下几个方面的主要问题：

1. 基础研究薄弱

生态价值是一个相对的概念，难以用货币来衡量，而且补偿对象有时很难准确确定。如何科学准确地界定生态补偿标准和对象，成为制约生态补偿机制全面实施的一个很重要的因素。

2. 补偿方式比较单一，没有建立良性投融资机制

资金渠道以中央财政转移支付为主，补偿的重点为西部地区，而且以重大生态保护和建设工程及其配套措施为主要形式；投入主要以国家投入为主，地方投入较少；有限的资金主要以分散且数量不足的形式用于各个地区，造成资金的低效使用和浪费。

3. 现行的财税政策不完善，在一定程度上限制了生态补偿机制的建立

例如，我国现行的资源税政策，计税依据是销售量或自用量，而不是开采量，客观上鼓励了企业对资源的滥采滥用，造成了资源和生态环境的破坏。

4. 征收和使用方式不合理

目前，生态补偿基本上是采取"搭车收费"的征收方式，收费和使用主要以部门或行业为界，如水利部门收取水资源费、环保部门收取排污费、国土资源部门收取资源费，部门间各自为政，不能形成合力，也没有真正实现收支两条线。其他相关行业和部门的生态环境保护投入得不到补助，在一定程度上不利于提高相关单位保护生态环境的积极性。

5. 全国还没有形成统一、规范的管理体系

由于缺乏有效的监督机制，生态补偿资金的收取和利用都存在很大的漏洞。目前有许多证据已经证明，国家投入巨额资金的生态建设项目广泛存在地方和部门的渔利行为，高额的管理成本已经危及到了项目的顺利实施。整体来看，主要存在以下几方面问题：

首先，计算的口径和标准问题。以流域补偿为例，哪些内容应该列入估算范围，上游保护的水源涵养林如何估算，套用哪种估算方式，使用哪个参数等等，都没有形成统一的认识。

其次，补偿与被补偿双方的主体的确定问题。仍旧以流域补偿为例，在黄河、长江这样流经多个省区的流域里，包括处于上游、下游的不同省区，就如同多个银行间存在存贷关系一般，如何"轧账"是个大问题，此外还存在处理"轧账"的"清算中心"如何确定、"清算"的工具如何确定以及相关制度问题，等等。

再次，国家层面构架的生态补偿体系应该如何衔接原有的生态补偿的渠道和资金。也就是在建立新的生态补偿体系的同时，应该如何完善和衔接原有的财政支付体系。这是我们面临的一个重要问题。

最后，补偿的顺序安排问题。首先是那些重要的生态功能区，特别是限制开发区和禁止开发区，比如：国家级自然保护区和世界自然遗产；长江、黄河等七大流域的上下游补偿；661个城市饮用水源保护区的补偿；自然资源开发过程中的补偿；计划经济时

215

期，国家从资源丰富的地区以极低的价格拿走了资源，留下了污染，这样的账怎样算。

6. 法律法规体系不健全

我国的《防沙治沙法》、《土地承包法》、《草原法》、《环境保护法》等法律对植树造林、草地保护等生态保护问题作出了明确规定，但这些制度约束力不强，法律条款之间存在着矛盾，影响了生态补偿制度的实施。比如在承包荒山植树造林的过程中，承包人多年投资植树造林，好不容易等到成材，但法律不允许种树人随意采伐、挖掘具有防风固沙等生态功能的植被，使承包人、当事人受益艰难，挫伤了他们投资种树的积极性。这类事件是近年来我国北方地区生态建设中的典型案例，也反映了我国相关法律法规体系不健全的现状。

二、生态补偿的途径与方式

生态补偿的方法和途径很多，按照不同的准则有不同的分类体系。按照补偿方式，可以分为资金补偿、实物补偿、政策补偿和智力补偿等。从空间尺度大小，可以分为生态环境要素补偿、流域补偿、区域补偿和国际补偿等。按照补偿方向，可以分为纵向补偿和横向补偿。按照补偿手段可以分为三种：一是财政转移支付，如国家通过加大对西部重要生态功能区域的财政转移支付，补偿该地区保护生态环境而导致的财政减收；二是项目支持，如对各种生态环境保护与建设项目、生态环境重点保护区域替代产业和替代能源发展项目，以及对生态移民项目等的资金支持；三是征收生态环境补偿税（费）或要求生产者、开发者、经营者支付生态环境保护的信用基金（姚明宽，2006）。从目前已实施的生态补偿的实践与研究来看，生态补偿基本上存在以下七种模式，即法规强制型、赔偿惩戒型、治理修复型、预防保护型、替代转让型、正向激励型和共建共享型。以上补偿模式各有一定的可取之处，但都更多地偏重于市场。

补偿实施主体和运作机制是决定生态补偿方式本质特征的核心内容，按照实施主体和运作机制的差异，大致可以分为政府补偿和市场补偿两大类。

1. 政府补偿

根据我国的实际情况，政府补偿是目前开展生态补偿最重要的形式，也是目前比较容易启动的补偿方式。政府补偿是以国家或上级政府为实施和补偿主体，以区域、下级政府或农牧民为补偿对象，以国家生态安全、社会稳定、区域协调发展等为目标，以财政补贴、政策倾斜、项目实施、税费改革和人才技术投入等为手段的补偿方式。政府补偿方式包括以下几种：财政转移支付、差异性的区域政策、生态保护项目实施、环境税费制度等。

2. 市场补偿

交易的对象可以是生态环境要素的权属，也可以是生态环境服务功能，或者是环境污染治理的绩效或配额。通过市场交易或支付，兑现生态（环境）服务功能的价值。典型的市场补偿机制包括公共支付、一对一交易、市场贸易、生态（环境）标记等。①

在实践中还可以从生态资源保护或污染治理的投入、生态资源的效应、预期投入或效应三个方面入手，或者把三者结合起来，从而形成了生态补偿的投入型、效应型、预期型和综合型四种模式。

（1）投入型补偿。投入型补偿是根据生态修复与生态保护过程中的各种投入作为补偿的基本依据，确保生态保护者的物质利益及当地经济发展的可持续性。生态保护的核心是增强自然的承载能力，实现人与自然的协调和持续发展。其工作内容包括三个层面，相应地，投入也包含在这三个层面之中：

第一，生态正常运行的护持。即确保现有生态设施发挥作用、现有生态资源发挥效应所需要的各种投入。

第二，已破坏生态环境的修复。已破坏生态环境的修复一靠自然力量，二靠人力强制。但由于自然生长运行的规律，使得已破坏生态本身的承载能力低下，其自我修复能力弱，因此需要人力强制修复，如水土流失、沙漠化需要外力修复、培植等，相应地也需要大量的投入，如污染治理等。

第三，生态培育与开发。开发生态资源就是要让其发挥出经济效益，这种效益可能来自于生态本身，如良好的自然生态会增加生态旅游收益；也可能来自于对生态资源的消耗，如伐木造纸带

---

① 中国生态补偿机制与政策研究课题组. 中国生态补偿机制与政策研究［M］. 北京：科学出版社，2007.

来的经济效益等。前一种情况需要有很好的开发与维护，如南水北调工程中线第一期工程投入就达 1 099 亿元；而后一种情况则需要通过不断培植新资源对已消耗资源进行实物补偿。这种投入的补偿可以用下式来确定：生态价值补偿总额 $S = C + P$，即由生态开发的成本和平均利润的总和决定。

　　由于生态效应既存在于本代人之间，又存在于代际之间，既有当期效应，又有延期效应，因此其成本是 $C = CL + CP$，其中，CL 表示生态的当期效应成本，而当期效应成本 $CL = CL_1 + CL_2 + CL_3$。其中，CL_1 为污染者或环境破坏者的生产成本和污染治理成本之和，即 $CL_1 = Cpr$（环境破坏者的生产成本）$+ Cx$（环境破坏者的污染治理成本）；CL_2 为环境污染给他人或社会带来的直接损失；CL_3 为环境污染给他人或社会带来的间接损失。CP 表示生态的延期效应成本，其存在有三种情况：一是污染治理一次性投入 $CP = C_k$，即由投入的治理成本 C_k 决定；二是污染治理的等成本投入 $CP = C_{k1} + C_{rr} [(1+r) n - 1]$，其中 C_k 是每年的固定投入成本，r 是利率，n 是投入年限；三是污染治理的不等额投入 $CP = CP_1 (1 + r) n + CP_2 (1 + r) n - 1 + CP_3 (1 + r) n - 2 + \cdots + CP_n (1 + r)$，其中 CP_1、CP_2、$CP_3 \cdots CP_n$ 分别代表第一、第二、第三到第 n 年的治理成本投入。

　　任何一个项目，只有投资净收益大于或等于生态补偿金额才可以进行投资和生产，而平均利润 P 则取决于部门之间竞争的结果。当前的生态投入机制存在一个很大的问题就是过分强调污染、破坏生态的修复投入，而忽视了对较好生态的护持、培育与开发，

219

以及对保护生态的当地居民的经济利益的维护,从而出现了为引起社会高度重视和支持,把好的生态也人为污染的现象,或者闲置各种污染治理设施,使其不发挥任何效应。因此,补偿既能确保生态保护与生态生产的价值和实物补偿实现再生产,又能体现生态资源分配上的公平性,通过成本补偿使生态资源的有益外部性收益转移给生产者或护持者,形成资源与利益的互惠互享机制。

(2)效应型补偿。效应型补偿是根据生态资源发挥的效应,或者以没有该生态资源将会带来的损失来确定生态补偿的额度。在无法确定投入成本或者生态资源效应远远大于投入成本的情况下,可以采用这种方法。生态资源的效应可以分为三个方面:经济效应、健康效应和生态平衡效应。

①经济效应是生态资源给其利益相关者直接或间接带来的收入增加,如生态旅游收入、天然氧吧经营收入、绿色食品带来的超额利润等都是生态资源的经济贡献(注意:此处仅仅是指生态资源的纯经济效应,应减掉其中所包含的资本报酬、劳动报酬等成本和合理的利润),还包括生态资源所带来的经济损失减少,即负损失,也就是收益的增加,如环境污染造成的损失减少。

②健康效应是生态资源对人的健康甚至生存的影响。这种影响主要体现在三个层面:

其一,丰裕、优质的生态环境有助于人的身心健康,甚至能延年益寿,反之则对人的身心健康产生危害和影响。

其二,良好的生态环境可以净化环境(空气),减少疾病的发生,反之则使人的发病率提升。

其三，根据历史唯物主义观点，生产与生活方式是建立在生产力水平之上的，当人们的生产水平达到一定的高度，进而收入水平达到一定的高度，人们的消费方式与结构就会发生变化。生产方式和生产目的的转变，使人们的消费观念随之而改变，特别是在收入水平提高的情况下，人们对绿色产品的购买意愿大大增强。

③生态平衡效应主要是指各生物物种之间存在的一种相互依存关系，如食物链所揭示的物种之间的相互依存关系。一种生态资源的存在使一定区域的生物资源平衡；反之则不平衡，带来连锁反应，导致一系列的恶果。弗·布罗日克曾指出："不仅生活环境中生态平衡状态的破坏将威胁到人的生存，而且生活环境中社会因素的平衡状态的破坏，以及它们交互作用的平衡状态的破坏，也将威胁到人类的生存。"[1]

3. 预期型补偿

预期型补偿是指一项生态资源的补偿依据于该资源消耗或培植，在未来进行实物补偿或实物消耗时所需要的成本或能发挥的效应。具体来说，包括两个层面：

其一，预期成本补偿是指一项生态资源的补偿依据于该资源现期消耗在未来修复或生产相应替代品所需要的成本。

其二，预期效益补偿。培植一定资源的动力来自于对它的利益追求，一项资源未来经济利益的现值只要大于当前的投入成本就

---

[1] 弗·布罗日克. 价值与评价 [M]. 北京：知识出版社，1988.

会推动一部分企业或个人投资该资源。因此，政府只要通过政策杠杆把需要培植资源的生态效益转化为相应的经济利益，并通过相应的激励机制就可以激发人们的生态资源培植动力。① 但是，投入又分两种情况：一是有明确边界的投入，能明确其投入成本，这实际上是前述投入型补偿的内容；另一种情况则是没有明确边界，也就是说无法确知其投入到底有多大，或在投入过程中未刻意记录其成本规模，那就可以通过两个途径解决其补偿额度问题，一是成本虚拟，即根据相同或相似资源培植的投入成本确定，二是效应虚拟，即根据该资源预期的效应，换算成现值，再确定其补偿额度。

4. 综合型补偿

综合型补偿就是在确定生态补偿额度时综合考虑成本、效应与预期三大因素，既要使生态保护的投入成本得到补偿和替换，又要使生态资源的供给者、维护者参与生态资源效应的利益分享。具体包括：

（1）生态资源终端使用者的支付额度确定。生态资源的终端使用者，从区域上来说，既可能是生态资源的生产区，又可能是消费区或效应发生区（生产区与消费区或效应发生区分离）；从功能上说，既可能是满足了居民的生产需要，又可能是满足了居民的生活需要，还可能是满足了居民的公共需要；从效应上来说，

---

① 汤姆斯·安德森，等. 环境与贸易生态、经济、体制和政策［M］. 北京：清华大学出版社，1998.

既可能是生态资源的消耗，又可能是对生态资源的培植，还可能是生态资源本身效应的自然发生。总之，都是生态资源效应的享受者。根据收益与成本对等的经济学原则，必须支付相应的费用作为生态补偿基金。具体包括：生态资源生产与护持的成本补偿；生态资源使用的利益和利润（或损失减少）分成；生态资源公共效应利益的财政转移支付补偿。也就是说，生态资源终端使用者的支付额度，作为生态补偿基金的总供给，由三部分组成，即投入成本补偿金、利益分成补偿金和公共效应的财政转移支付基金。

（2）不同位势区的补偿利益分割。由于资源禀赋不同，不同区域在生态资源拥有量上的地位也是不同的，因而其利益分割也就有所不同。生态资源效应发生区主要是资源利用问题，重点发挥生态保护上的节约作用；生态资源供应区（生产区）主要是保护资源问题，重点发挥生态保护上的培植、护持与开发作用。生产是消费的源头和基础，因此，生态资源供应区在补偿基金的分割上也应处于优势地位，获得较多的补偿金额。

（3）生态资源供应区不同利益相关者的补偿利益分割。生态资源供应区的利益相关者较多，有破坏、使用生态资源的支付主体，有保护、培植生态资源的受益主体。这里主要探讨受益主体之间的利益分割问题。受益主体可以分为三种类型进行不同的利益补偿：劳动者获得劳动报酬和必要的奖励津贴，体现出生态保护行为的有偿性和环保劳动的鼓励性；投资者获得利润，并在资本获取（贷款）等方面享受一定的优惠；公共利益主体（政府是集中代表）把生态资源的公共效应利益补偿金集中起来，以投资

223

基金或生态投资奖励基金的形式投放出去，确保生态资源的存在和增长，以及补偿基金本身的保值与增值。

三、主体功能区框架下的生态补偿方式

随着"十一五"规划的全面实施，我国的生态环境和自然资源将承受更大的压力，经济社会的发展也面临更加严峻的挑战。因此，建立和完善国家和区域层次上的生态环境保障机制，建立区域性的经济社会和生态系统的协调机制和补偿机制，在不同主体功能区之间进行平衡和调整，寻求不同区域经济资本和生态资本的平衡。

如图 5-5 所示，主体功能区框架下的生态补偿可以用三种方式进行，即纵向补偿、横向补偿和部门补偿。也就是按照前文所述的生态补偿原则，根据前文的生态补偿标准进行上级对下级、国家对地方的转移支付、差异性的区域政策、环境税（费）制度等纵向补偿和通过生态环境补偿税（费）等方式，进行的上游、生态受益区域、生态受益产业等的横向补偿和部门补偿。①

---

① 贺思源. 主体功能区划背景下生态补偿制度的构建和完善 [J]. 特区经济，2006 (11).

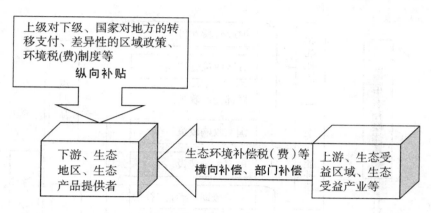

图5-5　主体功能区框架下的生态补偿方式分类示意图

四、生态补偿体系的建立

生态补偿体系的建立，需要在考虑以往实践的基础上，总结存在的问题，借鉴国内外经验，从多个方面进行生态补偿体系的建立工作。总体来说，主要是在国家"十一五"规划的指引下，按照主体功能区管理的要求，实施纵向补偿、横向补偿和部门补偿的方式，建立与完善我国生态补偿体系。补偿体系的支持系统包括法律法规、组织管理、财税制度、政策制度和科学研究。其中，纵向补偿包括财政转移支付、分区管理政策、西部援助政策等，横向补偿包括对口援助、合作与补偿等，部门补偿包括建立补偿保护基金、征收破坏补偿基金等内容的措施。整体来说，我国的生态补偿体系如图5-6所示。

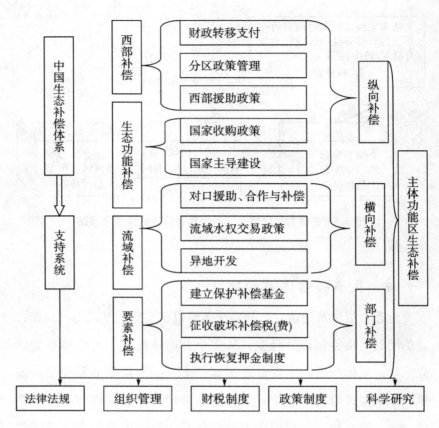

图 5-6　我国生态补偿体系框架图

第六章　国外生态补偿实践与经验

　　俗话说，他山之石，可以攻玉。本章将集中研究生态补偿的国际经验与教训，以获得对我国的借鉴与启示。

　　从生态补偿的历史来看，西方国家生态问题凸显较早，它们是生态补偿制度的探索者。如果从 20 世纪 20 年代爱尔兰运用分期付款方式对私有林进行补助算起，生态补偿在西方国家已实行了八十余年。此后，美国、德国、日本等国根据各自面临的具体问题也开始了多方面的探索，初步建立了生态补偿的制度框架，形成了以生态税收、市场交易、转移支付、慈善捐赠、产品生态认证等多种手段支撑起来的较为完整的框架体系。一些发展中国家，如哥斯达黎加、印度、巴西等国，也开始了自己颇具特色的探索。

　　如何总结这些经验，是我们碰到的首要问题。因此，这里有必要先简略介绍一下本章的研究方法和样本选择。

　　我们采用的主要研究方法是典型案例法，这是由我们的研究任务和典型案例法的优点决定的。因为从理论上讲，只要从不同的角度便可总结出不同的经验结论，限于精力和篇幅，既无必要也无可能对所有国家的所有相关经验进行普查式研究，这种情况下，研究典型不失为一种较好的方法。这种方法通过对"典型"的剖析，可以在纷繁复杂之中达到对事物本相的认识而又大致不会损失多少关键信息。但典型案例法的成功与否关键在于所选择的案例是否真为典型，以及对本课题而言，到底研究哪些国家的哪些经验对实施我国生态补偿能产生最大的借鉴效益，也就是说，有样本和研究视角的选择问题。

这两个选择实际上是一个问题，即要求实现国际实践、中国国情与生态建设这三者的紧密统合，根据生态补偿本身的理论要求和中国生态补偿实践中碰到的重要现实制约，确定我们的研究基点。由此，才可能科学地确定研究对象。

从生态补偿本身的理论要求来看，主要是要搞清其所面临的基本问题。从中国生态补偿中碰到的重要现实制约来看，主要是要结合中国国情和补偿实践中的具体状况。

由于生态补偿的产生本来缘于人类在发展过程中生态价值流失，严重影响到发展的可持续性，并产生了对发展意义的追问，因此，生态补偿所面临的核心问题就是生态价值与发展权利的关系问题。而从生态补偿实施过程本身来说，结合前面章节的论述可知，它涉及目标确定、补偿主体和补偿对象（谁补给谁）、补多少（标准）、怎样补（机制）、如何确保（监管）、资金何来等问题。这些问题有一个解决不好，生态补偿的效用都必将大打折扣。研究国际经验就必须看一看各自国家在处理上述问题上的特色，选择最有代表性者用于本研究。而关于我国生态补偿所面临的重要现实制约，则要考虑到国大国小、民穷民富、经济发展阶段、人口多寡、区域差异、社会利益结构等多种因素。每一种因素的差别，都可能对我国生态补偿的实施产生大不相同的影响。比如，一个大国，国内各地区间的利益补偿问题就可能比小国复杂得多。如此一来，我们在选取研究对象和视角的时候就必须在明了我国现实情形的基础上选择与我国情形有一定的可比性，或者相似，或者对比鲜明的典型，方能获取真正于我国有教益的结论；否则，极有可能南橘北枳，牛头不对马嘴。

根据上述设想，我们选择了三个样本：美国、德国、哥斯达黎加。这三个国家，从国土面积来讲，既有大国，也有中等国家和小国；从经济发展水平来讲，既有发达国家，也有发展中国家；从生态补偿的具体实施来讲，也各具特色，比如美国的农业政策和矿产开采复垦制度、德国的生态税改革、哥斯达黎加生态服务市场化的做法等等，便于我们多方面总结分析。美中不足的是，由于资料所限，我们暂时没有找到一个经济体制转型的国家用于生态补偿的典型分析，只好留待以后的研究来补足。

本章的思路是，第一、二、三部分分别介绍美国、德国、哥斯达黎加三国在生态补偿方面的主要做法，第四部分，进行综合分析，结论在各部分的分析中自然得出。

第一节　美国的资源开发与生态补偿

美国位于北美洲中部，东西临海，北接加拿大，南邻墨西哥，约在北纬 25° 至 49° 之间，总面积 936.3 万平方千米，仅次于俄罗斯、加拿大和中国，居世界第四。据 2000 年人口普查，现有人口 2.8 亿，居世界第三。2007 年 GDP 总量达到 13.8 万亿美元，高居世界第一。美国是名副其实的超级大国。

美国自然资源丰富，几乎拥有经济发展需要的所有矿类。其中，煤储量 35 996 亿吨，原油 240 亿吨，天然气 56 034 亿立方米，是世界上储量最多的国家之一；铁矿石、钾盐、磷酸盐、硫磺等储量也居世界前列；此外，铜、铅、钼、铀、铝、金、银、汞、镍、碳酸钾、钨、锌的储量也很丰富。美国生态环境良好，森林面积约 2.93 亿公顷，覆盖率达 33%，并拥有世界上总面积最大的自然保护区，共有各类国家级自然保护区 710 个，占地面积 9 360 万公顷。可以说，美国是一个经济既发达，生态亦良好，初步实现了经济与生态协调发展的大国。

但美国的生态发展之路并非一帆风顺，其教训和经验值得我们借鉴。

一、对"黑风暴"的反思

美国历史上最大的一次生态灾难，大概要算 20 世纪 30 年代发生的震惊世界的"黑风暴"，由于风暴刮起表土，遮天蔽日，故得此名。仅 1934 年 5 月的"黑风暴"就横扫了美国 2/3 的土地，波及本土 20 余州。大平原有 404 686 多万平方米农田的 50.8~304.8 毫米的肥沃表土全部丢失，变成一片沙漠。1934 年小麦减产 51 亿

千克，成千上万的人被迫离开家园。① 此外，密西西比河把 41 亿
吨土壤冲进了墨西哥湾。总的来说，美国全年受水和风侵蚀的土
壤总共在 30 亿吨以上，据专家估计，在当时美国最好的土地中，
有 5.7 亿公顷（相当于伊利诺伊、马里兰、俄亥俄和北卡罗莱纳
4 个州的总和）曾经都是肥沃的农田，由于不适当的耕作而被破坏
了；另外有 0.5 亿公顷土地被严重破坏而不能使用；还有 0.408
亿公顷土地正受到严重的威胁。②

　　"黑风暴"这样的生态灾难是与美国对西部③资源的掠夺式开
发密切相关的。

　　美国 1776 年建国时，只有阿巴拉契亚山脉以东 13 州，面积约
80 余万平方千米。1783 年英国承认其独立时，把大量大西洋沿岸
的土地划归美国，使其一下子扩张到 230 万平方千米。而后，美
国又通过各种手段巧取豪夺，从法国、西班牙、墨西哥、英国、
俄国等国获得佛罗里达、得克萨斯、新墨西哥、俄勒冈、阿拉斯
加、亚利桑那等地区，在不到 100 年的时间内，领土扩张了 3 倍
多。领土急速扩张，对美国拓殖者来说似乎取之不尽，因此农场
主们很少关心水土保持，总是尽速消耗地力，之后便往西部寻找
更肥沃的土地。随着拓殖者的大量涌入，美国西部被迅速填满。
据统计，仅 1850 年至 1860 年间就有大约 1 224 万公顷森林被开辟

---

① 王淑玲，张迪，王霞，王小菊. 我国西部土地资源开发利用现状与对策研究 [M].
　　北京：地质出版社，2006：62.
② 徐更生. 美国农业政策 [M]. 北京：中国人民大学出版社，1991：172.
③ 这里的西部指的是阿巴拉契亚山脉以西的地区。

为农地。美国原始森林原有 3.3 亿公顷，到 1901 年，只剩下不足 1 亿公顷。草地资源的破坏也相当严重，自 1863 年 1 月 1 日丹尼尔·弗里曼在内布拉斯加领到第一份宅地起，到 1890 年大平原就被移民住满，只花了 27 年时间。①

最初乱砍滥伐问题还不大，因为广袤的未开发地区仍然维持着原有的良好生态，可以部分抵消粗放式开发的影响。但问题在于，在西部逐渐被开发完毕的过程中，农场主、矿主们却一直沿用传统的开发方式，这必然造成生态的严重破坏。结果，密西西比河以西 2.6 亿公顷草原迅速退化，野生动物资源也遭到了严重破坏。当 1865 年美国内战结束时，在大平原漫游的野牛约有 1 300 万头。但随着联合太平洋铁路的修建，野牛遭到大量捕杀，1883 年，美国国家博物馆为制作野牛标本，曾派出一个考察队到西部，结果找到的野牛还不到 300 头。到 1903 年，在大平原只发现了 34 头野牛。② 在矿产资源开采方面，1848 年，加利福尼亚发现金矿后，迅速掀起了淘金热。由于采用原始的"水淘"办法，不仅矿产损耗大，也容易造成严重的水污染。再后来，1876 年又发现了南达科他阿斯特克矿脉，由于乱采滥挖、对矿产废弃物不加处理，尾矿、废石、废渣到处堆积，严重破坏了自然生态，甚至还造成了地面坍塌、山体滑坡等自然灾害。

---

① 李春芳. 近现代美国西部开发中的生态环境问题及对中国西北开发的借鉴意义 [J]. 甘肃理论学刊，2006（3）.
② 参见雷·A. 比林顿的《向西部扩张：美国边疆史》和周钢的《美国西部牧区的掠夺开发及后果》。

232

"黑风暴"等生态灾难惊醒了美国人，美国开始注意到保护环境的重要性。其推出的生态政策以20世纪30年代为界，明显分为两大阶段，看来这并非偶然。美国除了制定数十个控制污染的法律、建立国民资源保护队修建防护林、建立国家公园等措施外，还有一个非常重要的手段就是实行生态补偿。

美国生态补偿的方式多种多样，比较重要的有保护性退耕、矿山复垦制度、生态税收政策、流域生态补偿等。

二、保护性退耕

美国的保护性退耕可以追溯到1933年的《农业调整法》（Agricultural Adjustment Act of 1933）。该法的主旨是通过对参与播种面积控制计划的农场主进行经济补贴，使农场主主动减少主要农作物的播种面积。颁布该法案的初衷是为了稳定农产品价格，挽救在1929—1933年大危机中备受打击的农业，严格说来还算不上生态保护性退耕，但耕地减少在客观上有利于生态保护。到1936年1月，美国最高法院宣布1933年农业法"违宪"，同年2月，罗斯福签署了替代法案——《土壤保护与国内配额法》（Soil Conservation and Domestic Allotment Act）。值得注意的是，替代法案将促进土壤保护与维持农业收益等目标相结合，从而使美国的农业退耕开始具有了生态保护的性质。

之后，美国的保护性退耕逐渐发展，注重生态保护的色彩也越来越浓。1937年，美国开始建立土壤保护区，规范土地开发利用。1956年，美国国会又通过了《土壤银行法案》（Soil Bank Act）。以

233

此为基础，到 20 世纪 80 年代，美国实行了迄今影响最大的土地资源与环境保护政策——"保护与储备计划"（Conservation Reserve Program，CRP）。

CRP 的主要目的仍然是减少土地使用，增加生态用地，改良生态环境。但相对于很多国家的保护性退耕，CRP 特色更鲜明。其主要特色除了政府提供资金支持外，关键是引入了竞标机制，遵循农户自愿的原则，运用合约来规范政府与农户的行为。也就是说，它兼顾了政府主导、市场机制和法律规范。CRP 主要归美国农业部管理，土壤保护局负责制定退耕地入选标准和监督合同执行情况。大体做法是：第一步，农业部根据所掌握的情况确定当期 CRP 计划的最大补助面积、最大补助量等指标。第二步，设立申请期。一年以内可以有 2～3 个申请期。每个申请期前，项目管理者把本期 CRP 的有关信息公布出来，方便农民了解和申请。第三步，农民提出申请，申请内容包括准备退耕的耕地面积、类型、期望的补助水平和退耕后还林（草）计划等。第四步，县农业局和农业部进行两级审查，借助环境受益指数（Environmental Benefits Index，EBI）等指标，最后确定接受的退耕面积和补助要求。第五步，县农业局在 7～90 天内，将是否接受申请告知农户。第六步，如果接受申请，县农业局则与农户就双方同意的条件签约，合同期限一般为 10～15 年。特殊情况下，一些到期合同还可再延长 5 年。此外，对一些生态地位重要的耕地，农民可常年申请退耕。1985 年，CRP 计划退耕面积的最大范围是 1 620 万～1 823 万公顷，约占全部耕地的 1/10。2002 年，美国农业部对签约面积

234

上限做了重要修正，上限仍达 1 588 万公顷。

　　CRP 效果如何，计划是否需要调整，这需要进行科学评价。为此，1990 年美国开始建立一个综合指标体系——环境受益指数（EBI）。EBI 包括退耕是否能提高地表水与地下水水质、保护土地生产力、退耕后植树面积比例、政府规定的优先保护区退耕面积比例等。从 1995 年开始，将政府成本指标也加入了 EBI 体系。至今，EBI 是一个全面的包括了环境、经济、社会综合指标的动态评价体系，每年根据签约情况和政府目标等因素不断修正指标类型和权重。这样，项目就更加科学合理。二十余年的实践表明，CRP 对于改善相应地区的地下水水质、湿地状况、生物多样性、减少空气中二氧化碳含量起到了重要作用。

三、对矿产资源开发的生态补偿

　　美国的采矿业比较发达，土地复垦制度也已经存在了半个多世纪。从 20 世纪 30 年代开始，就有不少州陆续制定了有关采矿后土地复垦方面的法规（见表 6-1）。①

---

① 陈丽萍. 美国西部 13 个州规范矿业用地复垦的主要法规及管理机构概况 [J]. 国土资源情报，2001（3）；李虹，王永生，黄洁. 美国矿山环境治理管理制度的启示 [J]. 国土资源导刊，2008（1）.

表 6-1   美国的土地复垦法规

州名	法规条例
西弗吉尼亚州	《复垦法》(1939)（美国历史上第一个采矿复垦法）
阿拉斯加州	《复垦法》(1963)，《采矿复垦条例》(1991)
华盛顿州	《地表采矿法》(1970)，《金属采矿和碎矿法》(1994)
蒙大拿州	《金属矿山复垦法》(1971，此后数次修订)
爱达荷州	《地表采矿法》(1971)
犹他州	《采矿土地复垦法》(1975 年)

在各种采矿业中，煤矿的开采问题尤其突出，煤矿采矿土地复垦制度也最为典型。1977 年 8 月 3 日，在各州实践的基础上，美国内政部颁布了一个里程碑式的法律——《露天采矿管理与恢复（复垦）法》(Surface Mining Control and Reclamation Act)。该法要求全国所有煤矿都必须在采后进行复垦，进一步规范了相关主体的权利与责任。该法的主要特色是通过设立保证金制度迫使矿主采矿后自觉恢复生态环境，并建立相应制度综合治理煤矿开采的历史遗留问题。

所谓复垦保证金制度，是指采矿企业在得到采矿许可证前须将一定量资金存在指定管理机构作为保证金，以确保矿区完成复垦的制度。保证金的数额由管理机构确定，可根据地理、植被等方面的不同而有所区别。但每一个许可证的最低数额是 1 万美元。保证金的类型主要有两种：全程保证金和阶段性保证金。全程保证金是预先一次性交纳；阶段性保证金是一些小矿业公司参加的联合储备金，在参加时交纳入门费和当年的保险费，以后根据企业每年的采矿情况按季度交纳保证金。保证金的交纳形式也多种多样，有现金、保证金债券、联合储备金债券、联邦或州债券、商业信用证、不动产信托书等。在保证金退还方面，如果经检查机构检查环境恢复达到规定要求，则向矿主返还保证金。但由于矿区生态恢复需要一段时期，为保证生态恢复的最终质量，该法又规定返还保证金有一个滞后期，完全返还保证金需要长达 10 年左右的时间。具体分三个阶段，每个阶段都有不同的恢复标准。完成第一阶段的恢复任务，返还 60%；完成第二阶段的恢复任务，返还 25%；完成第三阶段的恢复任务返还 15%。① 保证金返还滞后制度，确保了矿区环境恢复的质量。

企业除了交纳复垦保证金，还必须另交一笔费用，作为废弃矿山的土地复垦基金和其他紧急事项费用。露天采煤每吨交纳 35 美分，地下采煤每吨交纳 25 美分，褐煤每吨交纳 10 美分。这些钱由联邦政府统收，一半返还政府用于废弃矿山复垦，一半留在联邦作为全国紧急情况项目费用。废弃矿山的土地复垦基金除了上述企业交纳费用外，还有三个主要来源：一是社会组织及个人捐款；二是罚款，即按《复垦法》规定，对弄虚作假、不如数交纳废弃矿山复垦基金的煤矿主，一旦被定罪，将给予不超过 1 万美元的罚款或不超过 1 年的监禁，或两者并处；三是滞纳金，《复垦法》规定，复垦费用应该在每季度末的 30 天之内交纳，若推迟不交的按有关规定交纳一定数额的滞纳金。通过上述措施，美国的废弃矿

---

① 李虹，王永生，黄洁. 美国矿山环境治理管理制度的启示［J］. 国土资源导刊，2008（1）.

山和正在开采的矿山复垦都有了可靠的资金保障。

该法颁布后取得了巨大的成功。1994 年 7 月 29 日，为纪念该法颁布 17 周年，美国内政部特意将每年的 8 月 3 日命名为"美国内政部国家土地恢复日"，时任内政部长 Bruce Battitt 甚至骄傲地宣称，"美国煤炭开采者已为整个采矿工业树立了一个样板"①。

四、生态税收政策

征收生态税也是国际上一种通行的生态补偿措施。生态税思想的产生可追溯到英国著名经济学家庇古。庇古区别了边际私人净产量和边际社会净产量的概念，并认为，由于存在向技术上难以收取支付的第三方附带地提供服务，或者对其相伴产生的损害予以赔偿存在着技术上的困难等原因，容易造成边际私人净产量和边际社会净产量不相等，从而造成重要的社会经济福利损失。他还举例说，比如当一位所有者在城市居民区建起一座工厂，极大程度地破坏了周边居民的宁静时，就属于这（后一）种情况。对此，庇古提出的办法是："如果政府同意，就可能通过对在此领域的投资给予'特别鼓励'或'特别限制'的方法消除这种偏差。这些鼓励与限制可能采用的最为明显的形式，当然是补贴以及征税。"② 因此，后来很多学者又将这种税收称为"庇古税"。生态税对环境保护的作用机制是要尽可能使生态环境破坏者造成的资源

---

① 胡振琪，赵艳玲，毕银丽. 美国矿区土地复垦 [J]. 中国土地，2001 (6)：43.

② 〔英〕庇古. 福利经济学 [M]. 金镝，译. 北京：华夏出版社，2007：149.

使用负外部性内部化，达到保护生态的目的。

美国正式将生态税收引入环保领域始于 20 世纪 80 年代初，如今已逐渐形成一套相对完善的体系。美国的生态税主要包括四大类：对损害臭氧层化学品征收的消费税、汽车使用的相关税收、开采税和环境收入税。

对损害臭氧层的化学品征税开始于 1991 年 1 月 1 日，目的是逐步减少氟利昂排放，保护大气层。具体税种较多，包括破坏臭氧层化学品生产税及储存税、使用破坏臭氧层化学品进行生产的生产税和进口化学品税等。征收办法是对应税化学品确定基础税率，然后乘以该化学品的臭氧损害系数，臭氧损害系数在 0.1 至 1.0 之间。为加大对损害臭氧层化学品的控制，基础税率逐渐提升。1990 年基础税额为每磅（1 磅＝0.453 6 千克）1.37 美元，1995 年提高到每磅 3.1 美元，之后每年提高 0.45 美元。可以看出，美国的该税收贯穿了该类化学品生产、储藏、使用各个环节，具有品种齐全、逐步提升、区别对待的特点。OECD 的一份报告中指出，这种税收似乎大大减少了在泡沫制品中对氟氮烃碳（CFCS）的使用，也减少了在硬泡沫制品中对其的使用。①

与汽车使用相关的税收包括汽油税、轮胎税、汽车使用税、汽车销售税和进口原油及制成品税等。美国对汽油税的征收较早，俄勒冈州于 1919 年就开征此税，到 1929 年美国每一个州都引入了该税。美国的汽油税由联邦和州两级征收。联邦的标准为每加

① 计金标. 生态税收论［M］. 北京：中国税务出版社，2000：104.

仑（1 加仑＝4.546 09 升）0.14 美元；各州差别较大，中等税率为每加仑 0.16 美元，但总趋势是不断提高。尽管美国的汽油税相比欧洲较轻，但平均也达到了每加仑 0.3 美元。此外，联邦政府还对卡车使用者征收 12％的消费税。轮胎税则是针对超过 40 磅的轮胎征税。1989 年各州收取的与汽车使用相关的税等达到 101 亿美元以上。这些税收明显抑制了汽车的使用，促进了节能型汽车的开发，在有益于环境改善的同时，也明显改善了各级政府的财政状况。

开采税则是对自然资源（主要是石油）的开采征收的一种消费税，目前美国已有 38 个州开征了此税。开采税的征收总量较低，其收入仅占各州总收入的 1％～2％，但税率却相对较高。由于税率相对较高，它可以有效地通过影响自然资源的开采速度影响环境保护。据 Robert Decon 的研究，总体上看美国的这种税收减少了对石油的开采和开发，在一定程度上使开采的时间延续到了未来。由于征税，使石油总产量减少了大约 10％～15％。

环境收入税是根据 1986 年美国国会通过的《超级基金修正案》设立的，与企业经营收益密切相关。它规定凡收益超过 200 万美元以上的法人均应按照超过部分纳税。环境收入税比例税率较低，为 0.12％。

关于生态税收的规定是一个方面，税收的征管是另一个重要方面。美国在生态税收的征管方面非常严格。它由税务部门统一征收，缴入财政部，财政部将其分别纳入普通基金预算和信托基金，后者再转入下设的超级基金。由于美国信用体系发达，征管手段现代化水平高，公民纳税意识较强，因此拖、逃、漏税现象很少，生态税也能尽量地发挥其作用。

美国的生态税收也有相当的灵活性。这种灵活性不仅体现在税率差别方面，还体现在它的税收优惠政策上。美国的生态税收优惠政策主要有直接税收减免、投资税收抵免、加速折旧等。早在20世纪60年代，美国就对研究污染控制新技术和生产污染替代品予以减免所得税。1986年，美国国会又通过一项法令，规定对企业综合利用资源所得给予减免所得税优惠。1991年起，23个州对循环利用投资给予税收抵免扣除，对购买循环利用设备免征销售税。此外，美国联邦政府对州和地方政府控制环境污染债券的利息不计入应税所得范围。对净化水、气以及减少污染设施的建设援助款不计入所得税税基。同时规定，对用于防治污染的专项环保设备可在5年内加速折旧完毕。对采用国家环保局规定的先进工艺的，在建成5年内不征收财产税。各州税制中也有关于减少污染的财产税退税规定。不过，美国对税收减免也有总量规模控制。以加州为例，其3 200万人口，每年的税收减免额就不能超过16亿美元，其中用于环保方面的就不能超过8％～9％。①

总的来看，美国的生态税征收种类比较全，征收标准比较合理，征收管理比较严格，这些对于我国的生态税收设计都具有明

---

① 　该部分综合参考了以下文献：计金标．生态税收论［M］．北京：中国税务出版社，2000；陈岩．美国的生态税收政策及其对我国的启示［J］．生产力研究，2007（8）；戚亮亮．美国的税收政策［J］．税收科技，2002（10）；邹卫中．美国生态税制及借鉴［J］．贵州商业高等专科学校学报，2006（12）。在此向上述作者致谢。

显的借鉴作用。

五、流域生态补偿

　　流域生态补偿一直以来都是生态补偿中比较难解决的问题，它涉及的利益主体比较多，补偿标准不好确定，操作实施有一定难度。美国的流域补偿也有自己的特色，主要做法是政府借助竞标机制和遵循责任主体的自愿原则来确定各地的补偿租金率。这正如其保护性退耕一样，政府发挥主导作用，充分地利用市场机制。

　　纽约市与上游特拉华州 Catskills 流域间的清洁供水交易就是一个典型案例。纽约市约 90％的用水来自于上游 Catskills 和特拉华河。1989 年美国环保局要求，所有来自于地表水的城市供水，都要建立水的过滤净化设施，除非水质能达到相应要求。在这种背景下，纽约市经过估算，如果要建立新的过滤净化设施，需要投资 60 亿~80 亿美元，加上每年 3 亿~5 亿美元的运行费用，总费用至少要 63 亿美元。而如果对上游 Catskills 流域在 10 年内投入 10 亿~15 亿美元以改善流域内的土地利用和生产方式，水质就可以达到要求。因此，纽约市经过比较权衡之后，最后决定投资购买上游 Catskills 流域的生态环境服务。在政府的决策确定后，水务局通过协商确定流域上下游水资源与水环境保护的责任与补偿标准，通过对水用户征收附加税、发行纽约市公债及信托基金等方式筹集补偿资金，补贴上游地区的环境保护主体。利用这种方式成功改善了 Catskills 流域的水质，达到了双方互惠共赢的目的。①

六、美国生态补偿的特点

综观美国的生态补偿，可以看出其主要特点如下：

1. 市场机制的基础性地位与政府的主导作用有机结合

正如美国前总统布什在谈到全球气候变化时曾说："只要有可能，我们相信应该运用市场机制，我们的政策应该与经济增长和所有国家的自由市场原则相适应。"② 这种思想在上述几个实例中也体现得比较充分，比如其保护性退耕、流域补偿和矿山复垦制度均是如此。同时，美国的实践也表明，由于个人行为的外部性所凸显出的市场自发交易局限，要改变个人行为激励，就必须发挥政府的主导作用。比如其保护性退耕，如果没有政府的补贴介入，要实现如此大规模的退耕是不可能的。征收生态税就更是如此，因为税收征管本就专属于政府权力范围。政府的作用不仅体现在提供了稳定的资金来源，还担负了制定规划、公布标准、监督实施、相互协调、提请通过法律等职责，这些职责都是政府公权力的自然运用，能有效弥补私权力的不足。因此，尽管美国生态补偿仍有诸多不完善之处，但其机制却能协调运转，并取得明显效果。

① 赵玉山，朱桂香. 国外流域生态补偿的实践模式及对中国的借鉴意义 [J]. 世界农业，2008 (4).
② 计金标. 生态税收论 [M]. 北京：中国税务出版社，2000：103.

2. 联邦政府与地方政府的作用有机结合

比如，在征收生态税方面，美国就既有联邦一级的汽油税，又有各州的汽油税率。在矿山复垦方面，既有联邦政府关于某种矿产开发的统一法规，也有各地不同的法规。这种情形能较好地适应美国作为一个大国各地情况很不一样的情形，有利于各州根据实际情况制定相应政策。

3. 注重运用法律规范

市场经济也是法制经济，美国是一个富有法治传统的国家。因此，当美国确立了生态补偿中市场的基础性地位，就必然注重运用法律来界定相关行为者的权利与责任。这在上述事例中也表现得非常明显，比如著名的《土壤银行法案》和《露天采矿管理与恢复（复垦）法》等等。法律的有效施行，为生态补偿政策和相关行为人的权利保护提供了有力保障。

4. 根据生态问题治理的不同对象运用多种不同手段

例如，针对空气污染问题，美国多用生态税；相反，对于农业资源开发问题，使用的却是经济补贴的手段；对于矿山复垦，运用的是保证金制度；对于 Catskills 流域的治理，则是采用售卖流域生态服务的手段。多样手段共同构成了美国相对完整的解决生态补偿的体系。

不过，在这些不同手段的背后，显示的问题实质却是同一的，即对人类行为权利的界定。比如，针对造成空气污染的因素征税，是对人类污染权利的限制；而对农业开发采取经济补贴，显示的则是对私人土地利用权利的肯定。由此显示出一个核心问题，生态补偿的实质是人类关于行为人权利的交换，处理好生态补偿问题的关键是要合理界定人类的各类行为权利。抓住了这个根本，其他问题就好解决了。

第二节　德国的资源开发与生态补偿

德国位于欧洲中部，东邻波兰、捷克，南接奥地利、瑞士，西连法国、卢森堡、比利时、荷兰，北临丹麦，濒北海和波罗的海，面积约 357 114 平方千米（2008 年 1 月），人口约 8 231 万（2006 年底），GDP 达到 2.42 万亿欧元（2007 年底），是欧洲第一、世界第三经济大国。德国不仅经济高度发达，而且山川秀美、空气质量优良，可以说已经初步实现了经济与生态的协调发展。

德国自然资源贫乏，除硬煤、褐煤和盐的储量丰富之外，原材料和能源多依赖于进口，其中 2/3 的初级能源需要进口，这种特点决定了德国的生态维护特别注重资源使用方面。德国农业发达，机械化程度高，农业用地约占国土面积的一半，这决定了其农业政策的重要地位，如何在发展农业生产的同时维护生态平衡也是德国政府必须高度重视的问题。由于德国与多国接壤，与他国共处同一流域，因此，如何与其他国家加强协调，共同搞好流域的生态环境，也是德国生态建设面临的重要问题。再就是，在德国

245

的多党政治中，德国绿党因其注重生态保护的鲜明立场日益发展成德国政治生态中的重要势力，能对德国政局产生重大影响，为分析政治生态、经济生态与自然生态的关系提供了一个较好的视角。基于这些设想，本部分将从以下几个方面来介绍德国的生态补偿。

一、流域内生态补偿的又一个典型
——对易北河流域生态补偿的分析

和前述美国纽约市与上游 Catskills 流域的关系不同，易北河是一条国际河流，上游在捷克，中下游在德国，这种情形决定了易北河流域的整治首先取决于两国政府的协商，不大可能实现下游地区直接与上游水环境保护的各微观主体直接签约。如果除开操作中国家这一实体因素，易北河流域的经验至少给我们提供了关于地区与地区间如何在宏观上协调生态建设的范例。

易北河流经德累斯顿、汉堡等著名城市，对德国的经济发展非常重要。在两德统一之前，它流经了三个国家：捷克斯洛伐克、民主德国和联邦德国，由于三国政治关系很不协调，尽管河水水质日益下降，但并未展开流域整治。1990 年两德统一后，地区政治环境的巨变和经济上加强联系的需要，使易北河流域整治迅速提上议事日程，德国与捷克很快达成双边协议，成立双边组织，开始了对易北河的集中整治。整治的主要目标是减少流域两岸排放污染物，改良农用水灌溉质量，并保持流域的生物多样性。

易北河流域整治的一个重要特色是其组织机构完善。为保证流域整治成功，根据双边协议，双方设置了 8 个专业小组：行动计划组、检测组、研究小组、沿海保护小组、灾害组、水文小组、公众小组和法律政策组。行动计划组负责确定和落实目标计划；检测组负责制定参数目录、建立数据网络；研究小组主要研究采用何种手段保护环境；沿海保护小组主要解决物理方面对环境的影响；灾害组的主要作用是预警和解决污染事故，尽量减少灾害影响；水文小组负责收集水文资料数据；公众小组主要从事宣传工作，定期公告双边工作情况；法律政策组主要解决各行为主体的法律关系问题。各专业小组分工协作，共同构成了流域整治的组织框架。

在经费的筹集方面，渠道也多种多样，主要包括排污费、财政贷款、研究津贴等。对于捷克来说，还包括来自德国的补偿。比如，2000 年德国环保部拿出了 900 万马克给捷克，用于建设捷克与德国交界的城市污水处理厂。排污费的交纳方式是，居民和企业将排污费统一交给污水处理厂，污水处理厂保留一定比例后再上交国家环保部门。此外，根据双方协议，德国在易北河流域还建立了 7 个国家公园，占地 1 500 平方千米；流域两岸设有 200 个自然保护区，禁止在保护区内设厂、建房或从事集约农业等影响生态保护的活动。这些方式与生态补偿一起，构成了一个完整的生态保护体系。经过整治，目前易北河上游水质已基本达到饮用水标准，显示了良好的生态效益。

二、生态税的实施与改革

德国政府对生态税也高度重视。1998 年，德国社会民主党和德国绿党的联合政府上台执政后，德国政府又对生态税进行了改革，改革的重点是能产生严重空气污染的化石燃料领域，改革的方向是逐步提高生态税税率。德国政府对生态税的重视，也反映出了前述德国的生态维护相对注重于抑制资源使用这个特点。

1999—2003 年，德国政府先后 5 次对汽油、柴油每年加征 3 欧分/升的生态税，累计加征 15 欧分/升。从 1999 年 4 月起，对采暖用油加征 2 欧分/升生态税。为鼓励使用低硫燃料，从 2001 年 11 月起，对每升含硫量超过 50 毫克的汽油、柴油再加征 1.53 欧分/升的生态税。从 2003 年 1 月起，又将含硫量标准调整为每升 10 毫克，超过该标准的汽油、柴油每升加征的生态税累计达 16.88 欧分。1999 年和 2003 年，德国政府两次对燃用液化气加征 1.25 欧分/升的生态税，累计加征 2.5 欧分/升。在用电方面，从 1999 年 4 月起，每度电加征 1 欧分生态税。从 2000—2003 年，又先后 4 次对每度电每年加征 0.25 欧分生态税，累计加征 2 欧分/度。

另一方面，为了照顾工农业生产以及鼓励使用清洁能源，德国政府对农林、采矿、建筑、供水、电力等行业的企业用电和取暖材料，生态税税率优惠高达 40%；对地方公共交通使用天然气和生态燃料的交通工具，生态税税率优惠 45%；对农业生产使用的燃油则免征生态税；对使用风能、太阳能、地热、水力、垃圾、生物能源等再生能源发电则免征生态税。[1]

值得注意的是，德国政府的生态税改革非常注重策略运用，在

① 杜放，于海峰，张智华. 德国的生态税改革及其借鉴 [J]. 广东商学院学报，2006 (1).

操作中尽量考虑到了税负者的承受能力、不同税种的差别，实行了有区别、有步骤的改革。比如，对汽油、柴油的加征就是通过 5 年逐年实现的，让税负者逐步适应。天然气、液化气、电力等能源的税率也不一样，即便是对同一税种，不同行业、不同人群的承受力不一样，征税额度也不一样。比如给领取住房补贴和社会救济者以及领取大学助学金的学生一次性发放每平方米 2.5 欧元的冬季取暖补贴，从 2001 年起为乘坐公共交通工具上下班的人提供每千米 40.9 欧分的补贴（2004 年起补贴标准下调为每千米 30 欧分）。在生态税收的支出方面，德国政府将征收的生态税 90％用于补贴养老保险金支出，10％用于环保措施投入。养老保险费费率的下调，也有利于企业投资以创造更多的就业机会。这些措施，尽可能减少了德国生态税改革中的阻力，保护了弱势者的利益，并把它和创造就业机会相结合，在生态保护中同时实现了多重目标，值得我们重视。

总体来讲，德国的生态税改革已经取得了阶段性成功。截至 2004 年，德国企业和个人养老金费率降低了 1.7％，二氧化碳排放减少了 2％~3％，交通能耗第二次世界大战后 50 年一直上升的趋势得到了有效缓解。能源消耗结构得到进一步改善，2003 年，德国的能源消耗总量比 1998 年有所下降，风力、水力发电消耗量却增长了 75％。同时，公共交通客流量上升，2003 年使用公共交通工具上下班的乘客与 1998 年相比上升了 11.5％，汽车尾气排放得到了有效控制。

三、农业开发中的生态补偿

德国农业生态补偿主要表现在两大方面，一是对生态农业的补偿，二是对传统农业的补偿越来越具有生态补偿的性质。

所谓生态农业，是指农作过程拒绝化学药品和化学肥料等的介入，作物本身都是生态绿色产品的新型农作模式。在德国，由于目前生态产品的高价格还不足以弥补其高生产成本和生产水平方面的劣势，从事生态产品生产也需要更多活劳动从而导致农民兼业收入明显减少等因素，从事生态农业经营的农民的收入水平与"传统型农业"经营者相比明显要低。在这种情况下，德国政府如果不采取扶助政策，生态农业要获得快速发展是不可能的。

德国将对生态型农场实施的经济补贴称为维持补贴。表6-2列出了德国的维持补贴标准，仅2002年德国的生态农产品生产获得的资助总额就达到6 100万欧元。①

表 6-2　　　　　　　德国生态农业经营维持补贴标准

单位：欧元/年·公顷

作物类型	蔬菜	一般种植业	绿地	多年生农作物
补贴标准	300	160	160	770

在德国政府的大力扶持下，德国生态农业发展很快，1991年到1998年间，仅勃兰登堡州生态农庄的数量就从21家增加到301

---

① 贾金荣. 德国生态农业发展概况与政策 [J]. 华南农业大学学报：社会科学版，2005 (1).

家，2002 年生态农业经营所提供的食品在整个德国食品零售总额
中所占的市场份额大约为 2.5%，比 2001 年增加了 0.5 个百分点。

德国的传统农业补贴一般认为属于"蓝箱补贴"，现正在经历
向"绿箱补贴"的转变，即越来越紧密地和环境、食品安全、动
物福利等因素相联系，与农民的环保工作如植树造林和清除环境
污染等挂钩，开始具有了生态补偿的性质。这特别明显地体现在
休耕补贴上。

德国以申请补贴的作物面积折合谷物总产量 92 吨为界，分为
强制性休耕和自愿休耕。大于 92 吨的为强制性休耕，休耕面积不
得低于总面积的 10%，小于 92 吨的则为自愿休耕。但如论何种休
耕方式，总面积都不超过 33%。休耕补贴有两种：一是普通的面
积休耕补贴，只要达到规定休耕面积都可以足额领取；一是多年
性休耕，年限至少 10 年以上。它有特殊要求：100 公顷以下的农
场最多可以休耕 5 公顷，100 公顷以上的农场最多休耕 10 公顷。
这种补贴的标准略高一些，每公顷为 700 马克。休耕地的总体要
求是：休耕地不能裸露，应当进行适当绿化；休耕地不能施肥，
不能施农药；休耕地除了可以生产非食品原料之外，如用于制造
生物酒精、生物汽油、生物能源等，不能生产别的农产品，但农
场可以在其上种植自用饲料。2000 年，全德国的休耕补贴标准为
每公顷 642.59 马克，2001 年及以后各年为每公顷 690.02 马克。①
通过休耕，改善了农业生产本身的条件，促进了德国生态环境的

---

① 朱立志，方静. 德国绿箱政策及相关农业补贴 [J]. 世界农业，2004 (1).

好转。

四、关于对森林生态效益的补偿
——主要以巴符州为例

德国的林地分为国有林和私有林，私有林约占 46%。私有林场主的主要目的是追求自身的经济效益，对此，联邦和州政府在直接经营管理国有林，使其发挥生态功能主体作用的同时，积极鼓励、引导私有林向发挥生态功能方向发展。主要措施如下：

一是政府通过经济扶持措施，支持私有林由针叶纯林向针阔混交林、阔叶林方向转变。造 1 公顷阔叶林可得到 8 000 马克政府资助，相当于造林成本的 85%。如巴符州政府对营林的资助每年达 1 亿多马克。

二是国家鼓励私有林场主或农场主退耕还林。巴符州规定，每退 1 公顷农耕地，营造阔叶林则政府补助 8 000 马克，营造针阔混交林则补助 5 000 马克。

三是国家鼓励小型私有林进行联合经营。德国小型私有林场主很多，仅巴符州就有私有林场 26 万个，平均每个仅 1.2 公顷。小规模的农场经营限于资金、技术，很难保证森林生态功能充分发挥，为此，德国政府采取措施鼓励小型私有林联合，政府派出相关人员进行具体指导、技术培训，工资由政府发放。例如巴符州规定，对新建私有林联合体，政府补助其总费用的 40%，11 年后补助减到 30%。

四是与私有林场主签订生态保护合同。如要保留何种植被、田

边的植被如何保护、政府应当补助多少金额等，都在合同中予以
载明，有效地约束了政府与林场主的行为，有利于植被恢复。

五、政治生态与自然生态——生态建设中的政治博弈

生态保护不仅涉及人们发展观念的改变，更关键的是它涉及人
们利益关系的变化，生态补偿的实质就是要通过影响人们利益关
系的变化来达到经济与生态协调发展的目的。因此，生态建设势
必会影响到一国政治生态的变化；反过来，政治生态变化也会对
政府的生态政策和人们的行为选择产生重大影响。德国绿党的崛
起就是一个典型。

德国绿党的产生有深刻的社会背景：第一，传统工业生产方式
造成的严重生态污染已极大地影响到人们健康，一些大城市的污
染甚至已到了无法忍受的程度。第二，第二次世界大战后德国逐
渐进入后工业社会，社会阶层结构发生了重大变化，中间阶层逐
渐成为最大的社会群体。他们受过良好的教育，又有较为体面的
工作和收入，所关心的问题就一般不再是劳动权利和基本生活保
障，而是诸如生态问题、妇女问题。这部分群体就成为了绿色政
治兴起的社会基础。第三，卡尔逊《寂静的春天》和罗马俱乐部
《增长的极限》等著作的发表，使人们对环保问题有了更进一步的
认识。在此背景下，1977 年两次反核行动以暴力流血冲突而宣告
结束，使一些新社会运动人士认识到，应该及时改变原来议会外
反对路线的斗争策略，要组织政党，参与竞选，进行议会内的斗
争。1979 年 3 月，"绿色环保名单"等新社会组织的代表齐聚法兰

253

克福，决定成立统一组织——"绿色政治协会"。1980 年 1 月，各地的绿色组织再次聚会卡尔斯鲁厄，德国绿党正式成立。

作为一个新生的政党，德国绿党最初的影响还比较有限，一些传统人士一度还希望绿党自生自灭。但是，德国绿党却通过自身不断努力，逐渐发展壮大，最终改变了德国政坛的格局，促进了德国生态政策的重大改进。

德国绿党对德国政坛格局的改变体现在两大方面：一是德国绿党本身逐渐发展成德国第三大党。1994 年德国大选，德国绿党获得了 7.3％的选票，一举超过德国原第三大党自民党，正式成为全国第三大党，在德国的政坛格局中对传统的两大政党基督教民主联盟（简称基民盟）和社会民主党（简称社民党）起着重要的牵制和平衡作用。二是绿党影响的不断扩大，迫使其他政党也不得不进一步"绿化"。比如德国社民党的著名理论家托马斯·迈尔针对 20 世纪七八十年代中北欧社民党的情况曾谈到："来自外部的生态运动的压力，来自内部的即社会民主党内日益壮大的生态主义一翼的压力，丧失选民的危险，这些都在 20 世纪 70 年代进程中和 80 年代初加强了中欧和北欧的社会民主主义政党重新思考自己的进步观并且承认生态应与经济目标处于同等重要地位的意愿。"① 正是这种情况，促使德国社民党在 20 世纪 70 年代开始改变对核能的态度，到 1998 年 10 月，它甚至干脆将分阶段取消核能运用明确地写进与绿党的执政协议中。

---

① 〔德〕托马斯·迈尔. 社会民主主义的转型 ［M］. 殷叙彝，译. 北京：北京大学出版社，2001：31.

　　政坛格局的改变，使德国的生态政策取得了重大进步。比如，在德国绿党和德国民众的强大压力下，德国先后制定了一系列保护生态的法律。1980 年，联邦德国的刑法中就规定了独立的环境刑法条款，1983 年，制定了《控制燃烧污染法》，1994 年德国把环境保护写进了联邦基本法，1998 年，德国颁布《农业和自然保护法》，2002 年又颁布《可再生能源法》等。这些法律的颁布实施，为德国生态建设提供了强有力的保障。德国绿党的经济主张是社会生态市场经济理念，生态税被视为核心内容之一，而前述生态税改革新法案的通过就是德国绿党大力争取的结果。再如，前述 1998 年绿党与社民党联合执政后，联邦政府立即作出分三步放弃使用核能的决策也显然是德国生态环保力量的重大胜利。政治压力在促使人们经济利益发生变化的同时，也促使了德国环保事业在技术上的进步。德国政府已要求企业通过过滤或催化器防止有害物质进入空气，要求工业界和发电站等改装设备以符合最新的环保技术要求等，这些都大大有利于环境的改善。

六、德国生态补偿的特点与启示

　　总结德国的生态补偿，可以看出其主要特点如下：

1. 关于生态补偿的机制与手段

　　德国的生态补偿同样注重利用市场机制并发挥政府的主导作用，比如德国农业中的自愿性休耕、与私有林场主签约维护生态、关于碳排放权交易的安排等。但是与美国相比，德国更加注重运用非市场机制，比如德国政府更加注重利用生态税、农业中的强制性休耕等等。但无论是市场机制还是非市场机制，在德国都取得了很大成功，这反映出两种机制都有自身比较适宜的领域，孰优孰劣，不能一概而论。前者主要适宜于运用在产权清晰、对人类影响生态的行为权利界定清楚的事项上，如自愿性退耕。后者则适宜于运用在产权不甚明晰、交易制度安排特别复杂以致现阶段进行交易安排得不偿失的事项上，如德国对化石燃料就采取了征收生态税的方法。

2. 注重国际协调

这是德国生态补偿政策给人印象深刻的一个方面。德国注重国际协调主要体现在三个方面：一是在流域治理上注意与周边国家协调，易北河流域的治理就是一例；二是注重与欧盟其他国家政策的协调，这是与德国作为欧盟一员的地位所决定的，在生态政策方面不能不受到欧盟总体框架的制约；三是注重与发展中国家协调，承担必要的国际责任，比如德国签署了《京都议定书》，并参与自主限定碳排放量和购买超额排放权的国际市场。这充分反映出，在全球化深入发展的进程中，由于生态环境已经超出了一国所能单独治理的范围，必须国际国内共同努力。

3. 关于生态建设中的政治制约

通过德国的实践还可以明显看出，其生态补偿政策之所以取得重大进步，与德国环保力量尤其是德国绿党的努力密不可分。德

国绿党不仅自身成为德国第三大党，还促进了其他主要政党的
"绿化"，从而成功地促进了德国生态政策的改变。而德国绿党的
成功，反映出的背后实质问题不仅是生态问题本身的重要性，还
有第二次世界大战后德国的社会结构和生态观念的重大变化。看
来，生态政策的成功改变绝不仅仅意味着对政策本身的理论研究，
更不能把希望寄托在其自动实现上，而要综合考虑一国的社会结
构、民众认知等自然生态之外的情形，它也是一个政治过程。

第三节　哥斯达黎加的资源开发与生态补偿

哥斯达黎加是一个发展中小国，位于中美洲地峡，东临加勒比
海，西接太平洋，北与尼加拉瓜为邻，东南偏南与巴拿马接壤，
领土面积约 50 660 平方千米，人口 427 万（2007 年）。哥斯达黎
加地处热带，月均气温一般在 26℃～28℃，年均降水量为 3 300 毫
米，水、热资源丰富。优越的地理环境为它拥有丰富的生态资源
提供了可能，哥斯达黎加面积只占世界万分之三，生物量却占世
界的 5%，是生物多样性密度最高的国家之一。

虽天赐恩惠，但最终还要取决于人类如何利用，哥斯达黎加的
发展也曾历经曲折。哥斯达黎加原住民为印第安人，1502 年哥伦
布发现哥斯达黎加，1564 年正式成为西班牙殖民地，1821 年哥斯
达黎加宣布独立，1848 年成立共和国。但此后一百多年的时间里，
哥斯达黎加仍长期是一个单一种植生产国，严重依赖国际农业市
场，曾经历过"木材周期"、"牛肉周期"、"香蕉周期"、"可可周

期"、"咖啡周期"等。① 其中,咖啡、香蕉的生产至今对哥斯达黎加经济影响巨大。种植业的扩展,使哥斯达黎加毁林开荒日趋严重。哥斯达黎加森林面积曾占国土面积的80％以上,1987年下降到只有21％。1992年底全国52％的土地存在不同程度的侵蚀,土壤侵蚀率达7亿吨/年。加之种植业中广泛使用杀虫剂和化肥,哥斯达黎加的主要河流都出现了较大程度的污染。实践表明,哥斯达黎加传统的经济发展模式已经走到了尽头。

哥斯达黎加政府及时意识到传统发展模式的缺陷,立即调整了发展战略。② 特别是从20世纪70年代末开始,哥斯达黎加开始通过外援项目,进而采取生态补偿等措施致力于改善生态环境,终于成功实现了生态逆转,并建立起了与国际接轨的生态服务产品市场。经过近30年的努力,到2000年,哥斯达黎加森林覆盖率已经恢复到约47％。与此同时,生态旅游也一举超过香蕉出口创汇,成为哥斯达黎加第一大产业。如今,哥斯达黎加不仅经济增长快速稳定,生态环境也非常良好,成为少有的既保持了发展活力,生态亦良好的发展中国家。中国与哥斯达黎加虽然在人口、土地面积、发展模式上存在重大差异,但两国同作为发展中国家,都曾经历或正在经历生态的严重恶化,如何做到生态保护与经济发展的有机统一,其经验值得我们研究。

---

① 陈久和. 生态旅游业与可持续发展研究——以美洲哥斯达黎加为例 [J]. 绍兴文理学院学报: 哲学社会科学版, 2002 (4).

② 唐晓芹. 哥斯达黎加缘何取得经济与社会的协调发展 [J]. 拉丁美洲研究, 2001 (4).

一、国际碳汇市场与哥斯达黎加的碳排放权出口

长期以来，超量的温室气体排放和大气中二氧化碳浓度的增加，导致了全球气候变暖，成为人类面临的最大气候威胁之一。研究表明，当全球大气平均气温增长超过 3℃时，可能会造成严重的环境破坏。如果要避免这种状况，就必须将大气中的二氧化碳浓度至少稳定在 550~650ppm。[①] 因此，如何有效降低经济发展中的碳排放量就成为国际社会面临的一个重要问题。在这方面，由于历史上发达国家的二氧化碳累积排放量远远超过发展中国家，应该对减排二氧化碳负有首要历史责任。

目前为止的理论探索，对解决污染控制、优化环境有两个主要的可行思路，一个是庇古的思路，一个是科斯的思路。庇古的思路前文已述，就是对污染征税，使负外部效应内部化，经济学家一般将之称为庇古税。但庇古税有重大缺陷，它是从一国之内来考虑解决污染问题，而国际间关于污染问题的解决可能要复杂得多。尤其是它可能对落后的发展中国家无能为力，因为这些国家在自己所提供的环境正效应得不到补偿的情况下，可能会因为经济发展的需要而不得不仍走"先污染、后治理"的老路，更何况国际社会还不存在像国内各级政府那样的权威协调中心。也就是说，在现实条件下庇古税无法应用于国际社会的联合行动。科斯

---

① 王伟中，陈滨，鲁传一，吴宗鑫.《京都议定书》和碳排放权分配问题 [J]. 清华大学学报：哲学社会科学版，2002 (6).

的思路则是对交易行为的各方明确产权，于是一个自然的设想便是：如果能明确界定污染者和环境贡献者的权利，当污染者超出了一定界限而环境贡献者又能生产一定量的环境正效应抵消这种消极影响时，则可能通过达成它们之间的交易实现帕累托最优，这正可以弥补庇古税的缺陷。同时，由于发达国家的历史累积量远远超过发展中国家，国际间的减排交易也可在一定程度上使发达国家担负起其应该担负的历史责任，发展中国家也可通过出售环境服务获得生态与经济发展的一定资金。

1997 年 12 月通过的《京都议定书》及其设定的相关机制事实上就是采用了这个思路。《京都议定书》规定，工业化国家 2008 年至 2012 年间温室气体排放量应比 1990 年至少削减 5.2%，这就明确规定了发达国家温室气体排放权利的上界。为保证目标的实现，《京都议定书》又建立了三种基于市场机制的、旨在成功有效地实现减排目标的国际合作机制——国际排放贸易（IET）、联合履行机制（JI）和清洁发展机制（CDM）。这就提供了一种创建新市场的可能。如果某一发展中国家有足够的森林吸收二氧化碳等废气，而发达国家有超过减排规定的排放量，则发达国家可以购买该发展中国家的环境服务以使自己的减排量符合规定。这样的市场就被称为国际碳汇市场。通过如此安排，发达国家与发展中国家可以实现双赢，因为对于发达国家来说，边际减排成本大大高于发展中国家，而对于发展中国家来说，既能保护环境，又获取了经济发展的资金。

《京都议定书》毕竟只是提供了一种可能，而参与其中将这种可能转化为现实并从中获益的第一个发展中国家正是哥斯达黎加。

1998 年，哥斯达黎加在美国芝加哥股市首次抛出了根据其森林吸收二氧化碳能力而发行的减少温室效应气体证券，从而首创了这个称为"出售空气"的新市场。由于意义重大，时任哥斯达黎加总统菲格雷斯和世界银行行长沃尔芬森都出席了交易仪式。通过这个市场，哥斯达黎加每年可从中获得 2.5 亿美元。而据菲格雷斯总统估计，哥斯达黎加每年有能力吸收 1 200 万吨二氧化碳，还有创收 2.4 亿美元的潜力。因此，在国际市场上出售环境服务能给哥斯达黎加带来巨大的经济效益，也部分弥补了它保护环境的机会成本，有利于兼顾环境与发展。从此，森林的环境正效应便在国际市场上有了明确价格，对于环境保护是一个开创性的贡献。

既然要出售环境服务，哥斯达黎加如何保证维持二氧化碳的吸收能力呢，这是一个关键问题。在现阶段，它主要由两个项目计划组成：保护区计划和私人森林项目。

二、保护区计划与私人森林项目

哥斯达黎加的保护区遍布全国，20 世纪 90 年代中期即已接近该国面积的 1/4（见表 6-3）①。

---

① 冷平生. 哥斯达黎加生态旅游的考察与思考 [J]. 北京农学院学报，1997（2）.

表 6-3　　　　　　哥斯达黎加主要的保护区类型及数量

保护区类型	数量	面积（公顷）
国家公园	18	468 471.05
生物保护区	6	168 471.05
封闭自然保护区	1	1 172.20
森林保护区	9	312 493.80
保护带	29	178 163.13
生物圈保护区	21	303 263.00
总数	84	1 432 034.20

保护区主要有两个途径来处理二氧化碳，一是通过防止森林破坏本身，这是最主要的部分，据称可以消化 1 100 多万吨二氧化碳排放指标；二是通过刺激牧场和次生林的重新种植。但这里有一个问题：由于该种交易尚无保险公司提供保险，如果出现了天灾等因素致使保护区计划不能达到售卖合同规定的要求怎么办。为此，哥斯达黎加采取了两个重要措施：第一，通过所有权转移，划定 555 052 公顷森林为国家所有。因为事实表明，私人森林的损失可能要比其他产权形式更难监督，私人森林也比其他产权形式更容易变更用途，因此，此举至少确保了一定的森林蓄积量。第二，它通过生产出比允诺售卖的可贸易碳排放单位更多的量来达到自我保险的目的。比如哥斯达黎加在项目第一年生产的大约 21％作为森林最低保留面积面临挑战时的保险措施，又四分之一被作为森林再生产失败时的保险。这些措施降低了交易风险，增强了市场信心。

　　私人森林项目类似于保护区计划，两者的目的并无二致，都是预防森林损失、促进森林发展，只不过操作的主要对象是私人土地。由于这个重大差异，带来了操作方式的差异。保护区项目是把未来20年的森林碳吸收能力预先卖出，而私人森林项目则是将完成的补偿卖出，一年一次。这显然是由于私人森林项目风险更大，同时也便于私人土地所有者根据机会成本变更其生产计划。总的来看，私人森林项目虽相对缺乏稳定性，但表现更为灵活，是保护区计划的一个有效补充。

　　在交易机制方面，哥斯达黎加政府在这些服务的销售中扮演着中介角色。政府把诸如二氧化碳处理和水文保护的服务卖给国内外买家，所得资金和其他生态收入为这些服务提供补偿。一些从国家公园和其他公共土地产生的服务补偿直接由政府提供，私人土地所有者则根据合约提供服务和获得补偿。事实上，哥斯达黎加政府为交易提供了信用担保，这在当前国际碳汇市场缺乏信用保证的情况下最大限度地保证了交易的进行。为集中处理森林生态补偿的相关事务，哥斯达黎加政府专门创立了国家森林基金（FONAFIFO）。根据哥斯达黎加《森林法》的规定，私有林地的所有者须向国家森林基金提交申请，请求参加私人森林项目，国家森林基金根据法律受理申请后，再与符合要求的所有者签订合同。负责与国内外生态服务的支付方进行谈判的也是国家森林基金，所售生态环境服务收入也是先进入国家森林基金，基金再根据与生态服务供给者的签约情况分别付与。可以说，国家森林基金是哥斯达黎加森林生态补偿制度顺利实施的中心环节，为制度

263

的顺畅运行起到了重要作用。

此外，由于有众多的小土地所有者也参与到项目计划中，如何处理与他们的各种复杂关系也是一个重要问题。如果这些事务完全由政府直接处理，不仅大大增加了政务工作量，而且公正性也值得怀疑。为节约交易成本、提高交易效率，哥斯达黎加还利用了中介组织以协调政府与小土地所有者的关系。中介组织不仅处理所有申请参与环境项目的书面工作，还参与拟订项目计划，参与对项目的监督，甚至提供森林维护和再生必要的技术支持。可以毫不夸张地说，中介组织已成为了哥斯达黎加森林生态环境服务交易市场的高效"润滑剂"。国家森林基金和中介组织的利用，是哥斯达黎加重要的制度创新，这个经验值得我们借鉴。

三、流域服务

森林的生态功能远不止吸收二氧化碳一种，哥斯达黎加的《森林法》就规定了四种：减少温室气体排放（包括减碳、固碳、碳的吸收和储存）；保护水源；保护生物多样性；提供自然景观价值。如何综合利用森林的生态功能，也是哥斯达黎加政府着重考虑的一个问题。其中，哥斯达黎加为森林流域服务提供生态补偿就是颇有特色的一个方面。①

流域服务是指由于区域生态环境的改善带来流域水流状况的相

---

① 本部分主要参考了中国 21 世纪议程管理中心可持续发展战略研究组的《生态补偿：国际经验与中国实践》的相应部分（社会科学文献出版社，2007：213-215）。

应改善，能给流域内相关利益者带来利益增进，这种改善即可被视为森林所有者提供了流域服务。对于森林来说，这种服务可能包括沉积作用的防止、雨水的蓄积、水流丰枯的调节等，这些都可以使水流使用者改善生产状况。

在哥斯达黎加，对这种流域服务提供补偿的典型例子是 Energia Clobal 公司（一私人电力公司）。该公司有两个小的水力发电设备，流域面积分别是 2 377 公顷和 3 429 公顷。由于水流的季节性丰枯和河流沉积物等均对电力生产影响较大，于是该公司以 10 美元/年·公顷的价格付与流域内的土地所有者，用于维持和修复这个区域的森林覆盖。这笔资金将通过 FUNDECOR（The Foundation for the Development of the Central Volcanic Range）转移给国家森林基金。对于这个投资，公司的利益在于让森林覆盖保持稳定的水流。如果每多损失 1 立方米的水，大约相当于损失 1 000 瓦的产出，或者大约损失 0.065 美元的收入。而这些森林有一定的储水能力，能够储存 5 个小时的水。尽管还没有深入的水文方面的分析，但是如果公司能够成功地每年保存 46 万立方米的水，那么公司的投资将得到回报。此外，森林的保护还有利于预防沉积作用，对于公司来说这也是非常重要的，因为电站的蓄水库对沉积作用非常敏感。通过补偿，电力公司和森林所有者实现了双赢。相对于森林的机会成本，10 美元/年·公顷微不足道，但这毕竟开辟了森林获取补偿的又一条途径，和美国纽约市与上游特拉华州 Catskills 流域间的清洁供水交易异曲同工，都有利于促进生态服务供给者的利益最大化。

四、生态旅游

哥斯达黎加得天独厚的自然条件和生态的持续改善，使其生态旅游近年来也获得了快速发展。

生态旅游又称"绿色"旅游，是一种到相对未受干扰的自然区域的旅游，目的是享受和欣赏自然以及附带的文化因素，游人不仅能在良好的生态环境中愉悦身心、猎奇探险，同时还能通过旅游活动了解自然，增强生态保护意识。由此看来，生态旅游首先取决于生态环境自身的优美动人，需要生态环境和配套服务的不断维护和改善，并由此带来收入的增加，因此生态旅游也可以看成一种广义的生态补偿。从作为一种特殊的生态产品通过价格形成而获取收益的角度看，它和国际碳汇交易、出售流域服务等类型的生态补偿并无实质上的区别。

哥斯达黎加的生态旅游业大约兴起于 20 世纪 80 年代末，原本是为喜欢到哥斯达黎加原始丛林作科学研究者提供食宿、交通等服务而产生的，后来引起世界媒体的广泛关注，生态旅游业由此产生。20 世纪 90 年代初，哥斯达黎加政府意识到生态旅游业的重要性，开始有意识地兴建度假村等配套设施，与此同时国家公园和自然保护区数目也快速增长，生态旅游业获得快速发展。目前，哥斯达黎加生态旅游业的产值和创汇额已超过咖啡及香蕉种植业，成为该国的最大产业和国民经济支柱。表 6-4 是哥斯达黎加生态旅游业产值在初兴后的快速增长情况。①

表 6-4　　　　　　哥斯达黎加主要创汇产业创汇额

单位：亿美元

年份	1990	1992	1994	1996	1998	2000
咖啡	2.5	2.2	3.5	4.1	4.3	4.6
香蕉	3.4	4.7	5.8	6.4	6.1	6.5
生态旅游	2.1	2.9	6.6	8.2	9.3	11.7

　　生态旅游业第一大产业地位的奠定，对于哥斯达黎加具有重要意义，它从根本上解决了哥斯达黎加生态保护和经济发展都迫切需要资金的问题，是生态和经济协调发展的良好切合点，有利于当地人民生活的改善，进而促进了哥斯达黎加经济结构和发展战略的转型。看来，将生态旅游看成一种广义上的生态补偿，既可以大大丰富生态补偿的内容，而且它显示出了生态保护本身即是资源开发和富源开发的又一可能的路子。想一想，这是多么美妙的事情啊！

五、哥斯达黎加生态补偿的特点

　　总结起来，哥斯达黎加的生态补偿至少具有如下特点：

1. 善于利用国际生态市场

　　哥斯达黎加的生态补偿留给人们一个非常深刻的印象，就是善

---

① 陈久和. 生态旅游业与可持续发展研究——以美洲哥斯达黎加为例 [J]. 绍兴文理学院，2002（4）.

于利用生态国际市场。哥斯达黎加是一个发展中小国，经济并不
发达，原本主要依靠种植业，生态服务的国内市场很有限。在这
种情况下，如果仅仅依靠自身，就很难跳出传统的资源开发老路，
生态与经济的协调发展很难实现。而在国际市场上，哥斯达黎加
恰恰可以利用根据《京都议定书》安排创建的国际碳汇市场，利
用自身生态优势，获取经济发展和生态保护的资金，并实现发达
国家和发展中国家的双赢。在生态旅游方面，哥斯达黎加也主要
吸引的是国际游客，特别是离自己较近的美国游客。通过国际市
场，哥斯达黎加成功地将生态保护本身作为了资源开发和富源开
发，令人赞赏。这同时也说明，只有立足于本国的实际情况，勇
于创新，一国才能选择正确的生态保护具体路径。

2. 注重利用多种手段充分挖掘生态正效应

生态补偿可以分为两种基本类型，一种是对生态破坏者以惩
戒，形成对其造成负效应的补偿，一种是对生态维护和改善者以
鼓励，形成对其创造生态正效应的补偿。哥斯达黎加的生态补偿
主要属于后一类。但是，森林、湿地等自然区域的生态正效应是
多种多样的，既可以吸收二氧化碳，也可以保护生物多样性，还
可以保持水土、提供景观享受，每一种服务都可能具有交换价值，
如何全方位地充分挖掘这些潜在的交换价值特别值得研究。从上
述实例中可以看出，哥斯达黎加政府对此特别重视，不仅利用了
森林吸收二氧化碳能力的生态效应，还利用了森林通过保持水土
提供流域服务的功能，并根据森林的综合生态效应，大力开发生

态旅游，在现有的条件下尽可能做到了物尽其用。不仅如此，哥斯达黎加通过出售各种生态服务，将生态改善与当地人民生活改善结合起来，在生态改善的同时促进社会进步，这也特别值得我们借鉴。

3. 注重法律规范和政府主导

哥斯达黎加的生态补偿主要属于对创造生态正效应的补偿，这种补偿的受益主体虽然相对更为明确，但市场的不完善（尤其是信用保证的缺失）、生态服务在技术上难以单位分割、产品价值在科学上难以确定等因素，使政府的主导作用仍然不能或缺。如果离开政府的参与，哥斯达黎加的任何一种生态补偿都无法实现，或者效果会大打折扣。显然，哥斯达黎加政府较好地发挥了主导作用，充当了其生态产品在国际市场上出售的策划者、规划者、中间人和担保人，这在保护区计划和私人森林项目中都体现得非常明显。即便在生态旅游业方面，也可以看出哥斯达黎加政府在政策引导、资金支持、统一规划等方面的巨大作用。同时，为规范生态交易各方行为，哥斯达黎加还非常注重制定法律，例如其1969年制定，1986年、1990年和1997年做了重大修改的《森林法》，对于森林生态补偿制度做了完整规定，是哥斯达黎加生态补偿制度设计的主要依据，对哥斯达黎加森林资源保护和开发起到了重要作用。

第四节 以美、 德、 哥三国为中心的综合分析

一、经济发展水平与生态补偿

观察上述三国生态补偿的大致时间，美国开始于 20 世纪 30 年代，德国兴起于第二次世界大战后，20 世纪 70 年代末 80 年代初发展到一个新阶段，哥斯达黎加真正重视生态补偿则是在 20 世纪 70 年代末以后。再观察三国重视生态保护的缘由，均是由于传统的资源开发和经济发展方式带来生态恶化，造成了生活环境恶化和对可持续发展的威胁。因此，生态补偿从一开始就是与经济发展到一定阶段相联系的，它要为处理好生态保护与经济发展的关系服务。

但生态问题不仅是一个国内问题，也是一个全球性问题。从发展水平的角度分，世界上主要有两类国家——发达国家与发展中国家。对上述三国的进一步分析可知，由于发展水平和对生态破坏负有的历史责任不同，其国家生态补偿面临的条件和任务可能并不一样。美、德等发达国家有充足的资金和先进的环保技术，并且对生态破坏负有主要历史责任，哥斯达黎加等发展中国家则与此相反。因此，发达国家不仅要更加约束本国的污染水平，更要承担更多的国际责任，为发展中国家提供更多的生态保护的资金和技术支持。发展中国家则要转变发展观念，并善于利用国际生态市场和国际援助，既解决生态保护问题，也解决经济发展和生活改善问题。哥斯达黎加的成功经验无疑为我们提供了一个重要

例证。

　　哥斯达黎加的经验同时表明，发展中国家的现代发展之路不仅要善于利用国际社会的资金和技术，更关键的是要转变资源利用方式，在资源开发和富源开发中逐步实现产业的生态化和生态的产业化。哥斯达黎加的"出售空气"、出卖流域服务、发展生态旅游等，就是把生态本身作为产品，全方位开发其潜在价值，成功走出了一条生态与经济的协调发展之路。

　　但是哥斯达黎加是小国，国内区域经济发展不平衡并不明显。而对于发展中的大国来说，这可能是一个严重问题——相对发达地区与不发达地区并存。对比国际社会的相似情形，不发达地区既有对生态破坏相对较轻的历史责任，也相对缺乏环保资金和技术，还面临繁重的经济发展任务，因此，当国内发达地区发展到一定阶段后，就应承担起更多的生态环保职责，方能实现全国范围生态和经济的协调发展。

　　结合中国作为发展中大国的实际，上述分析至少可以得出三个重要结论：

　　第一，在中国的资源开发过程中，需加强国际合作，或通过国际生态市场，或争取国际援助，推动实现经济与生态协调发展。

　　第二，要善于运用产业的眼光来看待生态保护，努力实现产品的生态化和生态的产品化，在资源开发中更加符合生态要求，并将生态保护本身作为资源来开发。

　　第三，国内发达地区应给予不发达地区更多支持。

　　反观我国现实，我国的生态资源开发产业化还相当滞后，产品的生态化规模比较小，利用国际合作远远不够，国内流域补偿至今仍存在重大的体制、机制障碍，先进地区对落后地区的生态转移支付制度尚未真正建立，这些无疑都是我们要进一步努力的方向。

二、关于生态补偿的机制与手段

综观上述三国的生态补偿，在机制方面最大的特点是均比较有效地运用了市场机制。比如美国针对农业资源开发的保护性退耕，哥斯达黎加参与创建的生态服务国际交易市场，德国关于企业必须购买超额碳排放权的规定等。但在另一方面，由于某些领域的特殊性，生态补偿也采取了非市场机制的方式，比如美国、德国的生态税。上文没有提及的哥斯达黎加的燃料税也属于这种情况。此外，在同一问题中也有两种机制相互并存、相互补充的情形，如德国对于农业休耕的补贴，它把休耕分为强制性休耕和自愿休耕，前者属于非市场机制，后者运用的是市场机制。

于是进一步的问题是，就现有国际经验，市场机制到底应在生态补偿中居于何种地位？

针对这个问题，有的研究者总结得出"市场作用的发挥是生态补偿机制建立的关键"[1] 的判断。这大致不差，但也不尽然。一般而言，在生态补偿中运用市场机制是一种更优选择，它至少有两大好处：第一，在价格机制下能够更好地引导生态资源的优化配

---

[1] 尤艳馨. 构建我国生态补偿机制的国际经验借鉴 [J]. 地方财政研究，2007 (4).

置；第二，它将人类行为选择置于自愿的基础上，可以大大减少对政府的可能质疑。但市场机制要充分发挥作用必须具备一系列前提，诸如产权是否明晰、制度是否完善、产品是否可计量等因素均对其有重大影响。生态服务类产品非常特殊，并不一定都能达到此要求。再来看一看前述实例。我们区分了两类不同的生态补偿，一类是对生态破坏者以惩戒，形成对其造成负效应的补偿，一类是对生态维护和改善者以鼓励，形成对其创造生态正效应的补偿。对于后一类，只要供给者的产权足够明确，创造正效应的机会成本或者正效应本身的价值能够大致计算，就确实能够创建市场制度安排供需交易。但对于前一类则要区别对待。实例至少展示了三种不同情况：第一种是限定环境污染者的权利，超出限额部分必须购买排污权，比如国际碳汇交易，这显然是运用了市场机制。第二种是预先规定环境破坏者事后必须恢复环境的责任，并缴纳保证金。这种情况下保证金实际上起着衡量不履行责任的成本的作用，环境破坏者事实上是在和自己交易。如果它不履行责任，则相当于用保证金购买了免责权利；反之，如果成本太高，环境破坏者宁愿选择履行责任。因此，这实质上仍然是市场机制的运用。但第三种情况却不然，由于类似的生态破坏者太多、补偿标准难以确定等因素，比如汽车尾气排放，以至于设计其购买生态正效应或者直接补偿个别受害者的交易制度太复杂，只能暂时使用生态税收等其他方式。由此看来，市场机制是否在所有领域都处于主体地位，则要依照条件的不同，不能一概而论。要采取适合何种机制就运用何种机制，形成以市场机制为主、兼顾非

273

市场机制、多种手段相结合的生态补偿体系。

当前我国的生态补偿实践，既没有充分发挥市场机制的作用，也没有充分利用非市场机制。比如我国西部已实践多年的退耕还林工程，就存在贯彻生态目标不到位、给农民的补偿不到位、政府执行手段简单划一、甚至一些地方政府虚报套利[1]等多种问题。如果适当借鉴美国保护性退耕的做法，在继续发挥政府主导作用的基础上，引入市场机制和竞争机制，就不仅能做到农民自愿，且能进一步规范政府与农民双方的行为，充分发挥政府和农民两个方面的积极性。而在税收、行政等非市场机制方面，我国也明显存在手段单一、标准不科学、类别不齐全等问题。财政部在一篇调研报告中也指出："目前我国对煤、石油、天然气和盐等征收的资源税属于级差资源税，几乎没有保护资源的意图，并非真正意义上的资源税。同时，由于没有对森林、水、草场和滩涂等资源的开发利用征收资源税，导致这些资源破坏严重，不利于经济的可持续发展，无法有效保护生态环境。"[2] 这可谓一语中的。此外，在税收标准、税收征管、税收使用等方面也存在诸多问题。然而，只有真正将这些基本环节完善了，才可能对资源开发方式和经济发展方式形成有效制约。这些都需要我们在改革中逐渐

---

[1] 陈荣清、张立武在礼泉县董家村的调查中就发现了部分老百姓与地方干部"千方百计地多上报退耕还林地，骗取国家退耕还林粮食补助和生活补助"的情况。见陈荣清，张立武. 对我国西部地区退耕还林的调查研究——以礼泉县石潭镇董家村为例 [J]. 内蒙古林业调查设计，2005 (1).

[2] 财政部办公厅协作调研课题组. 财政支持经济增长方式转变的政策措施研究 [OL]. [2005] http：//www. mof. gov. cn/bangongting/zhengwuxinxi/diaochayanjiu/200806/t20080618 _ 46023. html.

完善。

但无论是市场机制还是非市场机制，政府都应当处于主导地位，这在上述三国的生态补偿中也非常明显。政府的主导作用可以体现在多个方面。由于生态环境的破坏和保护均有明显的外部性特征，以及私人决策趋于自利，决定了诸如在权利规定、目标制定、资金支持，甚至在交易协调和信用保证上都必须由政府发挥主导作用。比如美国的保护性退耕，尽管运用的是市场机制，但政府在其中不仅扮演了市场机制的发起者、施行者和规则制定者的角色，本身还作为生态效益的直接购买者参与全过程，明显起到了主导者的作用。其他如法国、马来西亚的林业基金中，国家财政拨付占有很大比重，德国政府仍是生态效益的最大"购买者"等，这些都是鲜活的例子。

再看我国，在过去二十多年里，政府在建立和推动实施生态补偿方面也明显发挥了主导作用，但相比国际经验仍存在一些明显不足，比如政府责任不明确，地方政府之间缺乏协作，生态补偿的市场化改革明显滞后，一些地方政府甚至并不积极等问题仍然存在。因此，如何进一步发挥政府的主导作用，切实强化生态管理部门的责任，加强协调，严格监督，进一步推进体制和机制改革，就成了我国政府必须认真面对的重要问题。

三、法律保证与生态补偿

观察上述三国的生态补偿，非常注重法治是一个共同特点，比如美国1936年的《土壤保护与国内配额法》、1956年的《土壤银

行法》、1977 年的《露天采矿管理与恢复（复垦）法》，德国 1983
年的《控制燃烧污染法》、1998 年的《农业和自然保护法》、2002
年的《可再生能源法》，哥斯达黎加 1969 年通过、后多次修订的
《森林法》等等。不仅是上述三国，其他做得比较成功的国家也是
如此。比如日本的《森林法》规定，国家对于被划为保安林的所
有者以适当补偿，并要求保安林受益团体和个人承担一部分补偿
费用；瑞典《森林法》也规定，如果某林地被宣布为自然保护区，
那么该地所有者的经济损失就由国家给予补偿。

生态补偿需要法律，不仅由法律本身的特殊地位所决定，也是
与生态补偿是一个新生事物联系在一起的。如前所述，生态补偿
实质上是关于人类各行为主体间权利的交换，因此，必然需要关
于权利的准确、明晰、权威的界定，关于制度创设、行为规范的
规定也不可或缺；否则，权利必然得不到有效保护，违规者得不
到有效惩罚，相关行为得不到有效预期。这也是上述国家的生态
补偿最后都走向法治化的深层原因。

反观我国，虽然已经初步形成了包括宪法层次、法律层次、行
政法规和地方性法规的生态补偿法律体系，但目前还很不完善。
比如：对各利益相关者权利义务责任的界定，以及对补偿内容、
方式和标准的规定还不明确；一些重要立法因部门利益争夺等原
因尚付阙如，如关于矿产资源开发的环境责任，就因为地矿部门
与环境部门的主管权争夺而未能制定；一些地方法制观念不强，
法律执行不力，有法不依、违法不究的情况还时有发生；甚至对
生态补偿关键原则的法律阐释也还存在问题。有研究者一针见血

地指出："1989 年的《中华人民共和国环境保护法》确立的'谁污染，谁治理'原则，虽然扩大了责任范围……但是，这两个原则反映的都是点源控制的思想，都是强调污染的个体责任，且容易给人一种错误的印象：污染者只负有治理环境污染的责任，而对他人造成的人身或财产损失不承担责任。"① 随着生态补偿领域市场机制的逐步完善，法制建设要紧紧跟上，以形成比较完备、体现先进补偿思想的生态补偿法律体系。

四、科学研究与生态补偿

国际经验表明，生态补偿也是一个复杂的科学活动，生态补偿政策体系的完善必然需要科学研究的进步。比如森林生态价值的计算就是一个复杂的问题。哥斯达黎加的《森林法》明确规定森林生态价值主要体现在四个方面：二氧化碳的固定、水文方面的服务、保护生物多样性和提供美丽景观。世界各国对森林生态服务功能的认定也大体相同。但是，这每一部分的生态价值到底是多少，目前尚无一个公认的权威计算方法。还有，有研究者指出："实现最优的二氧化碳处理和水文方面的服务会对生物多样性的保护有帮助，但是却不能保证实现生物多样性。生物多样性不是完全与二氧化碳的处理相联系的。"② 如果森林生态服务功能之间并非完全的线性关系，那么如何使森林的生态价值达到最优水平？

① 孙力. 解构与反思：中国生态补偿法律制度探析 [J]. 理论探讨，2007 (2).
② 中国 21 世纪议程管理中心可持续发展战略研究组. 生态补偿：国际经验与中国实践 [M]. 北京：社会科学文献出版社，2007：218.

这些问题不仅是哥斯达黎加的难题，也是其他国家要解决的问题。再如在美国，有研究者对CRP项目的效果进行了专门研究，发现由于退耕引起粮食产量下降，从而导致粮价上升，农民又将一些原本休耕的地用于农业生产，分别抵消了因退耕而降低的水蚀和风蚀程度的9％和14％。① 可见，农业中的保护性退耕的生态效果会发生溢出现象。于是，如何全面地评估各种溢出效应，各国、各地区的溢出效应又是多少，这些问题也需要每一个项目实践者结合本国、本地区的实际进行进一步的研究。当然，生态补偿领域设计的科研方向还有很多，但凡标准确定、价值计算、支付体系、机制设计等方面，都必须综合运用生物学、经济学、政治学、法学、社会学等多学科知识，可以说，生态补偿政策的每一步进展都建立在科学进展的基础上。因此，当前在进行西部资源开发实行生态补偿的过程中，加强科研，进一步弄清诸如西部生态价值的计量核算、西部生态保护与脱贫致富、西部资源开发中生态补偿的特殊性等重大理论与现实问题，大力发展生态环保技术，进行科学的政策设计，建立科学的补偿机制，做到科学评估，必然是今后利用生态补偿促进西部资源开发的努力方向。

五、政治生态与生态建设

所谓政治生态，指的是各种政治力量的结构状态。生态政策的

---

① Junjie Wu et al. Targeting resource conservation expenditures. The Magazine of Food, Farm & Resource, June 1, 2000, 5 (Is-sue 2). 转自于：朱芬萌，冯永忠，杨改河. 美国退耕还林工程及其启示 [J]. 世界林业研究，2004 (6).

调整实质上是人们利益关系的调整，所以生态补偿的进展必然与政治生态的具体变化相联结，受到政治生态的促进或制约。在介绍德国的生态补偿时，我们曾专门介绍了德国政治环境的变化对生态政策调整的重要作用。

再如美国，面对日益严重的环境问题，20世纪60年代以来逐渐兴起了轰轰烈烈的环保运动，对美国和世界均产生了深刻影响。1969年美国民主党参议员盖洛德·尼尔森提议在全国各大学举办环保问题演讲会，随后哈佛大学法学院学生丹尼斯·海斯很快将它变为在全美举行大规模社区活动的构想。次年4月22日，美国2 000多万各阶层人士举行了声势浩大的集会，竟成为第二次世界大战后美国最大的一次社会运动。这次活动对美国政治产生了巨大冲击，美国国会当天被迫休会，纽约市长下令繁华的曼哈顿第五大道不得行驶车辆，任由数十万群众在那里集会。① 这一天成为了"世界地球日"。在强大民意的推动下，美国国会迅速通过了清洁空气法案、清洁水法案、濒危物种法案、海洋哺乳动物法案，并且促成了美国环保署的成立。在欧美先进国家，大约在20世纪六七十年代，"自然之友"、"峰峦俱乐部"、"绿色和平组织"、"世界卫士"等非政府组织蓬勃发展，影响迅速扩大，逐渐形成所谓"绿色政治化"局面。环境保护运动的发展，大大提高了人们的环保意识。根据1990年的民意测验，当时已有73％的美国人都确信自己是一个"环境保护主义者"，近八成的人认为环境问题是最重

---

① 参见 http：//www. people. com. cn/GB/historic/0422/6144. html。

要的社会问题。正是有了全球环保运动的深入发展，使环保力量在政策博弈中逐渐居于优势地位，才有了 20 世纪七八十年代各国生态环境政策的纷纷实施和完善。

从 20 世纪 90 年代以来，我国每年也举行了"世界地球日"活动，民众的生态环保意识也有了很大提高。但相比起来，我国民众的环保意识普遍还比较淡薄，一些地方政府对此也不太重视，一些企业的环保自觉意识还较差，尤其是还没有形成有效促进经济开发生态化的政治机制，这些都必将对我国生态政策的调整和执行造成重要消极影响，值得我们重视。

第七章　国内生态补偿实践

　　随着我国工业化、城市化的加快发展，资源和生态环境约束强化的问题日益突出。近年来，在科学发展观的指导下，保护和建设生态环境的基本国策正在从转变传统的发展理念、发展道路、发展战略、发展模式等各个层面加以落实，已经开展了一系列生态环境保护和建设行动，其中建立生态补偿机制和政策是重要方面。近年来，我国通过开展多种形式的生态补偿实践，取得了明显成效，对于遏制生态环境的进一步恶化起到了积极作用，局部区域有了明显改善，但同时应当清醒地认识到，我国生态补偿的机制和政策仍然不完善，生态环境面临的形势依然非常严峻。因此，对生态补偿的实践进行分析总结，总结各地创造的成功经验，揭示存在的问题，提出进一步完善生态补偿机制的政策措施，具有重要意义。

第一节　森林生态效益补偿的实践

一、我国森林生态效益补偿政策的形成和发展

　　从演变脉络来看，我国森林生态效益补偿的政策经历了从无

到有、从简单到逐步完善的过程，国家在这方面做了很多努力，制定和修正了多项森林补偿的相关法案。

1. 早期的实践和国家文件的正式出台阶段

在 20 世纪 80 年代，我国一些地方开始了森林生态效益补偿的试点工作，如征收水资源费、建立林业开发建设基金、财政补贴林业建设等，但最有代表性的是始于 1978 年的"三北"防护林工程，其整个一期工程和二期工程的前半段都是在 20 世纪 80 年代完成的。1989 年，中央正式提出森林生态效益补偿的政策思路。1992 年国务院在批转国家体改委《关于 1992 年经济体制改革要点的通知》中明确提出："要建立林价制度和森林生态效益补偿制度，实行森林资源有偿使用。"这是"森林生态效益补偿制度"一词首次在国家层面的官方文件中出现。已有的研究基本也将这一文件视为中国政府将建立森林生态效益补偿制度正式纳入政策框架的开始。1992 年原林业部组织了财政部、原国家计委、国家税务总局等 10 个部委，对 13 个省区的生态公益林的经营状况进行了调查，对建立森林生态效益补偿制度达成了共识。国务院曾发文明确提出了建立森林生态效益补偿的意见。

2. 对森林生态效益补偿的探索和收费方案的研究阶段

首先是提出了森林生态效益补偿收费方案。该方案由原林业部于 1996 年 12 月向国务院、财政部提出。其主要思想是：根据"谁受益、谁负担"的原则在全国范围内对受益于生态公益林的单位和个人征收生态效益补偿费以建立森林生态效益补偿基金。其次是提出了政府基金分成方案。该方案由国家林业局和财政部 1999 年 12 月向国务院报送。其主要思想是：从现有的 14 项政府性基金中提取 3‰用于建立森林生态效益补偿基金，并随"费改税"逐步规范纳入政府财政预算安排。具体计征项目包括：养路费、车辆购置附加费、铁路建设基金、电力建设基金、三峡工程建设基金、公路建设基金、民航基础设施建设基金、邮电附加、市话初装基金、民航机场建设费、港口建设费、供配点贴费、市政设施配套费、城市公用事业附加。但是，政府基金分成方案经过 1998—2000 年三年的讨论后仍然没有被采纳。究其原因：一方面是由于这种基金中建基金的做法不符合当时中国财政体制改革的方向；另一方面，这种"拆了东墙补西墙"的做法无法保证森林生态补偿基金有一个长期稳定可靠的资金来源。因此，寻求一个稳妥的、能被各方接受的方案就变得十分迫切。①

3. 补偿制度法律地位的确定以及生态工程中的补偿实践阶段

1992 年以来，在林业部门先后提出收费方案和政府基金分成方案的同时，有关森林生态效益补偿方面的政策、法规相继出台，并最终确定了森林生态效益补偿的法律地位。1992 年，中共中央办公厅、国务院办公厅转发外交部、国家环保局《关于出席联合国环境与发展大会的情况及有关对策的报告》中提出："按照资源

---

① 张小罗. 森林生态效益补偿制度的产生、发展与依据 [J]. 行政与法，2007（6）：96.

有偿使用的原则，要逐步开征资源利用补偿费，并开展对环境税的研究。"1993 年，国务院《关于进一步加强造林绿化的通知》中指出："要改革造林绿化资金投入机制，逐步实行征收森林生态效益补偿制度。"1994 年 3 月 25 日国务院第 16 次常务会议讨论通过的《中国 21 世纪人口环境与发展白皮书》中也要求建立森林生态效益有偿使用制度，实行森林资源开发补偿收费。1996 年 1 月 21 日中共中央、国务院在《关于九五时期和今年农村工作的主要任务和政策措施》中再次明确"按照林业分类经营原则，逐步建立森林生态效益补偿费制度和生态公益林建设投入机制，加快森林植被的恢复和发展"。1998 年 4 月 29 日，九届全国人大常委会第二次会议通过的《森林法（修正案）》中明确规定："国家设立森林生态效益补偿基金，用于提供生态效益的防护林和特种用途林的森林资源、林木的营造、抚育、保护和管理。森林生态效益补偿基金必须专款专用，不得挪作他用。具体办法由国务院规定。"至此，森林生态效益补偿制度被写进法律，为建立此项制度提供了法律依据，但是《森林法》没有明确指出建立补偿基金的具体事宜。

1998 年的"洪灾"使中国生态保护与建设的力度加大、步伐加快。国家先后启动了天然林保护工程（简称"天保工程"）和退耕还林工程。这两项工程的资金投入都具有生态补偿的性质，既包括对天保和退耕引起的机会成本的补偿，也包括对封山育林和还林还草所需的劳动成本的补偿。比较而言，天保工程中的补偿还不够规范，且补偿对象因所有制而异；而退耕还林工程的补偿政策已经趋于完善，不但制定了补偿标准，而且还有检查验收制度。

4. 森林生态效益补偿公共财政预算形成阶段

经过收费方案和政府基金分成方案的讨论以及在天保工程和退耕还林工程中的补偿实践，政府的构建森林生态效益补偿的财政预算单列方案逐渐成形。2000 年 7 月国家林业局再次向财政部提出请求，要求尽快建立森林生态效益补偿基金。2001 年 1 月财政部作出回复同意建立森林生态效益补助基金，建议林业局做好公益林清查。财政部和林业局宣布，森林生态效益补助基金将从 2001 年 11 月 23 日起在全国 11 个省区 658 个县的 24 个国家级自然保护区进行试点，总投入 10 亿元人民币，共涉及 2 亿亩森林。① 这标志着森林生态效益补助资金最终正式被纳入了国家公共财政预算支出体系，成了公共财政对生态林业建设持续稳定的支出。但是这只是在中央一级，在地方公共财政补偿生态效益方面，除了广东等经济发达地区外，多数地区仍然没有启动。

二、我国对森林生态效益补偿实施的三大工程

立足于新世纪经济社会发展对林业的要求，为加快生态环境建设步伐，提高林业工程的质量和效益，国家对林业生产力布局和

---

① 陈波，支玲，刑红. 中国森林生态效益补偿研究综述 [J]. 林业经济问题，2007 (2).

结构进行了战略性调整。经国务院批准，有六大林业工程被正式纳入中国国民经济和社会发展第十个五年计划的国家级重点工程。这六大工程分别为天然林资源保护工程、退耕还林工程、"三北"及长江流域等重点防护林体系建设工程、京津风沙源治理工程、野生动植物保护及自然保护区建设工程、重点地区速生丰产用材林基地建设工程。六大林业重点工程的全面启动，标志着中国林业建设步入了由以木材生产为主向以生态建设为主转变的历史发展新阶段。下面主要介绍其中的三大工程。

1. 天然林资源保护工程

对天然林实施有效保护和科学经营是当前中国生态环境建设和保护工作中最有效、最为迫切的任务之一。为此，党中央、国务院总揽全局，从可持续发展的战略高度作出开展天然林保护工程的重大决策。在 1998 年特大水灾之后，启动了对天然林资源保护工程分布比较集中、生态地位十分重要的 12 个省（自治区、直辖市）的试点工作，云南、四川、重庆、贵州、陕西、甘肃、青海等地相继宣布全面停止天然林采伐，内蒙古、吉林、黑龙江（含大兴安岭）、新疆、海南等省（区）也开始有计划地调减天然林采伐量，并加大了造林和管护力度。2000 年 10 月国务院正式批准实施天然林资源保护工程，实施范围由 12 个省增加到 17 个省。我国实施的天保工程，是以可持续发展为指导思想，以保护森林资源为重要手段，涉及生态、经济、政策、社会等诸多领域的系统工程。天保工程不是简单的停伐减产或人工造林工程，同时要解决天然林保护带来的一系列社会经济问题，实现从产品经济向商品经济、从资源经济向产业经济、从单一经济向多元经济的转变，从而优化林区结构。天保工程不仅要保护林木资源，还要保护生物多样性、维护森林生态系统的活力和健康。在措施上不是大规模的自然保护区式的保护，而是在分类经营的基础上，把保护与科学经营、合理利用相结合。天保工程的实施以保护天然林资源为重要手段，促进林区经济结构和产业结构调整，实现林区可持续发展。同时，要充分调动起各方面相关利益群体特别是当地社区参与天然林保护、经营的积极性，通过替代产业发展、非木质林产品开发利用等从中获得生存和发展机遇。天保工程的特点如下：

一是工程实施范围广。工程范围包括四川、云南、贵州、重庆、陕西、甘肃、青海、新疆、海南、吉林、内蒙古、黑龙江、山西、河南、宁夏、湖北、西藏17个省（自治区、直辖市）20个单位，涉及734个县、167个森工局（县级林业局、林场），共计901个单位。工程建设期限为2000—2010年，连同两年试点，实际工期共13年。工程区林业用地面积185 588万亩。在林业用地中，有林地102 334万亩（其中天然林84 648万亩），疏林、灌木林地35 982万亩，未成林造林地4 957万亩，无林地42 130万亩，其他林地185万亩。

二是工程投资巨大。按照天然林资源保护工程实施方案，工程预计总投资为1 069.83亿元。其中，两年工程试点阶段，中央已投入101.7亿元；2000—2010年期间规划投资968.13亿元，截至2002年底，已累计到位资金350.68亿元，投资完成率92.48%。

其中，中央国债资金投资完成 82.07 亿元，投资完成率 89%；中央国债资金的地方配套资金投资完成 8.75 亿元，投资完成率 89.84%；中央财政专项补助资金投资完成 220.43 亿元，投资完成率 93.7%；中央财政专项补助资金的地方配套资金投资完成 13.05 亿元，投资完成率 96.89%。

三是工程涉及内容多。天保工程涉及的内容：第一是森林资源管护；第二是生态公益林建设；第三是森工企业职工养老保险社会统筹；第四是森工企业社会性支出（教育经费、公检法及医疗卫生经费）；第五是森工企业下岗职工基本生活保障费补助；第六是森工企业下岗职工一次性安置；第七是因木材产量调减造成的地方财政减收，中央通过财政转移支付方式予以适当补助。此外，还明确对森工企业因木材产量调减造成无力偿还的银行债务，实行先停息挂账，然后在清理核实的基础上，通过呆坏账冲销等方式予以解决。鼓励林区发展林下产业，对从事种植业、养殖业和多种经营项目的职工，在符合贷款条件的前提下商业银行给予贷款支持。

2. 退耕还林工程

1998 年长江和松花江、嫩江流域发生特大水灾后，全国上下都强烈地意识到，加快林草植被建设，改善生态环境已成为全国人民面临的一项紧迫的战略任务，影响到了整个中华民族的生存与发展。退耕还林就是从保护和改善生态环境出发，将水土流失严重的耕地，沙化、盐碱化、石漠化严重的耕地，以及粮食产量低而不稳的耕地，有计划、有步骤地停止耕种，因地制宜地造林种草，恢复植被。1998 年 8 月修订的《中华人民共和国土地管理法》第三十九条进一步规定："禁止毁坏森林、草原开垦耕地，禁止围湖造田和侵占江河滩地。根据土地利用总体规划，对破坏生态环境开垦、围垦的土地，有计划有步骤地退耕还林、还牧、还湖。"

退耕还林工程涉及北京、天津、河北、山西、内蒙古、辽宁、吉林、黑龙江、安徽、江西、河南、湖北、湖南、广西、海南、重庆、四川、贵州、云南、西藏、陕西、甘肃、青海、宁夏、新疆 25 个省（自治区、直辖市）及新疆生产建设兵团，共 1 897 个县（含市、区、旗）。优先安排江河源头及其两侧、湖库周围的陡坡耕地，以及水土流失和风沙危害严重等生态地位重要地区的耕地，确定长江上游地区、黄河上中游地区、京津风沙源区以及重要湖库集水区、红水河流域、黑河流域、塔里木河流域等地区的856 个县为工程建设重点县，占全国行政区划县数的 29.9%，占工程区总县数的 45%。

自 1999 年退耕还林工程实施以来，加快了我国的国土绿化进程，生态效益显著。到目前为止，全国累计完成退耕还林任务3.64 亿亩，相当于我国再造了一个东北、内蒙古国有林区，使占国土面积82%的工程区森林覆盖率提高了 2 个百分点，生态状况明显改善，水土流失和风沙危害明显减轻。据四川省生态定位监测，通过实施退耕还林工程，全省年均滞留泥沙 0.54 亿吨，增加蓄水 6.84 亿吨；累计减少土壤有机质损失量 3 646 万吨、氮磷钾损失量 2 083 万吨，平均每年提供的生态服务价值达 134.5 亿元。地处风沙前沿的内蒙古森林覆盖率提高了 4 个百分点，全区生态状况实现了由局部治理、整体恶化向整体遏制、局部好转的重大转变。同时，退耕还林工程造林全部成林后，木材蓄积量将达 10 亿多立方米，每年可吸收二氧化碳 18.3 亿吨，生产氧气 16.2 亿吨，将为缓解全球气候变暖作出巨大贡献。

在"十一五"期间，我国退耕还林工作的总体思路是巩固成果、稳步推进，切实将退耕还林工作与基本口粮田建设、农村能源建设、生态移民、后续产业发展、封山禁牧舍饲等配套保障措施结合起来，解决好退耕农户的吃饭、烧柴、增收等当前生计和长远发展问题，确保退耕还林还草"退得下、稳得住、能致富、不反弹"。同时，适当安排西部地区和其他生态环境脆弱地区 25 度以上水土流失严重的陡坡耕地、严重沙化耕地退耕还林还草。预计到 2010 年，完成退耕地造林 2.2 亿亩，宜林荒山荒地造林 2.6 亿亩（两类造林均含 1999－2000 年退耕还林试点任务），陡坡耕地基本退耕还林，严重沙化耕地基本得到治理，新增林草植被 4.8 亿亩，工程区林草覆盖率增加 4.5 个百分点，使工程治理地区的生态环境得到较大改善。

3. "三北"及长江流域等重点防护林体系建设工程

我国对防护林体系建设一直十分重视。1978 年，国民经济百废待兴之时，国务院就于 11 月 25 日批准了在"三北"地区建设大型防护林的规划。国务院特别强调"我国西北、华北北部及东北西部，风沙危害和水土流失十分严重，木料、燃料、肥料、饲料俱缺，农业生产低而不稳。大力造林种草，特别是有计划地营造带、片、网相结合的防护林体系，是改变这一地区农牧业生产条件的一项重大战略措施"。随后，国家又陆续启动了长江流域防护林体系建设工程、珠江流域防护林体系建设工程、沿海防护林体系建设工程、太行山绿化工程、平原绿化工程等多项重点防护林建设工程，使我国的防护林建设逐步形成一个较为完整的体系。"三北"和长江流域等重点防护林体系建设工程是我国涵盖面最大、内容最丰富的防护林体系建设工程。经过整合后该工程体系包括："三北"防护林体系建设四期工程、长江流域防护林体系建设二期工程、珠江流域防护林体系建设二期工程、沿海防护林体系建设二期工程、太行山绿化二期工程、平原绿化二期工程。工程涉及28个省（自治区、直辖市）的1 696个县，计划造林2 267万公顷，管护森林7 187万公顷。我们以"三北"防护林体系建设四期工程作为代表进行介绍。

根据《全国生态环境建设规划》的总体布局，经国务院批准，"三北"防护林体系建设四期工程包括西北、华北、东北13个省（自治区、直辖市）的590个县（旗、市、区），工程建设区土地总面积39 990万公顷，林业用地面积5 612万公顷，其中有林地面积2 756万公顷，森林覆盖率8.63%。第四期工程建设期限为10年，即2001—2010年。为了与国民经济和社会发展五年计划相衔接，第四期工程分两个时段进行：第一时段为2001—2005年，即"十五"期间；第二时段为2006—2010年。到2010年，工程

区内的森林资源在得到有效管护的基础上，要完成造林任务 950
万公顷，其中人工造林 630.2 万公顷，封山（沙）育林 193.7 万
公顷，飞播造林 126.1 万公顷。森林覆盖率由现在的 8.63% 提高
到 10.47%，净增 1.84 个百分点；治理沙化土地面积 130 万公顷，
毛乌素、科尔沁两个沙地的生态环境有明显改善；东北地区建立
起比较完备的防护林体系；荒漠绿洲建成高标准农田防护林体系；
建成一批比较完备的区域性防护林体系。

"三北"防护林四期工程自 2001 年实施以来，到 2005 年已累
计完成建设任务 271.50 万公顷，其中累计完成造林面积 150.31
万公顷，累计完成封山育林面积 121.19 万公顷，累计完成的建设
任务已占工程规划建设总任务的 28.58%。四年来，累计完成投资
41.38 亿元，其中国家投资 21.58 亿元，分别仅占"三北"防护林
四期工程规划总投资、中央投资总额的 11.69% 和 8.56%。虽然
完成的投资额与"三北"防护林四期工程规划总投资相比差距较
大，但"三北"防护林工程的建设为我国赢得了巨大的国际声誉，
也取得了很大的经济效益和社会效益。

三、我国森林生态效益补偿的案例分析

国家财政建立森林生态效益补偿基金在全国各个省市进行补助
试点工程。广东、福建、浙江等地方财政也拿出了一定的配套资
金，进行地方公益林补助试点。中央森林生态效益补偿基金也随
后建立，其补偿范围进一步扩大，由省区扩大到全国。中央森林
生态效益补偿基金的建立，标志着我国森林生态效益补偿基金制

度的实质性确立，对于促进我国森林生态效益补偿机制的建立和
实施具有极为重要的意义。表 7-1 列出了一些省市地区的森林生态
补偿实践。以下我们具体分析苍溪县天保工程中的生态效益补偿。

表 7-1　　　　国内部分地区的森林生态效益补偿实践①

试点地区	补偿资金来源	补偿内容	补偿用途
四川省青城山	青城山风景区门票收入	市政府从青城山风景区门票收入中拿出 25％给林业部门	护林防火
海南省南湾猴岛	南湾猴岛门票收入	猴岛开发商从猴岛旅游区的门票收入中拿出 10％给县财政部门	保护区的各项支出
河北承德地区和京津地区	北京市、天津市的财政收入	河北省承德地区是北京、天津的水源林区，北京、天津分别给该地区丰宁县补偿金	保护水源地
陕西省耀县	水利保护部门征收的水资源费	从征收的水资源费中提取 10％给林业部门	营造水源涵养林
江西省孟源县	森林生态效益补偿基金	向森林资源环境收益主体征收不同规模的补偿费	天然林保护区的建设
新疆维吾尔自治区	生态效益补偿费，征收范围包括机关、风景区、森林公园、自然保护区	1997—2000 年，以 1996 年自治区财政收入为基数，按每年财政收入增加 0.5％，用于增加林业的收入	增加林业收入
甘肃祁连山	水资源、旅游收入	受益地区征收水资源费的 3％，旅游收入、灾害木清理、科学研究收入的 2％~5％	水源涵养林的保护

----

① 李文华，李芬，李世东，刘某承. 森林生态效益补偿的研究现状与展望 [J]. 自然
资源学报，2006，21（5）.

表 7-1（续）

试点地区	补偿资金来源	补偿内容	补偿用途
内蒙古临河，辽宁省黑山、昌图，吉林省长春	征收防护林生态效益补偿费	对受益与防护林的农田征收补偿费	专项资金，用于农田防护林的抚育和更新改造

资料来源：李文华，李芬，李世东，刘某承. 森林生态效益补偿的研究现状与展望 [J]. 自然资源学报，2006，21（5）.

苍溪县隶属四川省广元市，总人口 762 601 人，其中农业人口 696 259 人，占 91.3%，非农业人口 66 342 人，占 8.7%，全县有农村劳动力 39.5 万个，其中从事农林牧渔 18.8 万个，占 47.6%。苍溪为国定贫困山区县，2002 年全县国民生产总值 171 651 万元，其中林业产值 4 903 万元，占 2.8%。苍溪县属天然次生林区，全县有天然林面积 61 373 公顷，占有林地面积的 78.2%。按权属划分，国有天然林面积 941.5 公顷，集体与个人所有天然林面积 60 431.5 公顷。

1998 年四川省率先颁布了禁伐令。苍溪县立即停止了天然林商品性采伐，大幅度调减木材生产计划和产量，压缩了自用材采伐指标。1997 年国家规定，年森林采伐限额 91 133 立方米，其中自用材指标 60 000 立方米，商品材等指标 11 133 立方米，其他用材 20 000 立方米；实际木材消耗量为 87 440 立方米，其中自用材消耗 57 705 立方米，商品材指标消耗量 10 732 立方米，其他用材 19 003 立方米。1999—2002 年连续四年木材消耗量保持在 43 000 立方米左右，全为自用材，商品材计划为 0。与 1997 年相比，每年实际调减木材产量 44 440 立方米，其中自用材调减 14 705 立方米，商品材调减 10 732 立方米，其他用材调减 19 003 立方米。按此标准，天保工程实施至 2010 年，将调减木材产量 488 840 立方米，其中自用材调减 161 755 立方米，商品材调减 118 052 立方米，其他用材调减 209 033 立方米。

禁伐后，苍溪县关闭了所有木材交易市场和以天然林为原料的木材加工厂，分流安置了 136 名因停采而下岗的职工，组建了由 136 名下岗职工和 842 名农民组成的天保护林队，坚持对 82 476.5 公顷森林进行常年性巡山护林。同时，坚持搞好天保工程生态公益林建设，截至目前，苍溪县累计完成生态公益林面积 4 200 公顷，其中人工植苗 780 公顷，封山育林 887 公顷，人工点（撒）播造林 2 533 公顷。中央按人工植苗 2 400 元、封山育林 840 元、人工点（撒）播造林 600 元的公顷标准投入，已累计完成投资 413.68 万元。1998 年全面禁伐后，国家年投入天保工程资金 418.86 万元，全为中央投资，其中管护事业费 242.8 万元，生态公益林等基本建设投资 176.06 万元。禁伐前林业部门育林基金年收入 196 万元左右，禁伐后育林基金收入近 12 万元，减少 184 万元。国家投入的天保工程资金及部门育林基金收入，主要用于现有林业职工管护森林的费用和实施造林育林工程项目支出。

表 7-2　　　　　　　　苍溪县天保工程完成及投资情况表

年度	森林护管		生态公益林							
	面积（公顷）	国家投资（万元）	面积合计（公顷）	投资合计（公顷）	人工植被		封山育林		人工点播造林	
					面积（公顷）	投资（万元）	面积（公顷）	投资（万元）	面积（公顷）	投资（万元）
2000 年	82 476.5	242.8	467	28.02					467	28.02
2001 年	82 476.5	242.8	1 520	202.8	533	127.92	654	54.9	333	19.98
2002 年	82 476.5	242.8	2 213	182.86	247	59.28	233	19.6	1 733	103.98
合计	247 429.5	728.4	4 200	413.68	780	187.2	887	74.5	2 533	151.98

苍溪县天保工程实施中也存在问题：①实施天保工程，全面禁伐使林农损失最大，特别是林农自留山划为禁伐区，林农利益得不到保障，出现返贫现象，影响了他们造林育林及护林的积极性，乱砍滥伐行为发生频率较高，成为天保工程的一大隐患。②森林管护及生态公益林建设补助标准较低，与实际需要之间有较大缺口，同时地方配套资金不能到位，导致造林亏本，管护不能有效落实，影响了工程实施的延续性。③天保工程主要解决的是国有森工企业，而对集体企业及个体加工企业缺乏支持，这部分企业的转产分流和人员安置有待解决。④农村能源问题显得尤为突出。将一些自留山划为禁伐区、限伐区后，农村薪柴得不到有效保障，导致乱砍滥伐。⑤人工林划为禁伐区、限伐区给造林承包者的利益造成很大损失，承包造林举步维艰，极大地影响了群众造林的积极性，就是暂时保住了林子，今后也难以实施有效保护。

四、基本结论和对策建议

总体而言，我国森林生态效益补偿取得了一定效果，但存在以下问题：①生态效益补偿概念界定不清楚。当前对于建立生态效益制度的理论基础与必要性研究比较成熟和完善，但在实际工作中却难以有效实施和开展，其中主要的原因就是对于生态效益补偿内涵没有清晰的界定，没有形成统一的认识，这样必然导致生态效益补偿制度的性质、目的、范围的不确定性和模糊性。②标准过低，补偿范围不全，难以达到补偿的目的。③补偿标准过于单一，且属于静态标准，没有结合经济发展水平的提高进行动态调整。④缺乏市场化手段。目前对森林生态效益补偿市场化机制的研究还处于起步阶段，其市场化交易的可行性如何，应采取何种交易方式，市场化后可能造成何种生态影响，应该如何制定生态安全准则等方面的研究相对滞后。⑤管理体制不健全。我国目前森林生态效益管理体制建设还处于起步阶段，缺乏补偿活动的政策体系和政策环境，缺少相关的配套机制。⑥法规制度相对落后。现行森林生态补偿制度方面的法律，从其立法动机看，多为应急立法，即当某一类问题表现得突出，对人类的生产和生活造成了一定的阻碍时，仓促立法。⑦森林经营主体的参与度不够。在制定森林生态效益补偿方案时，农民参与决策的程度小，多是被动接受安排。

针对以上存在的问题，提出如下对策建议：

第一，加大政府的支持力度。我国的森林所有权一般属于国家和集体，而且森林生态功能是多方面的，其受益对象也是全方位的，因此政府手段应该仍是森林生态效益补偿的主要措施。但仅仅依靠政府的财政补偿机制不能解决森林生态效益补偿的长期性问题，政府应当积极挖掘私人企业的资金，不仅为森林生态效益补偿提供资金来源，而且有助于引导私人部门改变其行为。

第二，发展补偿多元化融资渠道。森林生态补偿市场化是市场经济体制的必然要求，应当建立森林生态效益补偿交易市场，拓宽森林生态效益补偿的资金渠道，在财政补偿机制的基础上，逐步建立森林生态效益的市场补偿机制。生态补偿的市场化就是森林资源公共物品的外部性能通过私人部门自主协议等市场途径内化，其补偿过程就是生态产品市场供需均衡的结果。建立森林生态服务市场，就能将较大份额的生态服务供给成本转移给非政府部门，减小国家财政压力。

第三，规范补偿制度体系。森林生态补偿制度化是补偿规范化和市场化的制度基础。建立森林生态补偿制度的体系化，就是应将生态补偿的理论基础，补偿的范围，补偿的主体、对象，补偿的方法、机制、政策、法律都贯彻在生态补偿的实施过程中，完善补偿活动的政策体系，营造良好的政策环境，加紧建立配套机制，提供配套服务，营造良好的补偿运行环境。

第四，建立和完善补偿机制的法律基础。建立起森林生态补偿法制化的长效机制，才能在生态补偿中做到自然公平、代内公平、代际公平。① 具体而言，应建立起一套生态环境保护与自然资源利用相统一的环境资源法律体系，避免单就补偿论补偿，减少各部门法之间的冲突，实现环境立法体系的逐步完善和统一；以周全的社会、生态、经济和科学原则为基础，针对森林资源的生态特征，建立专门区域性管理机构和专门的区域性补偿、保护法律，避免区域内相互转移环境成本而加速环境的恶化，以此缓解地方、部门、个人利益的冲突，消除行政区域分割导致的森林生态资源的不合理使用。以上措施将为森林生态补偿的有效实施提供重要保障。

第五，提高群众的生态效益补偿意识，赋予森林经营主体参与权。森林生态效益补偿必须得到全社会的关心和支持，还应注重生态补偿的科普教育和大众宣传，提高群众的生态补偿意识，明确森林生态效益补偿的政策以及责、权、利，并对管护人员进行专业培训，提高其保护森林的效率和能力，使公众积极主动参与到林业保护和建设中去。

第六，加强科学研究，提供补偿理论基础。实现森林生态补偿的首要条件是要建立科学的森林生态系统补偿模型，构建森林生态系统的指标体系，为森林生态补偿提供科学的补偿标准、补偿方式。具体而言，应加紧研究和开发适用于生态资源价值的数量化技术，建立评估机制和评估机构，培训评估人员，掌握生态资源数量化技术，为生态补偿提供数量化的技术保障。另外，建立

---

① 李芬. 森林生态效益补偿的研究现状及趋势分析 [J]. 环境科学与管理，2006 (7).

生态资源存量的年度调查与统计制度，掌握区域生态资源存量的历史变迁和现状变化，根据人们普遍认可的生态环境状况，确定生态资源存量的合理值，为生态补偿制度的实施提供科学依据。

第二节　矿产资源开发生态补偿的实践

矿产资源是工农业生产和社会经济发展必不可少的物质基础，是社会财富的重要源泉。我国95％以上的一次性能源，80％以上的工业原材料，70％以上的农业生产材料均来源于矿业。矿业已经成为我们国民收入的重要基础产业（国土资源部，2003）。矿产资源的开发和利用，既对经济的发展起到了巨大的推动作用，同时也对全球环境产生了巨大影响。由于矿产资源都是深埋于地下的，矿产资源的开发、利用不可避免地要占用和破坏大量的土地并引起环境污染，由此造成原有环境景观的严重破坏并引发一系列难以避免的环境问题。例如：平原变成高低不平的塌陷区，肥沃的农田变成沼泽地，粉尘飞扬，废水、废气渗溢；矿区地下水位下降，含水层枯竭，水体消失，井泉干涸；山体滑坡、土地沙漠化加剧，以及水资源与土壤污染等。因此，如何调整生态损害与保护的关系和加速矿区生态环境的修复就成为我国当前面临的一项十分重要的任务。

生态补偿机制是调整损害与保护生态环境的主体间利益关系的一种制度安排，核心包括对生态环境破坏者和受益者征费和对保护者进行经济补偿，它是保护生态环境的有效激励机制。这种机制是指因矿山企业开采利用矿产资源的行为给矿区周围的自然环境造成破坏、生态环境造成污染，矿业城市失去可持续发展机会而进行的治理、恢复、校正所给予的资金扶持、政府补贴、税收减免及政策优惠等一系列活动的总称。[①] 建立以近期目标为核心，近期可行、可操作性强的生态补偿机制，对于推动我国矿产资源领域生态补偿机制的建立和完善有十分重要的意义。

国内对于矿产资源的生态补偿也有一些研究和初步实践，但相关法律法规不健全，还没有形成统一、规范的管理体系，补偿机制不完善，补偿理论滞后，补偿标准确定缺乏科学依据，没有统一有效的生态政策补偿体系。随着国家对矿区的重视，尤其是资源环境问题演变成全国全面建设小康社会的硬约束，研究和建立矿产资源生态补偿机制和政策体系就成为我国当前的一项十分紧迫的任务。它不仅是中国生态环境保护的有效手段，而且有助于促进脱贫和社会公平等重大的经济社会问题的解决，应引起政府高层和学术界的高度关注。

一、我国矿产资源开发生态补偿的进展及成效

1. 我国矿产资源开发生态补偿的进展

我国从 20 世纪 80 年代中期开始探索实施矿产资源开发的补偿机制，90 年代中期进一步改进，对矿产资源开发征收了矿产资源税，用以调节资源开发中的级差收入，促进资源合理开发利用。

---

① 黄锡生. 矿产资源生态补偿制度探究 [J]. 现代法学，2006 (6)：122.

1994 年又开征了矿产资源补偿费，目的是保障和促进矿产资源的勘察、保护与合理开发，维护国家对矿产资源的财产权益。尽管国家和地方有将补偿费用于治理和恢复矿产资源开发过程中的生态环境破坏的情况，但在政策设计上却没有考虑矿产资源开发的生态补偿问题。1997 年实施的《中华人民共和国矿产资源法实施细则》对矿山开发中的水土保持、土地复垦和环境保护作出了具体规定，要求不能履行水土保持、土地复垦和环境保护责任的采矿人，应向有关部门交纳履行上述责任所需的费用，即矿山开发的押金制度。[1] 这一政策理念，符合矿产资源开发生态补偿机制的内涵。

2005 年 8 月，《国务院关于全面整顿和规范矿产资源开发秩序的通知》[2]中提出探索建立矿山生态环境恢复机制，要求地方各级人民政府应对本地矿区生态环境进行监督管理，明确治理责任，保证治理资金和治理措施落实到位。新建和已投产矿山企业要制定矿山生态环境保护与综合治理方案，报经主管部门审批后实施。对废弃矿山和老矿山的生态环境恢复与治理，按照"谁投资、谁受益"的原则，积极探索通过市场机制多渠道融资方式，加快治理与恢复的进程。财政部、国土资源部等部门应尽快制定矿山生态环境恢复的经济政策，积极推进矿山生态环境恢复保证金制度

---

① 中国生态补偿机制与政策研究课题组. 中国生态补偿机制与政策研究 [M]. 北京：科学出版社，2007：7.

② 参见 http://www.gov.cn/zwhd/2005-09/30/content_73936.htm（中华人民共和国中央人民政府门户网站）。

等生态环境恢复补偿机制。

我国一方面通过立法来规范资源环境管理、保护、治理费用的使用，另一方面通过财税政策建立生态资源保护专项基金，国家财政通过设立国土资源大调查等各类专项资金，加大对基础性、公益性和战略性矿产资源的勘察投入，支持矿产资源保护和矿山环境治理；制定了矿产资源补偿费、探矿权采矿权使用费和价款的征收使用管理办法，研究出台了一系列税收政策，如对部分资源综合利用产品实行增值税优惠政策，调整了包括煤炭在内的部分资源性产品的资源税税额标准等。在立法方面，我国已经逐步确立了土地利用规划、环境影响评价、环保"三同时"勘探权和采矿权许可证制度、限期治理等法律制度。在已经出台的《中华人民共和国矿产资源法》、《中华人民共和国环境保护法》、《中华人民共和国土地管理法》、《中华人民共和国固体废物污染防治法》、《中华人民共和国水土保持法》以及《土地复垦规定》中都对矿产资源综合利用和矿山环境治理提出了要求。正在制定的《矿产资源保护条例》，强调了矿产资源综合利用和矿山环境治理的内容，提出了实行矿山环境影响评估制度和矿山环境恢复保证金制度。

在国家政策法规的指引下，各省市如广东、黑龙江、辽宁、河北、云南、四川等纷纷颁布实施了矿山生态环境保护的地方性法规。1993—2002年，全国已有17个地方不同程度地开展了生态补偿费征收工作，并分别制定了相关管理办法。黑龙江省研究制定了科学的矿产资源开发生态补偿标准体系，要求各地环保部门结合本地实际研究制定和完善矿山环境治理、生态恢复标准,科学评估矿产资源开发造成的环境污染与生态破坏,提出矿山环境整治和生态修复目标要求,同时联合国土资源部门制定矿山环境保护与治理规划,实施环境综合整治和生态修复工程,根据矿山环境治理和生态恢复成本,并考虑矿山企业承受能力和有关受损状况,合理确定提取矿产资源开发环境治理与生态恢复保证金,以及征收矿山生态补偿基金的标准。[①] 浙江省对于新开矿山,通过地方相关立法,建立矿山生态环境备用金制度,按单位采矿破坏面积确定收费标准;也有些地方如广西,采用征收保证金的办法,激励企业治理和恢复生态环境,若企业不采取措施,政府将用保证金雇佣专业化公司完成治理和恢复任务。此外,辽宁省等地方还在严格执行环境影响评价的基础上,对矿山闭坑实行环境保护验收和生态审计。

2. 成效评价

近几年来,在我国一些地区相继启动了矿产资源开发的生态补偿试点工作,取得了一定的成效。通过矿产资源开发的生态补偿,针对产业集中度低,企业过度竞争的状况,政府对一定区域内的企业进行必要的整合,关停布局不合理、资源浪费严重、破坏生态、污染环境的矿山,走企业大型化道路,提高矿业集中度,不仅推动了煤炭产业升级,实现了矿产资源产业集约化、高级化,

---

① 宋蕾,李峰. 矿产资源生态补偿现状及对策研究 [J]. 兰州商学院学报,2006
(4):26.

调整不合时宜的运作方式，而且弥补了矿业城市生态环境成本损失。① 各级政府征收的生态环境补偿费，为生态环境保护提供了有力的经济支持。例如，福建省通过征收生态补偿费，还解决了矿区村民的搬迁和饮水问题。多年的实践表明，生态补偿中征收适当合理的生态补偿费，对于推进矿区生态环境的修复治理，增加矿区安全投入，增强矿区开采企业的基础设施建设，减少矿难的发生都起到了积极的作用。同时，复垦措施得力的矿区，土地侵蚀状况明显改观，植被恢复迅速，野生动物明显增多。煤矿矿山也从生态恢复中获得明显的效益，恢复了生态的土地明显升值。

但是总的状况并不容乐观。我国一些生态补偿试点的做法是用于煤矿的赔偿虽多，但对破坏的土地大多尚未建立长效生态补偿运行机制；在一些复垦较好的矿区，已具备了作为耕地后备资源条件的大部分土地，由于农民无序耕作经营，使矿山生产秩序难以维持；一些地方甚至出现挪用、占用资金的情况，导致已经收取的矿区生态补偿资金往往不能用于矿区土地复垦，使用效率不高，挫伤了企业的积极性。②

二、我国矿产资源开发生态补偿的典型案例

近年来，我国无论是从建立矿产资源政策法规来维护矿区生产

---

① 魏振宽，吴钢，钱铁军. 构建生态矿区的产业援助补偿机制［J］. 经济管理，2007（5）：40-41.
② 黄烈生. 我国煤炭资源开发的生态补偿研究［J］. 集团经济，2007（总第247期）：46-47.

和人民利益方面，还是从建立矿产资源生态补偿税费制度来补偿生态破坏和对环境的污染方面，都取得了有效的进展。有些地区的矿产资源补偿制度已经起步并逐渐建立起来，这对于我国生态保护和经济社会发展有重要作用。了解有关矿产资源生态补偿的相关案例，对于政策的完善，缓解资源与环境的压力有很大的指导意义。下面就以庆阳油田的生态补偿案例做一些介绍和探讨。

1. 庆阳油田概况

庆阳市是位于甘肃省东部的地级城市，这里石油、天然气十分丰富，是陇东油田所在地，而陇东油田是长庆油田的主产区，目前已经探明的石油储量为 28.47 亿吨，居甘肃省第一位。陇东油田是甘肃境内最大的原油生产单位，自 1970 年 9 月长庆油田在马岭的第一口油井——庆 1 井出油以来，经过 30 多年的勘探和开发，目前生产区域涵盖庆阳市除正宁县以外的 6 县 1 区 61 个乡镇，累计生产原油 2 982 万吨，其中 2004 年原油产量达到 208 万吨。30 多年的油田开发，在带动庆阳市社会经济发展的同时，石油开发引起的环境问题也日益凸显，日趋严重，主要表现在对水资源和土地资源的破坏上。

2. 庆阳油田开采带来的环境和社会问题

油田的开发给庆阳市环境和社会带来了很多问题。油田开发对地表水污染很严重，主要表现在两个方面：一方面，市区主要河流被污染。马莲河是贯通庆阳市南北的第一大河流，全长 344 千米，多年平均径流总量 4.47 亿立方米，占庆阳全市地表径流总量的 30.8%。马莲河流域是长庆油田在庆阳市开发最早、密度最为集中的区域。在 20 世纪 80 年代以前，马莲河流域水质较好，是当地群众生产生活的主要水源。随着石油开发的不断深入，由此引发的河流污染问题很快显现出来，并日趋严重。另一方面，北部涉油地区地表水污染严重。庆阳市北部的庆城、环县和华池是长庆油田在庆阳市开发最早的地区，也是主要的石油产区。由于石油开发，造成了这些地区的地表水质下降很快。2005 年庆阳市再次对该地区石油开采比较集中的 18 条支流进行监测，发现有 13 条支流的水质已经超过 V 类水质标准。通过将 2005 年的监测结果与 1996 年、2003 年同一断面监测结果相比对，发现有十多条支流断面的 COD、石油类、挥发酚等污染负荷仍呈上升趋势，水环境质量 10 年恶变。[①] 同时，资源的污染对饮用水源的潜在威胁巨大，地下水污染和过度开发并存，这加剧了庆阳市地下水资源的短缺。

更为严重的是，石油开采造成的不仅仅是对环境的污染和生态的破坏，还出现了其他比较突出的社会问题。首先是企业与地方利益分配不公造成地方发展落后。自然资源归国家所有，一些关系国计民生的重要资源能源的开发都是由国家统一调配，原油作为重要战略物资更是如此。以庆阳地区为例，长庆油田作为中央所属的大型企业，其利润和税收大部分都上交国家，而地方得益并不多。2004 年庆阳市石油企业销售收入达到 71.27 亿元，石油

---

① 高彤. 矿产资源开发的生态补偿机制探讨 [J]. 环境保护，2007 (4)：36-38.

提供大口径财政收入 6.89 亿元（含所有二级单位），其中提供给地方的财政收入 2.04 亿元。作为支柱产业之一的石油开采对地方经济发展带动作用不大，地方发展极其落后。其次，由于环境问题造成的群众返贫现象严重。受油田开发的影响，石油开发已经对马岭镇的琵琶寨、董家滩、下午旗以及三十里铺镇的阜城等 4 个行政村 15 个自然村部分群众的水井水质造成污染。由于水污染，从 1995 年开始井水都不能用了，现在村民生活用水要到 3 千米、5 千米以外，甚至更远的地方去买水。买水费用达 0.08 元/千克，甚至更高，相当昂贵。村民每年买水的费用大约 1 300 元左右，而当地农民的人均纯收入仅 1 800 元。在灌溉工程用水被污染之前，农民可以在耕地里套种高粱、谷子和豆子，亩产可以达到 750 千克。而现在这些地区的农业只能靠天吃饭，不能实行套种，庄稼亩产只有 150~200 千克，并且作物的品质也不好，农民收入锐减。

3. 庆阳市建立矿产资源生态补偿的必要性和相关生态补偿措施

长期的资源开发和廉价的资源输出，给资源产地带来了经济发展滞后、结构不合理、人民生活贫困以及环境损害等诸多历史遗留问题，这些问题必须通过国家建立相应的补偿机制加以解决。以庆阳为例，油田开发对庆阳市有限的水资源带来了污染和浪费，使当地群众在饱受资源型缺水之苦的同时，又面临着水质型缺水的危机，如果不采取强有力的防治措施，很可能就会演变成为"今天'水换油'，明天'油换水'，未来'油水俱缺'"的悲惨局面。庆阳市曾经组织对油田开发造成的生态环境损害情况进行分析，并对生态环境损害造成的经济损失进行了最低水平的定量测算。据粗略估算，每年因油田开发造成的生态环境损失总计约为1.5亿元。落后的经济发展与严峻的环境形势，是摆在庆阳面前的现实问题。仅仅依靠庆阳市的财政能力解决环境问题的困难是显而易见的，因此建立生态补偿机制是现实发展的需要。

甘肃省对庆阳市石油的生态补偿机制的建立作出了很明确的规定，主要有以下几方面的措施和建议：

（1）明确补偿的主体与责任

建立矿产资源开发的生态补偿机制，责任主体相对比较明确。在矿产资源开发过程中，主要得益方，即国家和采矿权人（包括法人和自然人）应该作为补偿者。资源所在地的地方政府和人民应该作为被补偿者。补偿者有责任为被补偿者提供多渠道多方式的补偿和援助，而被补偿者则有义务切实履行监管职责，并且制定政策和措施，治理和恢复当地的生态环境。政府首先从政策、项目和资金等方面，对农田保护、水土保持、环境基础设施建设、污染治理、生态保护等向资源所在地适当倾斜。采矿权人是造成环境问题的直接责任者，不仅应当采取积极措施治理自身污染，而且应从收益中拿出部分资金作为补偿，用以解决生态环境的恢复问题。因此，采矿权人应该是生态环境资金补偿的主要来源之一，必须依据一定的标准，按照其开采的矿产资源的数量，从量交纳一定生态补偿费用，作为生态补偿基金。这些基金必须加强管理，明确用途。庆阳市不仅制定了补偿金等制度，而且已经着手从补偿基金中拿出一部分用于地下水污染的治理。对受污水影响的农户，发放补贴并负责为生活有困难的农户调水以供他们使用。

（2）将生态补偿机制纳入矿产资源开发保护的法律体系中

只有以法律的形式明确生态补偿的主体、补偿的责任、补偿的方式等具体内容，才能切实保证补偿的实施，因此生态补偿的法制化非常有必要。为此，甘肃省和庆阳市在矿产资源生态补偿地方立法方面进行了有益的探索。在庆阳市的积极推动下，甘肃省委、省人大、省政府对油田生态环境保护和建立补偿机制十分重视，在 2006 年 3 月 1 日颁布实施的《甘肃省油田生态环境保护条例》中，已经有了建立石油开发生态环境补偿机制，开征石油开采生态环境补偿费的内容。

（3）建立多渠道、多方式的补偿体系

目前针对矿产资源开发问题，甘肃省有一些补偿的渠道，主要由矿产资源税、矿产资源补偿费、探矿权使用费和采矿权使用费构成，偏重于补偿资源自身的经济价值，没有考虑到补偿环境价值和公平价值，即便是包含了补偿环境价值和公平价值的内容，资金规模也非常小，不足以支持地方政府用于环境改善和谋求再发展。如矿产资源补偿费是矿产资源开发中明确提出的补偿费用，但它的主要目的是用于矿产资源勘察，用于资源和环境保护方面的很少，而且补偿费用返还到资源所在地的比例也非常小。目前矿产资源补偿费的返还比例，国家与省之间是5∶5，而省级政府对资金的使用是根据需要统一调配，并不一定返还资源所在地。如甘肃省资源厅每年在长庆油田征收矿产资源补偿费4 000多万元，返还给庆阳市的仅区区几十万元，不能对地方的生态保护产生多少促进作用。所以，庆阳市采取的措施是广泛动员全社会的力量共同参与，企业负责解决自己造成的环境污染与生态破坏问题，不允许转嫁给社会，庆阳地方政府负责基础设施建设，设施运营费由受益者合理负担。将征收的部分税费集中起来，成立矿产资源保护专项基金，资助自然资源的恢复与保护，促进生态环境保护产业的发展。①

　　通过庆阳市对石油生态补偿的案例，我们可以看出我国对建立矿产资源生态补偿机制已经展开了积极的探索和研究，取得了生态补偿理论和实践方面的一些进展，有些矿区生态补偿的成效已经逐步显现。但是由于矿产资源涉及面广，在实施过程中遇到的问题比较复杂，因此建立有效的矿产资源生态补偿机制还是一个长期的任务。同时，矿产资源的生态补偿过程中还存在着一些突出的问题，认识和解决这些问题对于建立合理有效的矿产资源生态补偿机制有着重大的意义。

① 赵景柱，罗祺姗. 完善我国生态补偿机制的思考 [J]. 宏观经济管理，2006 (8)：54.

三、我国矿产资源开发生态补偿存在的主要问题

虽然矿产资源开发生态补偿在一定程度上促进了资源的合理利用，使矿区生态有所恢复，但是存在的问题也比较突出。

1. 矿产生态补偿机制的法律法规建设滞后，缺少长期的政策支持

虽然我国相继出台了有关法律和政策，但缺乏针对煤炭矿区环境保护特点的法律法规和技术标准。目前，《矿产资源法》及其实施细则、《矿产资源补偿费征收管理规定》中规定有矿产资源的勘探费、开采费，矿产资源补偿费，只是规定了开采矿产资源必须按照国家有关规定缴纳资源税和资源补偿税，而对资源开采造成的生态破坏和环境补偿没有明文规定，成为现行法律体系的一个"盲区"。[①]虽然个别地区开征了生态补偿费和矿区恢复治理保证金，但是国家层面上没有专门的关于矿产资源生态补偿的法律法规，地方政府非常需要国家尽快制定相应法规，为生态补偿提供法律依据。而且，从目前中国实施的生态补偿相关政策来看，很多都是短期性的，缺乏持续和有效的生态补偿政策。而颁布的这些政策大多是以项目、工程、计划的方式组织实施，因而也都有明确的时限，导致政策的延续性不强，给实施效果带来较大的变

---

① 杨晓航，管辖和，黄明杰. 矿产资源生态开发补偿机制的探索 [J]. 中国工程咨询，2007（7）：14.

数和风险。当项目期限过后，当地居民的利益得不到补偿，为了
基本的生活和发展需求，他们就不会再从保护生态环境的角度去
限制自己的生产和开发，从而持续对当地的生态环境形成压力。
实践中有关生态建设的经济政策严重短缺，导致了受益者无偿占
有生态效益，保护者反而得不到应有的经济激励；破坏者未能承
担破坏生态的责任和成本，受害者得不到应有的经济赔偿。这不
仅使中国的生态保护面临困难，也影响了地区间以及利益相关者
之间的和谐。

2. 矿产资源生态补偿中的税费制度不合理

我国现在矿产资源有偿使用制度的基本特征是"税费并存"，
即资源税和矿产资源补偿费同时存在。我国的补偿费率是由国家
确定的，过低的补偿费率起不到维护矿业再生产连续循环的作用，
过高的费率又会加重矿山企业的负担。我国矿产资源生态补偿费
的费率按矿种分别规定，费率为 0.5％～4％，平均费率为 1.8％，
不仅远远低于发达国家的平均费率，甚至低于众多发展中国家的
费率。就我国目前的情况看，不能真正体现其设立初衷"保障和
促进矿产资源的勘察、保护与合理开发，维护国家对矿产资源的
财产权益"[1]。而对于资源税，我国一直实行从量计征，按照"普
遍征收、级差调节"的原则，就资源赋存状况、开采条件、资源
等级、地理位置等客观条件的差异而规定了幅度税额。这是不妥

---

[1]　中国生态补偿机制与政策研究课题组. 中国生态补偿机制与政策研究 [M]. 北京：
科学出版社，2007.

的。首先，资源税从量计征，即征收多少与企业盈利情况没有直接关系，无论企业是否盈利、盈利多少都要征收同等数量的税。其次，不能调节不同矿种间的收益差别，比如煤炭和石油行业的利润水平差距很大，但是两者的资源税税负却很接近，这对于我国矿山企业来说是非常不公平的，容易挫伤矿山企业的积极性。

3. 矿产资源开发生态补偿没有统一的标准，补偿的主体不明确，补偿金无保证且使用中存在很大漏洞

一是生态补偿没有统一的标准。生态补偿的一个核心问题是补偿标准的确定。目前国内有两种观点，一种核算方法是依据矿产资源开采造成的生态功能的损害，即由矿产资源开采导致的生态效益损失来估计补偿费的征收标准；另一种方法是根据矿区生态环境恢复治理费用核算补偿资金。无论哪种方法，生态补偿评估方法都仅仅是理论研究，不能得出统一的补偿标准。二是补偿主体不明确。作为监管者的政府一直代替破坏者履行修复治理义务，从而使生态环境的恢复治理处于被动地位。目前我国的矿区生态环境补偿主要依靠中央政府的财政拨款和补贴，地方政府组织修复治理。由于地方政府自有资金不足，对国家投入依赖性很强，各地方矿产资源修复治理面临资金不足的矛盾。三是补偿资金没有保证。政府虽然向企业征收耕地占用费、矿产资源补偿费、资源补偿税、青苗补偿费、水土保持费等，但大部分税费并没有用于生态环境的恢复治理，或者并不具有生态补偿的意义。比如，资源补偿费和资源补偿税不是对生态环境的补偿，而是用于补偿级

差收入和矿产勘探支出等。

4. 矿产资源生态补偿的资金收取和使用存在较大漏洞

为了维护自然环境的再生产，收取的费用必须再投入到自然环境资源的恢复、保护与增殖项目中去，但被挪作他用的现象却时有发生。个别地方违反国家有关规定，弄虚作假，挪用环保专项资金，用于办公用房的租赁、改造、建设，以及参与非法高息吸存和投资典当行，造成了严重损失和浪费。挪用的另一个表现形式，也是最普遍、最不被人注意的形式就是，有的地方根据管辖权限收费并安排使用。这就导致位于一地的开发者向在另一地的管辖者交费，当地自然环境资源的破坏就不能得到补偿，这部分价值实际是被挪到别处使用了。

四、完善我国矿产资源开发生态补偿的主要措施

1. 运用国家行政法律手段对矿产资源进行生态补偿

一是在已有法律条款基础上，紧密结合矿区环境的特点，建立符合我国国情的矿区生态补偿法律法规体系。根据我国已经颁布的环境保护和土地管理的一些相关法律法规，对煤炭矿区生态环境修复治理的主体（治理者）作出了明确的规定，明确了生态补偿的主体与客体。补偿的原则和依据在已有法律条款基础上，紧密结合矿区环境的特点，建立符合我国国情的生态补偿法律法规体系和技术标准体系，这一体系应覆盖矿区发展的全过程。二是对不同类型矿山进行生态环境影响评价和治理。对新建矿山严

格执行环境影响评价制度，保障矿业开发与生态保护的协调发展；对已建矿山，加强监管，全面实现生态环境达标，并制定综合的、科学的闭坑计划，提高生态环境恢复水平；对已关闭的矿山，加强对生态环境变化和影响的动态监测；对历史遗留的矿山生态环境问题，区别不同行业、不同地区、不同企业，实行不同的国家和地方财政扶持政策，共同推进矿山环境的恢复和治理。[①] 三是进一步加强生态保护执法力度，并进行必要的行政干预和强制，切实为自然资源的合理利用、生态环境的有效保护提供可靠保证。同时，要进行生态执法体制的改革，努力消除现阶段条块分割与部门职能交叉现象；实行垂直管理，减少地方保护主义对生态执法的压力，彻底解决执法力度、监控力度不足的问题。要规范生态环境补偿费的征收、使用行为，建立反哺的生态环境补偿费管理体系。

2. 应用宏观调控手段进行矿产资源管理和生态补偿

一是从源头抓起，从矿产资源开采项目的立项、设计、建设之初就应做好生态环境保护工作，减轻矿业开发活动对生态环境的破坏。要禁止批准对生态环境产生不可逆转性破坏的矿产开发项目；禁止在自然保护区和生态脆弱区开采矿产资源；限制在人口密集区、环境敏感区开采矿产资源。对新上的矿产开发项目，矿山基建时环境保护的设施、环境问题的预防工程必须与主体工程

---

① 晁坤，陶树人. 我国矿产资源有偿使用制度探析 [J]. 煤炭经济研究，2001 (1)：19.

同时设计、同时施工、同时投入使用，坚决杜绝"先污染，后治理"项目的上马。二要加大对现有矿山企业的监督管理力度，监督矿山企业依法履行环境保护、土地复垦等义务。[①] 应当建立矿山环境破坏监测、报告和监管制度，对违反法律法规和有关政策规定，造成地质破坏和环境污染的，要依法查处，责令限期整改、达标；逾期不能达标的，实行限产或者关闭。三是建立多元化的生态补偿资金投资和保障机制。要切实贯彻"预防为主、防治结合、综合治理"的方针，建立多元化、多渠道的矿山生态恢复治理的投资体制，严格执行矿山生态治理恢复备用金制度，构建矿业开发与环境保护同步双赢的良好局面。要在坚持"破坏者恢复、使用者付费、受益者补偿"的原则下，通过多种方式筹集生态环境建设资金，既要依靠国家投资，也要依靠其他渠道多方筹资。应将征收的部分税费集中起来，成立矿产资源保护专项基金，资助自然资源的恢复与保护，替代资源的开发以及自然资源的综合利用等。

3. 应用经济手段进行矿产资源管理和生态补偿

一是逐步把各种矿产资源直接投入市场，资源价格因素中考虑生态补偿费用，并形成与其他商品的合理比价，最终建立一个可持续的矿产资源价格体系。要调整矿产资源的价格，逐步与世界矿物品价格市场接轨；根据不同的地区和质量，考虑资源的生态

---

① 彭春凝. 论生态补偿机制中的政府干预 [J]. 西南民族大学学报：人文科学版，
　2007（7）：108.

属性，实行差别价格政策，鼓励节约，提高资源的使用效率①；有关部门组织专家对我国主要矿产资源的基准价值量进行评估，为管理和决策服务。二是构建矿产资源开发的生态环境税费体系。主要应继续完善现行的排污收费制度，逐步提高现行排污收费标准，扩大收费范围，切实做到"污染者必须付费、重污染者必须多交费"；逐步把有关资源部门现有的资源补偿收费纳入资源税范围，逐步开征矿产资源税等税种，以规范税费缴交种类和标准；研究和开征生态环境补偿的有关税费，根据矿产资源开发利用过程中所造成的生态破坏程度，征收一定的矿产资源生态补偿性税费；建立和实行税收差异或优惠政策。通过法律文件将这些措施加以明确，对现有收费进行清理，保证各项收费之间关系明晰。三是综合运用多种经济手段。在征收自然资源开发的资源税费和生态环境税费的同时，应注意运用其他经济手段，特别是为生态保护创造市场，如实行资源开发权拍卖和交易，对一些缺乏税费征收标准或难以专门制定标准的开发项目，可在对资源进行价值评估的基础上，对开发权进行招标拍卖，将拍卖所得资金作为生态环境的恢复费用。国家在财政、税收、信贷、投资政策、产业和技术政策等方面，也应对矿区生态环境建设项目实行优惠政策，对生态保护事业予以扶持，制定完善合理的生态经济政策。

① 刘劲松. 中国矿产资源补偿机制研究 [J]. 煤炭经济研究，2002 (2)：11.

第三节　水电资源开发生态补偿的实践

我国水能资源的理论蕴藏量为 6.89 亿千瓦，居世界第一位。但目前我国水电开发的程度相对较低，约为 20%，而发达国家的水电开发程度平均在 60% 以上。根据有关规划，到 2020 年全国水电装机容量将达到 2.7 亿千瓦，开发程度达 68%。水力发电过程不排放污染物，而且水力资源可以因降水而得到补给，因此，水电资源通常被认为是一种清洁的可再生能源。同时，水电资源的开发兼有防洪、航运、供水、灌溉等多种作用，具有较好的生态效益。然而，水电开发在对社会经济发展起积极作用的同时，也对流域的生态环境产生了许多不良影响，如水库淤积、冲刷下游河道、河流水文条件改变、水生生物栖息环境恶化、生物多样性消失、土地淹没以及大规模移民等。因此，在水电开发过程中对造成的生态影响进行合理补偿，是维持生态系统良性发展的极其重要的方面。水电开发生态补偿[①]，是水电及相关产业对社会和环境本身的一种补偿，即水电开发者和受益者支付一定的费用，用于流域生态环境的修复。水电开发生态补偿机制就是研究水电开发生态补偿主体、生态补偿对象之间相互影响、相互作用的规律，通过一定的补偿方式，达到保护流域生态环境的目标。

[①] 孙新章，谢高地，等. 中国生态补偿的实践及其政策取向 [J]. 资源科学，2006 (2).

一、我国水电资源开发生态补偿的现状

20 世纪 70 年代末，我国开始重视水利水电工程的环境影响问题，并且逐步颁布了水电开发环境保护的一系列文件。1988 年 12 月我国颁布了《水利水电工程环境影响评价规范》（试行）（SDJ302－1988），这一文件使得水利水电工程的环境影响评价工作更加规范和深入。1992 年 11 月颁布《江河流域规划环境影响评价规范》（SL45－1992），强调流域规划要把流域的环境保护作为目标，并且首次规定了流域规划要进行环境影响评价。1993 年国家环境保护局发布了《环境影响评价技术导则》（HJ/T2.1～2.3－1993），1997 年 11 月又发布了《环境影响评价技术导则——非污染生态影响》（HJ/T19－1997），明确指出该导则是水电及梯级水电开发项目环评的技术指导性文件。2005 年颁布实施的《国务院实施〈中华人民共和国民族自治法〉若干规定》中明确提出："国家加快建立生态补偿机制，根据开发者付费、受益者补偿、破坏者赔偿的原则，从国家、区域、产业三个层面，通过财政转移支付、项目支持等措施，对在野生动植物保护和利润留成保护区建设等生态环境保护方面作出贡献的民族自治地方，给予合理补偿。"

但是，目前我国现有政策法规中涉及生态补偿的有关条款，对各利益相关者权利义务责任的界定，对补偿内容、方式和标准的规定都不明确，无法按共同原则和法律法规指导和约束各方的经济行为。迄今为止，国家还没有一部严密的可操作的专门涉及生

态补偿的法律法规或具体办法出台。正如国家环保总局副局长祝光耀所言："我国的生态补偿政策仍很不完善，生态系统服务功能的价值没有得到重视，现有的资源法和环境保护法缺乏对生态补偿的明确规定，国家重要生态区域生态保护与建设投入不足，生态税费制度尚未建立，扶贫工作与生态补偿脱节等。建立和完善我国生态补偿政策仍任重而道远。"

我国现行水电开发生态补偿方式有别于国际通行的方式，主要遵循的是"政府主导，水电开发企业负责具体实施"的运行模式，生态补偿主要是从政策补偿、实物补偿、资金补偿、技术补偿等方面来进行，但是在实际的操作中通常都是综合运用多种补偿方式，相互弥补缺陷，优化补偿效果。

政策补偿，即上级政府向下级政府适当授权，给予一定权力补偿。利用政策资源进行生态补偿是十分重要的，实际上"给政策，就是一种补偿"。下级政府在上级政府授予的权限内，制定一系列优惠性的政策，引进资金，扶持当地产业，提高当地自身的补偿能力。

实物补偿是水电开发者和政府运用物质、劳力和土地等进行补偿，解决水电工程建设者、库区居民、移民的部分生产要素和生活要素，改善他们的生活状况，增强其生产能力，使其恢复生态保护和建设的能力。它可以分为两种情况：一是无偿性的实物补偿，就是说从事生态环境保护的主体不计任何报酬地付出劳动，根据其劳动所创造的价值，估计相应的价值金额，并把这部分报酬转化为生态保护与治理基金续存，如在库区周围义务植树等活动所实现的实物补偿；二是有偿的实物补偿，就是以实际支付劳动报酬和实物购置（如所买树苗、草皮等）的多少为补偿的价值金额计量。在目前情况下，实物补偿的例子很多，如水坝建成后，原来施工所占的土地经过修整后返还给库区周围居民，施工企业廉价地为库区周围搬迁用户改、迁、建住所，低价售电、售水给库区周围居民，等等。

资金补偿是最常见的补偿方式。资金补偿是指中央政府或省级政府以直接或间接的方式向生态保护和建设者、库区居民、移民、流域重要生态保护区、水电开发区环保项目、水电开发当地政府提供资金支持，解决他们资金短缺的难题，以便尽快弥补生态损失所带来的损失，从而恢复流域生态建设能力，恢复和改善流域生态系统的功能。从目前的情况来看，资金补偿常见的方式有财政转移支付、补贴、减免税收、退税、信用担保贷款、财政贴息、加速折旧等。其中财政转移支付和补贴比较常见。①财政转移支付。财政转移支付是我国最主要的生态补偿方式，主要通过项目支持和产业支持来实现财政转移支付。项目支持包括库区生态建设与环境保护项目、库区水质净化项目、流域重点生态保护区发展项目、流域生态农业项目、生态移民项目、退耕还林项目，等等。产业支持主要是对库区的优势产业进行财政和税收上的扶持。②补贴。补贴是指政府根据水电开发的形势，为达到流域生态保护的目的，对一些指定的事项，由财政专项资金进行补贴。水电开发生态补偿中财政补贴的内容，主要包括库区搬迁企业补贴、移民补贴、流域环保型企业补贴，等等。

此外，水电开发生态建设需还要有一批高素质的人才，包括管理人才、科技人才、高级技术工人。政府和开发者通过提供无偿技术咨询和指导，培养库区的技术人才和管理人才，输送各类专业人才，提高库区周围居民的科学文化素质和生产技能，运用现代科学技术搞好水电开发的生态建设。

二、水电资源开发生态补偿的典型案例——三峡工程

三峡工程是举世瞩目的跨世纪大型水利水电工程，工程规模巨大，按1993年的物价水平计算，需投资90 019亿元人民币（约15 714亿美元，按1993年汇率），其中水库移民补偿400亿元人民币（约69.19亿美元，按1993年汇率）。水库移民总量达113万人口，重建城镇12座。从1993年开始三峡工程进入实施阶段，截至2003年底，三峡工程投资已实际完成1 000亿元人民币，预计到2009年全部竣工时，工程总投资大约可控制在1 800亿元人民币。

三峡工程对生态与环境的影响，一直是国内外广泛关注的热点问题之一。国家高度重视长江三峡工程的生态与环境保护问题，在三峡工程决策兴建前，我国就依法编制了《三峡环境影响报告书》，在初步设计报告中又专门编制了"环境保护篇"。1994年，国务院三峡建设委员会批准了《长江三峡工程水库淹没处理及移民安置规划大纲》，明确规定了移民安置必须编制相应的环境保护规划。1999年1月，国务院批准了《长江上游水污染整治规划》，提出了2010年前的综合整治方案。在有关生态环境建设投资上，国家将三峡库区列为重点并在资金上予以保证。在此基础上，

2001 年由国家计委组织编制了《三峡库区环境保护和生态建设规划》和《三峡库区水污染防治规划》。可以说，三峡工程对生态与环境保护的重视，在中国大型工程建设史上是前所未有的。

在编制生态环保规划的同时，国家采取有力措施，确保生态环保规划得到认真实施：

第一，建立生态与环境保护组织机构。1995 年，三峡建委办公室会同国家环保总局组建了跨地区、跨部门庞大的三峡工程生态与环境监测系统，对三峡工程涉及的生态和环境问题进行全过程跟踪监测。2001 年 8 月，经国务院批准，专门成立了三峡库区水污染防治领导小组，制定了《三峡库区水污染防治规划》。

第二，加大投入。20 世纪 80 年代末，三峡库区即被列入国家水土保持重点防治区。21 个县市年均投资在 100 万元以上，成为中国在长江流域实施的水土流失治理工程中投资强度最大的地区。同时，国家在 2009 年之前，投资 392 亿元用于三峡库区及其上游流域水污染防治。此外，对与三峡工程配套的环保和生态建设项目，国际机构和组织也提供了大力支持。2002 年 11 月，世界银行向长江中上游云南省、贵州省、湖北省和重庆市提供总额 1 亿美元的贷款支持，用于进行水土保持，三峡库区大部分县市区都被纳入了资助范围。

第三，对污染源进行妥善处置。三峡水库长达 600 多千米，水域面积超过 1 000 平方千米，水库蓄水后会淹没 30 多万平方米的公共厕所，4 万多座坟墓，4 000 多处医院、兽医站、屠宰场等有污染源的场所。这些特殊处所的位置和规模都详尽登记在册，并且通过化学药物处理后用填埋等方法进行了妥善的处置。

第四，在三峡库区实施天然林保护工程、退耕还林和水土保持项目等生态保护措施。近年来，围绕三峡库区生态建设先后启动实施了"山水城市"和"青山绿水"两大战略工程，加快了库区周边生态建设的步伐。到 2003 年底，已实施了生态建设综合治理工程、长江中上游水土流失治理工程、长江中上游防护林工程、天然林资源保护工程、退耕还林（还草）工程和高效农业建设等生态建设重点工程。累计开展水土流失治理面积近 1 万平方千米，基本控制水土流失面积 5 000 平方千米，森林覆盖率大大提高，共建成各级自然保护区 33 个，总面积 6 286 平方千米，保护了一些具有典型意义的自然生态系统、珍稀濒危野生生物、自然遗迹等。

第五，对珍稀动植物进行异地保护。① 例如，国家组织科研机构对库区受影响的动植物进行调查，并分别拟订迁移、繁殖和保护方案，到 2003 年已完成库区珍稀植物 30 种、库区主要优势植物 73 种的异地保存，一些国家重点保护动植物如中华鲟、荷叶铁线蕨、疏花水柏枝等都得到专门安排，有了自己的新家园。2007 年，4 万余条桃花鱼被中科院水生生物研究所的科学家们安全迁移到秭归县永乐、黄家淌水库及茅坪风景区，有 56 种三峡珍稀濒危植物和三峡特有植物落户宜昌国家珍稀濒危植物繁育区。这个繁育区占地 2 公顷，转移来的所有植物悉数存活。"住户"中包括被收入《中国珍稀濒危保护植物名录》的国家一级保护植物珙桐、水杉、

---

① 马明. 为了永远的"猿声"——三峡生态建设及环境保护 [J]. 今日中国，2003 (7).

红豆杉等6种，二、三级保护植物巴东木莲、香果树、金钱槭等，还有三峡特有植物疏花水柏枝和荷叶铁线蕨等。与此相配合，国家批准在三峡周边建立了一批陆上和水上的自然保护区，保护受工程影响的陆生和水生生物。

由于我国在三峡工程建设中坚持把好环保关，投入巨额资金用于改善生态、治理污染，所以到如今三峡库区生态环境状况不仅没有进一步恶化，而且有了多方面的改善，成效较为显著。长江三峡工程生态与环境监测网络连续对三峡工程建设过程中的生态与环境问题进行全面的跟踪监测，结果表明，库区社会、经济继续快速、健康、协调发展，人群健康未出现异常，库区自然生态总体仍维持原有状态，植物种类丰富，渔业资源有所恢复，中华鲟、白鳍豚等珍稀濒危水生动物得到了有效保护；重点工业污染源污染负荷有所降低；三峡工程施工没有对长江干流水质造成明显影响。

虽然三峡生态和环境保护工作已经取得了很大成绩，但目前的情况亦不容乐观。监测结果同时也显示：由于人为活动的影响，库区一些珍稀水禽已成为短暂停留的旅鸟；库区农村能源短缺，薪炭林面积和薪柴量持续下降，水土流失严重；库区崩塌、滑坡等地质灾害增多，经济损失较大；库区船舶污染事故和倾倒垃圾行为时有发生，对江水造成的污染严重；库区污染治理进展缓慢，特别是城市污水处理厂、垃圾处理厂（场）建设滞后，几乎所有污水均直排长江干流及其主要支流，大部分垃圾向长江倾倒或堆弃在江边，给大坝蓄水后的库区水质带来重大隐患。

三、我国水电资源开发生态补偿存在的主要问题

1. 政策法规不健全，补偿政策缺乏操作性，水电资源开发生态补偿机制难以完整建立和有效实施

"积极发展水电"是中国国家能源政策的重要支柱。从我国水电政策的总体情况看，水电是国民经济的基础产业，也是国家鼓励优先发展的产业，但是关于水利水电的政策法规并不具体，也不健全。目前我国水电生态补偿方面立法落后于生态保护和建设的发展，对生态问题和生态保护建设缺乏有效的法律支持，特别是对西部生态保护与生态补偿缺乏专门或针对性的规划与立法。我国生态环境政策仍很不完善，生态系统服务功能的价值没有得到体现和重视，现有的资源法和环境保护法缺乏对生态补偿的明确规定，生态补偿机制的建立在法律支持、政策体制、技术定量、补偿方法上均存在一定障碍。尽管我国推行了"谁受益谁补偿"、"谁破坏谁恢复"、"谁污染谁治理"的生态补偿的普遍原则，但涉及具体补偿行为时，补偿不易量化，补偿主体和受体之间的关系并不明确，在国家层面上实施东西部大尺度区域之间的生态补偿时，此问题就更加突出。

2. 补偿主体单一，以纵向补偿为主，缺乏生态横向转移补偿机制

生态环境保护问题常常是跨区域性的，即使确定了补偿标准和额度，由于财政体制的限制，也会在很大程度上影响资金的筹集、

调配、运作和统一管理，实施难度较大。我国东西部横向区域协调管理体制不健全，缺少跨省市、跨流域、跨部门的区域协调，难以或无法解决跨省市之间、上下游和行业间生态环境补偿问题。目前，我国水电生态补偿的财政转移支付是纵向转移支付占绝对主导地位，即以中央对地方的转移支付为主。① 巨额财政转移支付资金为生态补偿提供了良好的基础，但是，我国生态服务的提供者大多集中在西部，而生态服务的受益者大多集中在东中部，生态服务提供者和受益者在地理范围上的不对应，导致西部生态服务提供者无法得到合理补偿，形成"少数人负担，多数人受益"、"上游地区负担，下游地区受益"、"贫困地区负担，富裕地区受益"的不合理局面。区域之间、流域上下游之间、不同社会群体之间的横向转移支付少之又少。

3. 补偿标准不合理，很多补偿仅仅是补助性质

现行中国水电开发生态补偿政策不完整，还没有一项真正以生态补偿为目的的补偿标准。它们的制定更多的是为其他目标而并非为生态补偿，因此它们并不能形成一个复合的系统来满足维护整个生态系统生态服务功能的需求。由于生态环境问题的复杂性和长期性，水电工程的补偿费不可能像移民安置补偿费一样，按照"原标准，原规模，恢复原功能"的原则，通过实物指标调查，制定严格的补偿标准，然后适当放宽，确定出移民补偿总经费，

① 王建. 我国生态补偿机制的现状及管理体制创新 [J]. 中国行政管理，2007 (11).

因此，目前生态补偿费并不是真正意义上的"补偿"，仅仅属于"补助"性质。①

4. 生态补偿缺乏长期而有效的政策支持

从目前我国实施的生态补偿相关政策来看，很多都是短期性的，缺乏持续和有效的生态补偿政策。在修建水电站时，国家和地方政府会有相应的财政转移支付和专项资金对生态环境进行补偿。但是水电站建成后，国家很难再有相应的资金补偿，因此如何保证水电资源生态补偿的长期运行，是我们应该关注的问题。例如，过去在葛洲坝建设过程中，为保护中华鲟组建了中华鲟人工繁殖研究所，由葛洲坝工程局代管，但是该所现已逐渐变成企业的负担。这是一个深刻的教训。同样其他水电工程的生态与环境补偿项目的实施，也必须考虑项目完成后的长期运行管理问题。

5. 要处理好水电开发与水库移民的关系问题，难度很大

人类社会发展的历史表明，人口的迁移与自然资源、社会经济发展、谋求更好的生存环境和生活水平存在不可分离的内在联系。然而，水库移民是在开发利用水资源过程中因兴建水库引起的数量大、有组织的人口迁移，具有非自愿性质，涉及社会、环境、资源等诸多方面。水库移民常常是水电站建设规模的制约因素，如安置不当会影响成千上万人的生产与生活，影响当地的经济发

---

① 黄真理. 论三峡工程生态与环境补偿问题 [J]. 资源环境，1998 (2).

展、社会稳定和生态环境。

四、完善我国水电资源开发生态补偿的主要措施

1955 年，库兹涅茨（S. Kuznets）提出人均收入与环境的倒 "U" 形曲线关系，该曲线被称为环境库兹涅茨曲线（Environmental Kuznets Curve）。一般地，在经济起飞初期，环境会伴随着经济增长而不断恶化，经济发展到一定的阶段，环境恶化会得到遏制，并伴随着经济的进一步发展而向好的方面转化，而且经济越发达，其环境保护能力也就越强。对一些较发达国家经济发展与环境保护之间关系的实证研究表明，环境污染的峰点，其人均收入水平一般在 4 000～5 000 美元左右。我国经济发展水平较低，人均 GDP 约 2 000 美元左右，按照环境库兹涅茨曲线，我国的环境污染程度仍会处于上升阶段。随着人们对清洁环境需求的增长，我国经济社会发展面临的环境压力也逐渐加大，建立生态补偿机制，增加整个社会的生态供给，减少政府及社会的环境压力，对于保障国民经济长期可持续发展具有重要的战略意义。反思中国目前运行的生态补偿机制，其制定更多的是为其他目标而并非为生态补偿，因此它们并不能形成一个复合的系统，不能满足维护整个生态系统生态服务功能的需求。如何增强生态补偿机制在实践中的效果，发挥其在生态资源与环境保护中的重要功能呢？

1. 健全生态保护法律体系，对水电资源开征生态税费

在国家生态补偿机制的整体框架下，积极鼓励地方探索有效的

生态补偿机制实践模式。当然，这些探索成功的一个前提是有法律和政策的支持。因为如果中央没有制定一个切实可行的法律和政策作依据，地方政府很难有突破性的进展，特别是涉及跨界的问题，国家更应该给予更多的政策和法律方面的支持，以此协调区域间的生态保护。鉴于生态补偿是一项公共事业，而且需要补偿的大多为弱势群体，因此国家要尽快建立健全相关法律，并把生态补偿纳入税收的渠道进行征收和支付，如对水电资源开征生态税费，建立生态环境补偿基金。① 征收生态税，可以保证补偿资金有长期稳定的来源。开征新的统一的生态环境保护税，建立以保护环境为目的的专门税种，可以消除部门交叉、重叠收费现象，完善现行保护环境的税收支出政策。生态税在内容上需要设置具有典型区域差异的税收体制，体现"分区指导"的思想。在生态税推出之前，可以考虑先推出"生态附加税"。生态附加税类似于城建税或教育费附加的形式，可附在三种主要税种（增值税、营业税、企业所得税）上。如三峡年发电量847亿千瓦时，如果每度电提取生态补偿费5厘，仅此一项就可以保住28个像云南省德钦县那样的长江中上游贫困县的原始森林。

2. 建立横向财政转移支付制度

建立地方政府间的横向财政转移支付制度，主要是实行下游地区对上游地区、开发地区对保护地区、受益地区对生态保护地区、

---

① 王建. 我国生态补偿机制的现状及管理体制创新［J］. 中国行政管理，2007（11）.

优化和重点开发区对限制和禁止开发区的财政转移支付，以横向财政转移改变四大功能区之间的既得利益格局，实现地区间公共服务水平的均衡，提高限制开发区和禁止开发区人民的生活水平，缩小四大功能区之间的经济差距。在制定横向生态补偿标准时，要根据不同地区的环境条件等因素制定出有差别的区域补偿标准。在生态功能区区划基础上，科学界定生态效益的提供者和受益者，构建合理的收费机制。具体到水电资源开发的横向转移支付，就是实行区域生态援助计划。西部水电东送可以产生两方面的效应，即能源输入区获得清洁能源，同时扩大了区域环境容量，减少了环境保护的投入；能源输入区将减少的环保投入的一部分用于水电开发区域的生态恢复与建设。通过环境保护投入区域之间的转移，可以有效利用环保资金的边际价值，确保能源输出区的环境质量得到恢复和改善。

3. 探索多种间接和直接的生态补偿方式

第一，水电开发企业实施间接生态补偿。其方式包括：在招工时，优先录用和照顾当地居民；让当地群众优惠或免费用电；定期请水土保持专家，培训当地生态建设者。其中，用电的间接补偿是重要的补偿方式，它能帮助当地群众摆脱对生物燃料的依赖，使当地群众不再砍柴挖草皮，从而减少对植被的破坏，缓解生态压力。第二，积极探索适合库区可持续发展的直接生态补偿方式。从目前情况看，水电开发企业实施直接生态补偿有两种方式可供选择。① 一是将生态补偿金的一部分集中作为生态建设基金，用于服务和支持从事生态建设的相关主体，以及生态建设产品综合加工、精深加工和产业化等。二是给予水库周边移民一定的股份，根据移民直接及间接经济损失，核算移民所占有股份的大小，建立移民生态补偿的长效机制。第三，本着因地制宜、以人为本、贴近需求的原则，进一步探索水电开发混合生态补偿方式。由于各水电开发区域的情况不同，补偿的方式不宜搞"一刀切"。

4. 牢固树立以人为本的观念，处理好水电开发与水库移民的关系问题

水电开发建设中的移民问题涉及人的生存权和发展权的调整，涉及政治、经济、社会、人口、资源、环境、工程技术等诸多领域，属当今世界性难题。新时期的水电开发建设，必须从以人为本的理念出发，彻底改变"重工程，轻移民"的倾向。要把移民脱贫致富作为水电开发的一项重要任务，把能否实现移民脱贫致富的目标作为判断水电开发建设是否成功的重要标准之一，让移民通过水电开发富裕起来。具体可从两方面入手：一是加大对移民的投入。要改变过去按"三原"的原则（原标准、原规模、恢复原功能）以及保持移民生活水平不降低的思路确定移民补偿费用的做法，按照实现移民脱贫致富的要求，提高移民补偿标准，增加移民补偿费用。国家还可以采取配合增加扶贫资金，实施开

---

① 宋洁尘. 西部水电开发三位一体生态补偿设想 [N]. 中国电力报，2006-11-21.

发主体的对口支援等多种方式，加大对移民前期补偿的投入。此外，还应坚持和完善移民后期扶持政策，加大后期扶持力度。二是创新移民安置方式。我国现阶段实行的是开发性移民，即让移民拥有生产手段、生产资料等继续发展的条件。这一思路是正确的，在实践中也取得了较好的效果。但是，我国人口多、耕地少、环境容量小的现实自然条件，给实施开发性移民也带来了很多困难。为此，需要积极探索新的移民安置方式，如投资型移民安置方式，即移民以其土地使用权等作为资本入股，在电站经营中享有一定股权。① 要制定好移民安置规划，在具体安置方法上，要积极创造条件进行外迁安置。要拓宽思路，除了农业安置，还要积极探索结合城镇化建设与改造进行非农安置的办法。总之，要通过安置方式的创新，切实让移民获得可持续发展能力，走上富裕之路。

5. 培育和发展生态资本市场

首先要利用股票市场支持具有比较优势和竞争优势的生态环保企业进行股份制改造，将效益好的企业推荐上市。其次是发行生态环保债券和彩票。② 国家通过发行生态环保债券，可以将社会上的消费基金、保险基金等引导到生态建设和环境治理等生态补偿工程上来，增加生态补偿的资金来源。发行生态彩票，可以吸引

---

① 黄永达. 用科学发展观指导我国水电开发建设 [J]. 理论前沿, 2005 (10).
② 孙新章, 谢高地, 等. 中国生态补偿的实践及其政策取向 [J]. 资源科学, 2006 (2).

民间组织尤其是个人对生态补偿的资金投入,最大限度地筹集社会资金。同时,生态彩票所融集的资金还可作为生态补偿的风险基金来使用,以应对突发性生态环境问题导致的资金短缺等问题。

第四节 流域生态补偿的实践

流域生态补偿是我国生态补偿的重要内容之一,建立流域生态补偿制度对于化解区域利益冲突,促进经济与社会的可持续发展具有十分重要的意义。流域生态补偿是指由于流域上下游之间基于水资源开发利用的受损和受益的不公平,由下游地区对上游地区因保护生态环境而作出贡献给予一定补偿的制度。① 其实质是流域上下游地区政府之间部分财政收入的重新再分配过程,目的是建立公平合理的激励机制,使整个流域能够发挥出整体的最佳效益。流域生态补偿主要是为了解决上下游之间,在水资源开发利用过程中的不公平问题而产生的。

流域生态系统具有单向性和不可逆转性的特征,上游地区对整个流域生态资源的保护作出了主要的贡献,通常要投入大量的资金和人力来植树造林,保护森林植被、湖泊湿地;同时还要禁止发展重污染的产业,限制发展污染密集产业,建立污水处理厂,等等。在上游地区对流域生态进行较好的保护时,有利于保障下游良好的水质和径流量,下游地区即无偿享受到了生态保护的成

---

① 李磊. 我国流域生态补偿机制探讨 [J]. 软科学,2007,21(3):85.

果。正是由于上下游在资源保护方面作出的贡献上的差异性，导致了上下游地区在流域生态资源利用中的不公正问题的产生。对这种流域生态治理中明显存在的成本收益的空间异置和不公正的现象，必须通过流域上下游之间的经济补偿制度来克服，给予上游地区为保护流域生态作出的牺牲以应有的经济补偿。如果上游地区能够得到一部分经济补偿和经济援助，使经济损失控制在生态建设者和环境污染治理者能够承受的范围内，那么上游地区就愿意积极进行生态建设和保护；相反，如果下游地区不给予上游地区以经济补偿，就不会产生上游地区为下游地区生态需求进行考虑的足够动机和激励作用，上游地区保护生态的主动性将受到打击，积极性也相应下降，最终将使下游地区的水安全受到威胁，必将导致生态破坏的恶性循环。如果要保持这种投资的持续性，就要通过制度创新解决好流域生态资源保护者的合理回报。① 根据"谁受益，谁投资"的原则和流域生态经济系统的思想，应当按受益的大小，由直接和间接受益的中下游各省市、特别是发达地区，向中上游实施流域生态保护的地区进行一定的财政补偿和援助。

要建立流域生态补偿制度，就是通过生态保护政策的制度创新，让生态保护成果的受益者支付相应的费用，以补偿保护者所作出的牺牲，从而提高人们保护生态的积极性并使生态资本得以增值。在市场经济条件下，生态保护必须有经济上的补偿才能持续。因此，我国迫切需要综合运用计划、立法、市场等多种手段

---

① 胡熠，黎元生. 完善闽江流域生态补偿机制的立法思考 [J]. 福建论坛：人文社会科学版，2007（11）：116-117.

建立和完善有效的流域生态补偿机制，即对生态环境保护、污染治理者的一种利益驱动和激励机制，以解决下游地区对上游地区、开发地区对保护地区、受益地区对受损地区的利益补偿问题，以及流域内部各行政区域之间、上下游之间存在的利益分配问题，从而促进我国经济与环境的协调和可持续发展，促进和谐社会的构建。

一、我国流域生态补偿的主要政策法规

流域生态补偿机制的建立和运行，离不开有效合理的法律法规和政策制度的保障。政府在此过程中应充分发挥主导作用，为流域生态环境的保护制定相关的政策和法规，完善相关立法，进行有效的管理，促进流域生态建设项目的顺利实施和环境治理工作的有效开展。

流域生态补偿作为生态补偿的重要内容，主要在我国下列一些法律法规制度中有较明确的规定。1992 年 9 月 10 日《关于出席联合国环境与发展大会的情况及有关对策的报告》第 7 条"运用经济手段保护环境"，提出"按资源有偿使用的原则，要逐步开征资源利用补偿费，并开展对环境税的研究"。1996 年 8 月，《国务院关于环境保护若干问题的决定》中规定，各级政府在进行经济、社会发展重大决策时必须对环境保护与经济社会发展加以全面考虑，统筹兼顾，综合平衡。该文件还规定了"污染者付费，利用者补偿，开发者保护，破坏者恢复"的责任原则。污染者不仅要承担预防和治理自己造成或可能造成的污染责任，还要适当负担为进

337

行区域防治或流域防治的费用，对所用的自然资源、占用的环境容量和恢复生态平衡予以补偿。文件指出要建立并完善有偿使用自然资源和恢复生态环境的经济补偿机制。2000 年国务院颁布的《生态环境保护纲要》等重要政策文件，都明确提出要建立我国的生态保护补偿机制。

在 2002 年修订的《中华人民共和国水法》中，强化了水资源的流域管理，注重在流域范围内进行水资源宏观配置。"新水法"中多处提到流域管理机构，从遵循水资源流域管理这一客观规律的角度，理顺了水资源的管理体制，强化了水资源的统一管理，确立了流域管理机构的法律地位。"新水法"第 12 条规定，"国家对水资源实行流域管理与行政区域管理相结合的管理体制"，"国务院水行政主管部门在国家确定的重要江河、湖泊设立的流域管理机构，在所管辖的范围内行使法律、行政法规规定的和国务院水行政主管部门授予的水资源管理和监督职责"。第 22 条规定："跨流域调水，应当进行全面规划和科学论证，统筹兼顾调出和调入流域的用水需要，防止对生态环境造成破坏。"这促使了水资源的开发利用更加符合水资源可持续发展的要求。第 34 条规定，"使用供水工程供应的水，应当按照规定向供水单位缴纳水费"，"对城市中直接从地下取水的单位，征收水资源费；其他直接从地下或者江河、湖泊取水的，可以由省、自治区、直辖市人民政府决定征收水资源费"。同时，"新水法"为建立流域生态效益补偿基金提供了法律依据，对促进流域生态补偿效益制度的建立和完善起到了十分重要的作用。

在《水污染防治法》、《水土保持法》和《环境保护法》等水资源管理法中也不同程度地纳入了生态补偿的内容。《水污染防治法》修订草案二审稿中还增加了国家通过财政转移支付等方式，建立健全对位于饮用水水源保护区区域和江河、湖泊、水库上游区域的经济不发达地区的水环境生态保护补偿机制。《国务院关于落实科学发展观 加强环境保护的决定》中要求"要完善生态补偿政策，尽快建立生态补偿机制。中央和地方财政转移支付应考虑生态补偿因素，国家和地方可分别开展生态补偿试点"。《国务院2007年工作要点》中将"加快建立生态环境补偿机制"列为抓好节能减排工作的重要任务。《节能减排综合性工作方案》中也明确要求改进和完善资源开发生态补偿机制，开展跨流域生态补偿试点工作。2007年8月24日，国家环保总局下发了《关于开展生态补偿试点工作的指导意见》。这一文件的出台，标志着我国在推动建立生态补偿机制方面又迈出了重要一步。

二、我国流域生态补偿机制的实践探索

流域生态补偿机制是生态补偿机制的重要组成部分。所谓流域生态补偿机制，是指为维护、恢复和改善流域生态系统服务功能，实施流域生态补偿的一种制度架构和组织安排，由流域水环境管理权威机构或上级人民政府作出的调节流域上中下游水生态保护

者、受益者和破坏者之间经济利益关系的一组制度安排。① 构建流域生态补偿机制，实质上就是通过横向财政转移支付的方式，将上游生态保护成本在相关行政区之间进行合理的再分配。在我国，流域生态补偿的内容主要包括：上中下游跨区域调水的生态补偿、上中下游生态环境效益补偿以及下游滞洪区退田还湖的补偿。②

　　自 20 世纪 90 年代，我国就已经开始在生态补偿方面进行了研究和实践探索。目前，国家有关部门正在一些重点领域开展生态补偿的试点工作，探索建立生态补偿标准体系，以及生态补偿的资金来源、补偿渠道、补偿方式和保障体系，为全面建立生态补偿机制提供方法和经验。国家发改委也明确表示，按照"谁开发、谁保护，谁受益、谁补偿"的原则，逐步建立生态补偿机制。要研究建立重点领域生态补偿标准体系，落实补偿各利益相关方责任；探索多样化的生态补偿方法、模式，建立试点区域生态环境共建共享的长效机制；推动相关生态补偿政策法规的制定和完善，促进重点领域、重点区域生态环境的保护和改善。国家环保总局下发的《关于开展生态补偿试点工作的指导意见》中明确指出，将自然保护区、重要生态功能区、矿产资源开发和流域水环境保护的生态补偿机制四个领域作为开展生态补偿试点工作的重点领域。

---

① 虞锡君. 构建太湖流域水生态补偿机制探讨 [J]. 农业经济问题，2007（9）：57-58.
② 李磊，杨道波. 流域生态补偿若干问题研究 [J]. 山东科技大学学报：社会科学版，2006（1）：51.

　　在国际有关生态补偿的法律法规政策指导下，我国一些地区积极开展了探索建立生态补偿机制的实践工作，一些省市地方政府结合本地实际情况，出台了具有地方特色并符合地方生态、经济协调发展的区域生态补偿规定，且取得了较好的实施效果，为进行全国性的生态补偿立法奠定了现实基础。2003 年，江西省人大常委会通过了《关于加强东江源区生态环境保护和建设的决定》，明确了省、市、县三级政府在生态保护中的职责，力争到 2010 年，使源区出省水质保持二类标准，争取达到一类标准。此外，对生态功能、生态服务与生态贡献的补偿工作，离开了政府的组织实施，是不可能完成的。① 2006 年 6 月出台的《东江源区生态环境补偿机制实施方案》中规定，从 2005 年到 2025 年，由国家协调建立流域上下游区际生态效益补偿机制，由广东省每年从东深供水工程水费中安排 1.5 亿元资金用于源区生态环境保护。源区计划在"十一五"期间，投入 14.2 亿元实施退耕还林、矿山生态恢复、生态旅游、生态移民等九大工程。② 浙江省也是我国较早注重并开展生态补偿建设的几个省份之一。浙江省杭州市曾下发了《关于建立、健全生态补偿机制的若干意见》，明确了生态补偿机制的基本内涵和基本原则，结合政府调控与市场化运作，逐步建立公平公正、权责统一的生态补偿机制。同时，明确提出要建

---

① 李立周，何艳梅. 构建流域生态补偿机制的障碍及对策分析 [J]. 能源与环境，2007 (4)：76.
② 幸红. 流域生态补偿机制相关法律问题探讨——以珠江流域为例 [J]. 时代法学，2007，5 (4)：42.

立健全生态补偿的公正财政制度,明确生态补偿标准,制定生态补偿产业扶持政策,逐步建立责权统一的生态补偿市场化机制。2005 年 8 月,浙江省政府下发了《关于进一步完善生态补偿机制的若干意见》,确立了浙江省建立生态补偿机制的基本原则,即"受益补偿、损害赔偿,统筹兼顾、共同发展,循序渐进、先易后难,多方并举、合理推进"原则,同时提出了开展生态补偿的主要途径和措施。福建省泉州市也出台了相应的生态补偿制度,明确下游收益政府按用水量比例分摊筹集补偿专项资金,用于上游地区环境基础设施建设。① 总之,地方省市经过长期的摸索与环境管理实践,探索到的许多行之有效的管理手段和工具,尽管存在不少局限性,但对其他省市建立生态补偿机制亦有借鉴价值。

　　然而,由于流域生态补偿牵涉面非常广、触动多方利益,问题也极其复杂,我国的流域生态补偿机制仍然仅仅局限于特定的小型流域和部分地区,还没有在大面积的流域中推广;针对具体地区、流域的实践探索较少,缺乏经过实践检验的生态补偿技术方法与政策体系。要建立健全流域生态补偿机制,确保流域生态补偿机制的全面落实,仍然存在不少问题②:①技术层面的制约。目前,我国对于流域生态价值的评估还没有一个较好的标准和评估方法。流域生态补偿的定量分析目前尚难完成,因而很难得出进

---

① 幸红. 流域生态补偿机制相关法律问题探讨——以珠江流域为例 [J]. 时代法学,
　　2007, 5 (4): 41-42.
② 李立周,何艳梅. 构建流域生态补偿机制的障碍及对策分析 [J]. 能源与环境,
　　2007 (4): 74-75.

行补偿所必需的科学的数据，比如东江源区的生态价值如何评估，要给予多少生态补偿资金，流域源区环境的变化对中下游经济增长和社会进步的影响得不到清晰的揭示和表达。生态价值本身难以量化和货币化的特性，给生态补偿的定量分析设置了障碍。②法律层面的制约。合理的法律法规体系是进行生态补偿的前提和基础，环境政策的实施、生态项目建设的顺利进行、环境管理工作的有效开展，都必须以法律为保障。目前，我国还没有一部统一的生态环境保护与建设的法律法规，无法满足新形势下进行流域生态补偿工作的实际需要。③缺乏完善的管理体制。中国幅员辽阔，大流域以及中小流域往往跨几个省区，流域生态的补偿涉及区域利益的调整和政治权力的博弈，十分复杂。在环境管理体制上，纵向多部门管理，各自为政，横向管理体制不健全，缺乏跨省区的协调机制，省区间的生态补偿往往因无休止的讨价还价而使谈判陷入僵局。④缺乏有效的资金保障制度。在以往的政府主导型生态建设补偿机制中，资金在从上而下的流动过程中，途经各个环节都有"雁过拔毛"的可能性和现实性。当资金到达最终环节时，往往因数量的减少而陷入高成本低收益的困境。此外，从中下游生态受益区取得生态补偿资金的数量也取决于下游对生态价值的认可程度和区域协商的效果。

因此，目前我国迫切需要建立一种对流域生态服务的提供者进行经济、政策、技术上的补偿，使其提供生态服务的行为在经济收益上是正的机制。加强与有关地方和部门之间的协调，推动完善政府对流域生态建设的投入机制，通过资金、物质补偿以及优惠政策等形式，对经济发展受到制约的地区给予支持和补偿。着力研究建立和完善流域生态补偿标准体系，推动制定确立流域生态补偿机制法律地位的相关立法，完善相关环境监管制度。

三、我国流域生态补偿典型案例

尽管我国目前的流域生态补偿仍然存在较多问题，生态环境管理上也有重大缺陷，流域生态补偿本身也存在着技术性难题，然而，我国的流域生态补偿工作已经开始起步，政府购买流域生态服务和生态服务市场交易的国内案例正在逐步出现。下面对两个最具流域生态补偿意义的典型案例作一些介绍和探讨。

1. 以东江源流域生态补偿为例的下游对上游的补偿①

东江发源于江西省赣州市，流经广东省汇入珠江。江西源区每年输入广东境内约 29.21 亿立方米的优质水，占东江年平均径流量的 10.4%。东江是广东河源、惠州、东莞、深圳、广州和香港特别行政区的重要水源，涉及 3 000 余万人口，也是珠江三角洲地区经济发展的命脉。目前仅东深供水工程的年供水能力就达到 24.23 亿吨，其中供香港 11 亿吨，占香港淡水用量 70%以上；供深圳 8.73 亿吨，大约占其总用水量的 66%；供东莞沿线乡镇 4 亿吨。

---

① 中国生态补偿机制与政策研究课题组. 中国生态补偿机制与政策研究 [M]. 北京：科学出版社，2007：22.

近年来，东江源区人民采取人工植树种草、退耕还林还草、封山育林、限制矿产开发和阻止污染排放等措施，保护源区的生态环境。源区经济和社会方面的大量投入，直接或间接地改善了当地的生态环境，恢复了绿色植被，减少了水土流失，产生了积极的生态效益，但同时东江源三县为此牺牲了一定的发展机会和经济利益。据初步估计，"十五"期间东江源三县生态环境投入约1.2亿元，由于产业发展方向与方式的限制等原因造成的经济损失约3亿元。

东江源区目前的环境与发展之间的矛盾很尖锐，生态环境保护面临严峻挑战。东江源区三县2004年人均GDP只有3 854元，仅相当于全国平均水平的36.7%、广东的20%；源区三县经济和社会发展长期处于江西省和赣州市的末端位置，安远县和寻乌县是国家级贫困县，定南县是省级贫困县。在这样一种发展水平下，特别是在与周边和下游地区发展存在巨大反差的情况下，源区群众致富心切，开发本地矿产和森林资源、发展果业的愿望非常强烈，因而发展与保护的矛盾很尖锐，生态环境面临巨大压力。另一方面，由于过去的不当开发，这些地区历史欠账很多，生态环境形势依然严峻。

为了解决上述问题，东江源区和东江流域的广州、深圳和香港，经过多次协商与协调，建立了流域上下游区际生态效益补偿机制，广东省每年拿出1.5亿元，交给上游江西省寻乌、安远和定南三县，用于东江源区生态环境保护，以此来促进源区的经济和社会发展，提高源区群众的生活质量，从而激励源区进一步加强生态环境保护。

2. 以东阳、义乌水权交易为例的区域间的水权交易

　　浙江省金华地区的东阳市和义乌市同处钱塘江重要支流金华江流域内。东阳市拥有横锦水库等两座大型水库，水资源较为丰富，每年富余水量超过 3 000 多万立方米；义乌市水资源则相对短缺，总量仅有 7.2 亿立方米，不到东阳的 2/3。随着义乌小商品城的快速发展和城市化的推进，外来人口猛增至 60 万人，已成为一个中等规模的新兴城市，缺水问题越来越突出，存在很强的水需求，水源不足成为经济社会发展的瓶颈。在义乌各种备选的水源规划方案中，区内挖潜的办法如新建水库等大都投资大、建设周期长、水质得不到保障；而从毗邻的东阳市横锦水库引水，投资少、周期短、水质好，是满足用水需求的最优方案。东阳市水资源相对丰富，具有供给义乌用水的能力。东阳市横锦水库有 1.4 亿立方米的蓄水库容，满足本市城市用水和农业灌溉用水之外，每年汛期还要弃水 3 000 万立方米。1998 年开始的灌区设施配套建设，使横锦水库新增城镇供水能力 5 300 万立方米。此外，东阳还可以开发后备水源，从境内梓溪流域引水入横锦水库，能够新增供水 5 000 万立方米。因此，东阳市有能力将一部分横锦水库的水供给义乌市使用，将丰余的水资源转化为经济效益，于是我国的首例跨城市水权交易发生了。

　　2000 年 11 月 24 日，浙江省金华地区的东阳市和义乌市经过反复协商，探索利用市场机制解决缺水问题，签订了有偿转让用

水权的协议：一是义乌市拿出 2 亿元向毗邻的东阳市购买横锦水库 5 000 万立方米水资源的永久使用权；二是确定了综合管理费和水费；三是供水管道工程由义乌市负责建设。转让用水权后，水库原所有权不变，水库运行、工程维护仍由东阳负责，义乌按当年实际供水量每立方米 0.1 元支付综合管理费（包括水资源费）；从横锦水库到义乌的引水管道工程由义乌市规划设计和投资建设，其中东阳境内段引水工程的有关政策处理和管道工程施工由东阳市负责，费用由义乌市承担。这是我国首例跨城市水权交易，引起了社会的广泛关注。

总之，通过对上述两个案例的分析和总结，我们可以看出，我国的流域生态补偿机制已经开始探索和建立，也取得了一定的成效。然而，合理有效的流域生态补偿机制的全面建立，需要一个长期的过程，是我国生态保护、恢复和建设面临的一个重大的历史任务。有效地建立流域生态补偿机制，不仅有助于化解区域利益冲突，而且对经济与社会的可持续发展具有十分重要的意义。因此，探索通过合理的制度设计和创新来解决流域生态补偿问题的途径，完善和建立我国的流域生态补偿机制具有紧迫性和必要性。

四、完善我国流域生态补偿机制的对策建议

建立流域生态补偿机制不仅是完善环境政策、保护生态环境的关键措施，而且是落实科学发展观，建立和谐社会的重要途径，应引起全社会的高度重视。目前，我国的流域生态补偿机制的理

347

论研究和实践探索还处于起步阶段，科学合理的流域生态补偿机制尚未有效建立。然而，随着近年来我国经济的快速发展，积累了大量的环境问题，如太湖、巢湖、淮河污染未得到及时解决，而且突发性环境事件增多，新的环境问题不断出现，淮河等重点流域抵御洪涝灾害的能力进一步受到考验，流域生态问题十分突出，直接影响到了经济社会的持续、健康和稳定发展。因此，迫切需要对我国的流域生态补偿机制进行完善，建立健全一套有效的流域生态补偿机制，以期解决流域的生态环境保护问题，恢复、改善、维护流域生态系统的生态服务功能，保障上下游人民群众享有同等、平衡的生存权、发展权；明确上下游各行政单元水功能区划和环境容量，在符合功能区产业导向、污染物总量控制目标的前提下追求经济较快增长，促进上下游各行政单元内部经济发展、社会进步、生态环境保护协调发展，互惠共生，和谐多赢，进而实现科学发展。

建立流域生态补偿机制应当遵循如下原则：一是谁开发、谁保护，谁破坏、谁恢复，谁受益、谁补偿，谁污染、谁付费的原则。对于流域生态关系来讲，上游是环境污染者、生态破坏者，同时也是环境治理者和生态保护者；下游是环境污染和生态破坏的受害者，同时也是环境治理和生态保护的受益者。谁污染、谁赔偿，谁受益、谁补偿原则也体现了公平、公正的原则，只有这样，才能鼓励大家共同为保护生态环境作出贡献。二是可持续发展的公平、公正原则。流域生态系统之间是有机联系的、不可分割的整体，是一个由不同地区组成的大区域系统。因此，在对待生态补偿问题上，一定要有系统的观念、整体的观点和长远的眼光。三是政府引导与市场调控相结合的原则。生态保护是具有全局性的社会公益事业，政府在建立流域生态补偿机制的过程中，应充分发挥主导作用，制定相关的法规、标准、政策和规划，在一些重要流域与区域主导实施保护和建设。同时，作为市场经济国家，我国还应当在政府的指导下，运用市场机制，在环境利益相关者之间制定和执行一种流域环境保护的经济政策，充分发挥市场因素的重要作用，科学、公平、合理地解决流域生态保护和上下游经济社会发展利益不平衡的问题。在这些原则的指导下，应采取如下对策措施：

1. 坚持政府指导，引入市场机制

我国目前的流域生态补偿机制主要是以政府为主导，以经济补偿为主要形式。然而，由于国家政府的经济补偿能力有限，补偿资金严重缺乏，流域生态补偿工作的开展也受到了较大限制。作为市场经济国家，一种机制的构建，政府和市场都应该发挥其应有的作用。流域生态补偿机制的建立，自然也不能忽视市场的巨大作用。转变目前的流域生态服务支付方式，逐渐实现由政府主导转变为市场主导，在水资源开发和环境保护过程中的利益相关者之间建立流域环境共建共管、利益和风险共享共担的友好合作机制。在政府指导下，运用市场机制，在环境利益相关者之间制定和执行一种流域环境保护，包括流域水污染防治和流域生态系统保护与恢复的经济政策，充分发挥市场因素的重要作用，以

"谁开发、谁保护，谁破坏、谁恢复，谁受益、谁补偿，谁排污、谁付费"为原则，科学、公平、合理地解决流域生态保护和上下游经济社会发展不平衡的问题，协调好各方的利益。流域生态补偿的市场化还可以通过流域资源使用权交易的形式来实现。排污权交易制度是运用市场机制进行流域生态补偿的有效手段，在生态补偿方面具有不可比拟的优越性。[①]

2. 建立多元化的流域生态补偿资金渠道

建立流域生态补偿机制，其关键就在于补偿资金的筹措。目前流域生态补偿资金筹集的渠道比较单一，资金渠道以中央财政转移支付为主，补偿的重点为西部地区，投入主要以国家为主，地方投入资金较少。要根据生态保护的事权责任关系，建立生态补偿机制的融资渠道。对于一些受益范围广、利益主体不清晰的生态服务公共物品，应以政府公共财政资金补偿为主；对于生态利益主体、生态破坏责任关系很清晰的，应直接要求受益者或破坏者付费补偿。同时，加强与有关各方的协调，多渠道筹集资金，建立促进跨行政区的流域水环境保护的专项资金，重点用于流域上游地区的环境污染治理与生态保护恢复补偿，并兼顾上游突发环境事件对下游造成污染的赔偿。补偿基金的来源有多方面的渠道：一是政府补助，在财政预算安排、国家相关补助、流域内违法行为罚没收入等方面安排补偿资金。二是市场调控，如以排污

---

① 钱水苗，王怀章. 论流域生态补偿的制度构建——从社会公正的视角 [J]. 中国地质大学学报：社会科学版，2005，5（5）：84.

费征收、水电使用价格附加等方式收取生态补偿资金。三是开征
生态补偿税。征收生态环境税是一种有效的经济手段，借鉴国际
上绿色税收的做法，建议开征生态补偿税，目的是为了更有效地
合理利用资源，保护生态环境，促进成本效益法则转化为改善环
境和增加就业机会的可实施政策。① 四是鼓励和吸引海内外华人捐
赠，为保护流域生态环境作贡献。应建立专项资金的申请、使用、
效益评估与考核制度，促进全流域共同参与流域水环境保护。

3. 健全流域生态补偿管理体制

　　流域生态补偿制度的落实，补偿资金的有效管理和运行，都离
不开一套完善的流域生态补偿组织管理体系。流域生态补偿组织
管理体系，主要是由补偿政策制定机构、补偿计算机构、补偿征
收管理机构、补偿流通网络等部分构成，以解决"补偿主体—补
偿依据—补偿数量—补偿形式—补偿途径—补偿征收流通—补偿使
用—补偿监管"等诸多环节的问题。目前在世界各国都普遍设立
了流域性管理机构。

　　2002 年修订的《中华人民共和国水法》第 12 条规定，"国家
对水资源实行流域管理与行政区域管理相结合的管理体制"，"国
务院水行政主管部门在国家确定的重要江河、湖泊设立的流域管
理机构，在所管辖的范围内行使法律、行政法规规定的和国务院
水行政主管部门授予的水资源管理和监督职责"。这一规定确立了

---

① 薛卫民. 建立健全流域上下游生态补偿机制［J］. 专题报道，2007（13）.

我国流域资源管理体制的基本框架。目前主要设立了长江、黄河、淮河、海河、珠江、松辽水利委员会以及太湖流域管理局，代表水利部履行所在流域内的水行政主管职责，负责本流域水行政执法、水政监察、水行政复议工作，组织编制流域综合规划及有关的专业或专项规划并负责监督实施，统一管理流域水资源保护工作，组织制定或参与制定流域防御洪水方案并负责监督实施等。①

在这一管理框架下，较明确地划分了中央和地方在流域管理上的事权和财权。对于流域生态补偿资金，"国家确定的重要江河、湖泊"的补偿资金，应由中央财政资金、生态受益地区的财政资金和所征收的环境资源税费构成的生态基金三部分构成。其他跨省的流域生态补偿资金主要应由生态受益省财政和生态专项基金解决。而对省区内的小流域的生态补偿，则应由省财政、省内生态受益区财政和生态补偿专项基金解决。经过以上层层分解，使我国中央和地方财政的生态补偿资金负担得到了较为合理的安排。同时，由于生态补偿资金数额巨大、政策性强，政府还应当成立专门的补偿资金管理机构来进行管理，实行申请审批，列支列收，保证补偿资金在各级财政的监督下封闭运行，做到分级管理，保证专款专用。

4. 完善流域生态补偿的法律体系

我国是一个依法治国的国家，任何制度的有效实施都离不开法

---

① 闫海. 松花江水污染事件与流域生态补偿的制度构建［J］. 河海大学学报：哲学社会科学版，2007，9（1）：24-25.

律的保障。科学合理的法律体系是进行流域生态补偿的重要前提和基础，生态补偿政策的实施、生态保护项目的顺利进行、流域环境管理工作的有效开展，都需要以法律作为保障。目前，我国中央和地方政府已相继出台了一系列的法律法规和政策制度，但流域生态问题的日益严峻，生态系统的日趋脆弱，使现有的法律法规已无法满足当今新形势下流域生态保护与建设的需要。因此，国家应加强流域生态补偿的立法工作，使流域生态补偿的实施法制化、规范化。

应建立流域生态补偿专项法律法规。流域生态系统的特性，要求流域立法理念应在可持续发展精神的指导下，以系统的、开放性的、可持续的思维模式来设计流域立法的制度框架结构，以义务为立法本位来规范限制流域内人们的行为活动，以便更好地保障立法目的的实现。流域立法应选择流域综合法的立法模式，既包括流域各资源环境要素，又涵盖对流域生态环境有重大影响的流域社会经济要素。流域立法的具体制度主要包括：流域规划制度、流域环境影响评价制度、流域水资源保护与分配制度、流域产业发展制度、流域生态补偿制度及生态恢复与重建制度、法律责任制度等。① 在构建流域生态补偿法律制度时，也需要坚持政府主导、市场推进的原则，从法律上明确生态补偿责任和各个生态主体的义务，为流域生态补偿机制的规范化运作提供法律依据。

在完善流域生态补偿法律体系时，应着力构建一部统一的综合

---

① 陈晓景，董黎光. 流域立法新探 [J]. 郑州大学学报：哲学社会科学版，2006，39
　　(3)：62.

性流域管理法。目前，在我国的现行法律法规体系中，我国流域
立法并没有从整个流域的社会、经济、生态等综合管理的角度出
发，制定一部统一的流域法，而仅仅是从流域水资源的某一特性
或价值出发来制定相关法律法规，在各部法律法规之间存在不少
不协调和冲突之处。从世界范围的流域资源管理立法来看，统一
的立法模式是主流也是发展趋势。流域法即使是对流域管理规定
得再完善，给流域管理机构的职权再充分，相信流域管理机构依
然互不协调，利用某些方面很欠缺的法律法规进行管理与保护工
作时，依然无法很好地达到流域立法以及实行流域统一管理的目
标。所以，拟制定的流域法仅对流域管理作出规定是不够的，我
们需要的是一部流域综合法，是以流域管理为重点，包括其他内
容的综合法。① 因此，我们在完善流域生态补偿法律体系时，应着
力构建一部统一的综合性流域管理法。

第五节　自然保护区生态补偿的实践

我国是世界上自然资源和生物多样性最丰富的国家之一。经过
五十多年的努力，我国已建有自然保护区 2 349 个，总面积达 150
万平方千米，约占陆地国土面积的 15%，形成了布局较为合理、
类型较为齐全的自然保护区体系。② 截至 2007 年 8 月，中国国家
级自然保护区为 303 个。自然保护区的建立为人类提供了生态系

---

① 王曦，胡苑. 流域立法三问 [J]. 中国人口·资源与环境，2004（4）.
② 万本太. 我国自然保护区事业发展的回顾与展望 [J]. 环境保护，2006（11）.

统的天然"本底"和研究自然生态系统的场所，是各种生态研究
的天然实验室和宣传教育的自然博物馆。在物种减少日益加剧、
生物多样性日显重要的今天，设立自然保护区无疑成为保护人类
共同的生物资源、保证国家战略资源储备的有效手段，为维持生
态平衡、维护国家生态安全发挥着不可替代的作用。而自然保护
区发挥的这些效益是全民和国家在享受，损失的责任全部由自然
保护区的原居民来承担，这无疑是不公平的。因此，应当关注自
然保护区的设立对保护区周边的原居民所造成的利益损害问题，
采取合理的补偿措施，尽可能做到权利、责任的均衡。构建适宜
的生态补偿机制日益成为解决自然保护区所面临问题的重要途径。

　　自然保护区生态补偿，是指出于对自然保护区生态环境功能价
值的认识，在该生态环境的维持与建设中，由生态环境利益的受
益者对利益受害者予以的一种补偿。

一、我国自然保护区生态补偿的主要方式和政策

　　生态补偿作为一项生态环境措施，受到了国内外的广泛关注，
随着人们生态补偿意识的提高，我国开始将生态补偿的原理应用
于自然保护区建设之中。我国自然保护区大多地处西部边远地区
或贫困山区，这决定了我国自然保护区的生态补偿方式应有别于
欧美发达国家的通行方式，也增加了生态补偿的难度。我国自然
保护区采取的生态补偿方式和政策主要有政府补偿和市场补偿
两种。

1．政府补偿

政府补偿是指政府以非市场途径对自然保护区生态系统进行的补偿，比如直接给予财政补贴、财政援助、优惠贷款、减免税收、减免收费、利率优惠、劳保待遇、科研教育费用，对保护区综合利用和优化环境予以奖励，等等。政府补偿是基于保护区生态环境服务的公共物品性质，而且大多是在其受益者是不确定的社会主体的情况下实施的。从本质上说，它属于行政补偿。这种补偿模式一直是自然保护区生态补偿的主要补偿模式。但是它也存在很多不足之处，尤其在我国表现得十分明显，包括资金有限、资金容易被用于政府优先考虑的领域、信息不对称、官僚体制效率低及存在寻租腐败的可能性等。有研究表明，中国自然保护区经费严重不足。全国自然保护区仅1/3具有较健全的管理机构，经费基本够用的保护区只占11.5%。据1999年对85个自然保护区的调查，保护区平均得到的经费是52.7美元/平方千米，其中46个国家级自然保护区是113美元/平方千米。而发达国家这一数字是2 058美元/平方千米，发展中国家是157美元/平方千米。① 可见，不管是与发达国家还是与发展中国家相比，我国自然保护区的经费都是不足的。而且，由于大量的贫困人口生活在保护区及其周边地区，加上国家资金扶持又不够，面临着地区经济发展的重任，即使有良好愿望的地方政府也未必愿意把有限的资金用于保护工作。

① 韩念勇. 中国自然保护区可持续管理政策研究［J］. 自然资源学报，2000（3）.

2. 市场补偿

市场补偿是由市场交易主体在政府制定的各类生态环境标准、法律法规的范围内，利用经济手段，通过市场行为改善生态环境的活动的总称。通过市场机制，将保护区生态环境成本纳入各级分析和决策过程，使开发、利用生态环境的生产者、消费者承担相应的经济代价，其前提是生态资源的合理定价。主要包括：①排污费。保护区排放污染物品的环境使用者依照其排放污染物的数量及影响交纳一定费用。②环境税。对保护区环境资源开发、利用者，按照其开发利用资源的程度和损坏、污染程度征收的一种税。③环境产权交易补偿。将许可排污量资源化和产权化，使排污权成为一种可交易的生产要素进入企业生产经营活动中。上海、广州、深圳目前实施的排污权交易就是其中的典型。④环保产业。专门成立的污染防治或生态环境保护公司、企业，可以满足排污企业降低污染治理成本的需要，因为与在排污权市场上交易相比，其成本更加低廉。[①] 市场补偿有一定的灵活性，但其在我国的发展尚不成熟，还存在不少弊端。根据我国法律规定，在同一保护区内，行政部门既是资源的所有者、监护者，又是资源的管理者、经营者。这种政、事、企不分的体制，使我国自然资源市场缺乏竞争和活力。这既不能充分发挥自然资源的价值，又增

---

① 周敬玫，黄德林. 自然保护区生态补偿的理论与实践探析 [J]. 理论月刊，2007 (12).

加了国家的负担。这种管理体制和经营机制不仅造成了自然遗产资源的闲置和浪费，同时也造成了这些资源开发和经营过程中的无序、低效，甚至出现了破坏现象，严重影响了资源与环境保护的进行，阻碍了当地经济的发展。

二、我国自然保护区生态补偿取得的成效

随着我国对自然保护区重要性认识的提高，自然保护区生态补偿工作不断深入，取得了显著成效。

1. 设立森林生态效益补偿基金，增加生态补偿投入

我国于 1998 年设立了森林生态效益补偿基金，并于 2001 年在 24 个国家级自然保护区进行了森林生态效益补助资金的试点，为我国各种类型的自然保护区建立生态补偿机制提供了样板。除了森林生态效益补偿基金制度之外，天然林保护、退耕还林等六大生态工程也是对长期破坏造成的自然保护区生态系统退化的补偿。各级财政不断加大对自然保护区生态补偿的资金投入力度，一些保护区通过发展生态旅游等增加收入的做法事实上也起到了生态补偿的作用。

2. 开展征收保护区生态补偿费试点工作，积极探索生态补偿模式

为建立自然保护区生态补偿机制，国家和一些地区已研究制定

了一些政策,取得了一定成效。自 20 世纪 90 年代起,国家环保总局已开始推动保护区生态补偿机制方面的研究和实践探索,先后在河北、辽宁等 11 个省(区)的 685 个县(单位)和 24 个国家级自然保护区开展了征收生态环境补偿费的试点。通过开展试点工作,研究并初步建立了保护区重点领域生态补偿标准体系,落实了生态补偿的各利益相关方责任。通过实践,探索了多样化的生态补偿方法、模式,建立起试点区域生态环境共建共享的长效机制,并推动了相关生态补偿政策法规的制定和完善,促进了保护区重点领域、区域生态环境的保护和改善。

3. 各省市积极开展保护区生态补偿工作,成效显著

四川省青城山的生态补偿是我国较早开展保护区生态补偿并取得成功的案例之一。青城山位于成都以东 60 千米,是我国著名的道教圣地,在 20 世纪 70 年代,由于护林人员工资不到位,放松了管理,乱砍滥伐森林现象十分严重。成都市决定将青城山门票收入的 30% 用于护林,加大生态补偿投入,从而使青城山的森林状况很快好转。

三江源自然保护区成立以来,青海省林业、畜牧、环保等各有关部门采取切实有效措施,加大生态保护与治理力度,坚决停止天然林砍伐和天然草地开垦,禁止乱捕滥猎。仅 2001 年一年,三江源区已投入资金近 2 亿元,植树造林 600 多公顷,建设草场近 40 万公顷,并且破获偷猎野生动物案件 130 多起。目前,三江源区生态

环境恶化状况已初步得到遏制，植被正逐步恢复，野生动植物种群也逐渐增多。

三、我国自然保护区生态补偿的典型案例
——九寨沟自然保护区

九寨沟自然保护区位于四川省阿坝藏族羌族自治州境内，总面积 720 平方千米。九寨沟因其丰富的生物多样性，在 1978 年被设为国家自然保护区。沟内一千多位居民，藏族占 94.3%，有自己独特的文化传统、生活习俗、宗教信仰。1984 年九寨沟正式对外开放，经过 20 年的建设和经营，游客人数从 1981 年的 2 000 人增加到 2004 年的 191 万人。

1980 年以前，九寨沟的居民主要以耕作、畜牧和传统的手工艺为生。他们信奉藏传佛教中最原始的苯波教，认为万物有灵，与自然和谐相处，对自然资源的破坏极少。1978 年景区居民人均收入仅为 195 元。自发展旅游业以来，居民逐渐放弃了以前的谋生方式，加之九寨沟自然保护区在景区内实行"退耕还林"和"禁养牲畜"的保护政策，截至 2002 年，景区内居民彻底停止了耕作和畜牧，基本都从事旅游经营或与旅游经营相关的工作。总的说来，九寨沟保护区的当地居民基本上都参与到了旅游的经营中，并且获得了经济收益，从而使旅游业成功地替代了当地居民曾赖以谋生的传统耕作和畜牧方式。

360　　　九寨沟自然保护区从起步之初，就进行了建立生态补偿机制的

探索。主要采取了以下几方面措施：景区居民优先安排就业。景区受过一定教育的居民优先安排在管理局或下属企业就业。景区居民子女以前是中专以上学历的全部安排就业，现在是大专以上学历的全部安排就业。对外来人员的聘用，需大学本科以上，经过考核合格方能录用。景区内聘用的居民人数：2000 年 467 人，2001 年 490 人，2002 年 497 人，占景区内居民总人数的 49.4%。优先安排就业的政策使当地的居民参与到了景区的管理中，景区居民对发展旅游的意见通过管理人员反馈回来，从而使景区管理和当地的具体情况相符合。对景区中那些文化程度较低但有劳动能力的居民，管理局尽量将其聘用为护林员和环卫工人。允许景区居民在规范管理下自主经营。部分居民租用诺日朗综合服务中心购物点的摊位，或在景点、自家铺面经营旅游商品，或在景点出租民族服装供游客照相。

九寨沟自然保护区从 20 世纪 80 年代初开始开展旅游业，走过了一条"先发展后规范"的道路。① 最初对景区内的旅游经营活动没有进行规范和限制，景区内的居民都积极利用自身条件经营家庭旅店。由于缺乏市场管理和引导，家庭旅店之间竞争激烈，争相招揽游客，导致床位数猛增，经营秩序混乱。恶性竞争带来了整体利益的损失，不但价格压低，还导致景区被污染。针对这种情况，九寨沟管理局作为景区的保护者和管理者，为了便于统一

---

① 任啸. 自然保护区的社区参与与管理模式探索［J］. 旅游调研，2005（05）.

管理，1992 年 7 月成立了九寨沟联合经营公司，股份由管理局和居民的实际资产（床位数）两部分构成，管理局占 23%，居民占 77%。对景区内家庭旅店采取了特许经营的方式，要求所有的家庭旅店必须获得管理局的特许后方能经营，并根据实际的游客数量决定每家旅店的床位不能超过 45 张。需要住宿的游客全部由联合经营公司安排，每人交纳 22 元的住宿费给联合经营公司，由联合经营公司分别安排住进居民的家庭旅店。年末时，根据各家各户的入股床位数分配收入。将家庭旅店纳入统一管理后，景区内的旅游秩序明显好转。但是随着游客数量的快速增长，景区内的住宿餐饮对脆弱的生态环境不可避免地产生了负面影响。"世界自然遗产"、"人与生物圈"、"绿色环球 21"三项国际桂冠使九寨沟越来越受世人瞩目，保护的标准越来越严格，责任也越来越重大。九寨沟自然保护区管理局在更高的标准和要求下，总结完善以往的管理经验，将社区管理的目标总结为"保景富民"——既要保护好生态环境，还要使景区居民收入增加，福利增进。从 2001 年 7 月起，九寨沟自然保护区管理局作出了"沟内游，沟外住"，经营活动外迁的决定，停止了景区内家庭旅店的经营活动。对居民的收入分配（利益保障）分存量和增量两部分考虑。存量部分收入分配：以 1998 年核定的 38 万游客人数为基数，按人均 22 元住宿标准从门票收入中提取，共计 836 万元，作为居民最低生活保障金，在居民中平均分配，人均 7 000 多元。增量部分收入分配：联合经营公司投资修建了诺日朗综合服务中心，作为游客在景区内

的统一就餐和购物点。修建综合服务中心的目的一是保护环境，
沟外加工食品，就餐垃圾运出沟外处理，二是为景区居民谋福利。
诺日朗综合服务中心的股份比例为管理局51％，景区居民49％，
管理权掌握在控股方管理局手上，目的是通过统一管理实现"保
景"的目的。收入分配比例为管理局23％，景区居民77％，目前
人均年收入可达14 700元。这一分配比例是按最初联合经营公司
成立时的出资比例核算的。也就是说，随着联合经营公司的发展，
股份结构变了，但是最初的分配比例却保持不变，并且随着旅游
收入的增加，分配的数量也在增加，最大限度地保证了景区居民
的利益。

　　还需一提的是粮食补偿。长久以来九寨沟自然保护区居民以农
业为生，经过几十年的旅游业经营，景区内的产业已基本转型。
为了达到彻底的"保景"的目的，九寨沟自然保护区管理局规定，
从2002年开始，对景区实行退耕还林政策，对景区居民实行粮食
补贴。2004年以前，按每亩300斤（150千克）粮食，70％大米、
30％小麦补偿；从2004年开始，按每亩24元补偿。

四、我国自然保护区生态补偿的政策建议

1. 建立政府与市场相结合的保护区生态补偿机制

　　党的十七大报告指出，要建立健全资源有偿使用制度和自然
保护区生态环境补偿机制。事实上，自然保护区生态补偿机制在
我国已经提出了近20年，但对于如何建立这一机制，却一直没有

形成主流意见。有专家学者开始从国外寻求经验。在墨西哥蝴蝶王生物保护区，为补偿当地居民由于禁止砍树而受到的损失以及其他为保护生态环境作出的努力，当地创建了蝴蝶王保护基金，其中包括世界自然基金会提供的 500 万美元资助和当地政府的 150 万美元拨款。基金管理收益专门用于对居民进行经济补偿。但是从美国、巴西、玻利维亚的情况来看，主要还是采取以市场为主导的方式对自然保护区内的居民进行经济补偿，比如向享受生态服务的地区征收环境税，开展生态旅游，签订"保护激励协议"等。然而，鉴于国内与国外的所有制、行政体制均有较大区别，因而我国的自然保护区生态补偿机制不能简单地照搬国外的经验，完全依靠市场手段来进行经济补偿的时机仍然不成熟。

要建立成熟有效的自然保护区生态补偿政策，就要做到三个结合：一是坚持国家政策与地方工作的结合，使生态补偿在中央和地方都引起足够的重视，把国家层面的政策制定建立在地方工作实践基础上。二是坚持总体设计与试点示范的结合。不仅要在重点领域或条件成熟的区域积极推动自然保护区生态补偿机制的试点，为今后向全国范围内推广奠定基础，同时要全面把握补偿政策的核心，合理设计政策框架，以生态功能区划为纲分类制定补偿标准，明晰责任，具体问题具体分析。三是要坚持公共政策与市场手段相结合。在我国资源价格机制仍未完全形成的条件下，政府在为自然保护区生态补偿创造制度环境、建立平台方面仍应发挥不可替代的主导作用，要在全局范围内做好服务工作。但对于责任明确、利益相关方权利和义务相对固定的小范围自然保护区，其生态补偿的公共政策设计可以考虑从市场出发，自发建立协调机制。

2. 完善自然保护区管理体制，建立共同管理制度

社区共管的制度始于西方国家，最早见于加拿大政府在自然保护区管理中用来协调土著居民和国家公园的关系问题。[①] 在对核心区的资源实行严格保护的前提下，对实验区的部分资源采用开放式管理，同时发挥当地政府与社区的共同作用，使当地社区在一定程度上参与自然保护区资源物种的管理与决策工作。对自然保护区实行社区共管制度，也允许其他主体（如企业、区外科研人员等）的辅助式参与。采用这种模式，应建立起权利制约机制、民主协商机制和监督管理机制等。

在共管体制下实行自然保护区所有权与经营权的分离。所有权毫无疑问归国家，经营权则应实行政企分离、事企分离，自然遗产单位的旅游经营权与所有权分离。随着国家行政机构改革的深入，从中央到省、市、县，政府部门与其主办的经营企业均要在党务、人事、财务等各方面脱钩，使经营单位真正成为独立的法人实体，实行自由竞争，进入市场经济的轨道自主经营。在保护区内，原来由政府部门投资建设的营业和服务设施作为国有资产，

---

① 许学工. 加拿大的自然保护区管理［M］. 北京：北京大学出版社，2000.

或委任法定机构管理，或通过出售、租让、兼并、合资、合作等多种形式实行资产重组，形成新的产权主体。同时，鼓励社区居民参与，以生态保护、可持续发展等思想观念和方法引导自然保护区居民科学致富。

3. 建立健全自然保护区生态补偿基金机制

当前中央财政对大部分自然保护区都已实施了生态补偿，而省、市和相关受益县财政对自然保护区的生态补偿基金机制还不完善。建议根据国家补偿标准，建立省、市和相关受益县的自然保护区生态补偿基金机制。同时，在财政允许的前提下，逐步提高对自然保护区生态建设的投入和补偿标准，享受自然保护区生态效益的相关单位和经济主体有责任以货币资金的形式对自然保护区生态予以补偿，建立生态补偿专项资金。自然保护区生态补偿资金来源应多元化：一是财政补偿，应逐步建立国家财政补偿同保护区内财政补偿及部门补偿相结合的补偿机制。二是市场化补偿，建立市场机制促进补偿。比如，建立排污权交易市场，促进保护区相关企业之间的相互补贴。三是社会化补偿，建立生态补偿捐助机构，接受来自社会的各种捐赠，发行生态补偿彩票等，多方位筹措资金。

4. 实现自然资源的生态价值，落实对当地居民的补偿机制

应充分认识自然资源的巨大生态价值和经济价值，通过合理的

评估使其价值得以充分实现。完善生态补偿机制，也为保护区的可持续发展提供保障。自然资源的生态价值有多种实现路径，如景区门票费、土地转让费、土地租赁费、生态补偿费、排污费、建立土地股份合作制或其他类型的旅游企业以及接受捐助等。比如保护区内的经营企业在进行开发活动时造成了自然资源的破坏，同时产生的废弃物也造成了当地环境的污染。这些可以通过征收土地转让费、租赁费，对保护区内的煤炭、石油、土地、水、森林、草原、药用植物和电力等领域征收生态补偿费，以及征收排污费等方式来达到实现生态资源价值和保护资源、控制污染的目的。不同地区的保护区可根据自身特点逐步探索建立适合自己的收费机制，完善配套的基础设施，在以保护为首的基础上，增加保护区的开发利用价值。同时，由于这些活动直接对当地居民的生产和生活产生了影响，所以应当从其相应的收入中专门抽出一定的比例补偿给当地居民，使其在义务的承担和权利的享受上获得对等。

5. 研究建立自然保护区生态补偿的标准体系

根据各自然保护区主要保护对象的不同，评估保护区内居民基本生活保障以及对维护保护区正常生态功能的基本建设、人员工资、基本运行费用等生态保护投入和管护能力建设需求，测算保护区野生动物引起人身伤害的经济损失，全面评价周边地区各类建设项目对自然保护区生态环境破坏或功能区划调整、范围调整带来的生态损失，以及对自然保护区生态效益的利用情况，收集与充实相关数据、信息，建立自然保护区生态补偿标准的测算方法与技术体系。

第八章　西部资源开发与生态补偿

　　西部地区既是我国资源的"聚宝盆"，承担着向全国输送资源的经济支撑功能，更是我国重要的生态屏障，承担着我国主要江河源头水源涵养、水土保护、防风固沙和生物多样性保护等生态保障功能，对中下游及全国广大区域的生态环境安全具有决定性影响。同时，西部地区也是我国的欠发达地区，是我国全面建设小康社会的难点区域。西部地区的这种特殊地位就决定了我们在开发西部资源的过程中必须建立生态补偿机制，才能切实、持久地保护西部进而全国的生态环境，也才能合理地开发西部资源，培育西部地区的"造血"功能，不断提高西部地区人民的生活水平，使西部人民分享经济社会发展的成果，构建一个和谐的中国、和谐的社会。

第一节　在西部资源开发中建立生态补偿机制的重大意义

　　资源丰富的西部地区长期以来承担着向全国输送资源的功能。

改革开放以前 30 年，在西部开发资源、东部加工制造的垂直分工体系中，西部向东部、中部地区输送了大量资源。在世纪之交国家实施的西部大开发战略中，西电东送、西气东输等标志性工程的建设也表明西部资源开发与外输将是一个长期的、战略性的选择。同时，西部地区是长江、黄河和珠江等主要江河的发源地，是全国的"百水之源"、风沙源头，西高东低的地质地貌使之在整个国家生态安全中处于关键性的屏障地位。西部地区拥有全国40％以上的森林，同时还拥有丰富的生态资源，保存了许多世界上独一无二的原生生态系统和珍稀动植物物种，对维护我国乃至世界的生物多样性具有重要意义。研究表明，资源的生态价值往往是其市场价值的几倍甚至几十倍。例如，西部地区保持一方水土所需的成本仅几角钱，但如果形成洪灾转移到下游，其经济损失将是几十元甚至几百元。但是，由于西部本身的地理条件、气候条件及自然生态条件，如海拔高、干旱少雨、土地贫瘠、沙漠荒漠化严重、植物生长发育周期长等原因，加之西部地区经济不发达，人们在开发资源、谋求富裕的过程中，未能够得到来自生态环境保护方面的足够补偿，导致过度开发、乱砍滥伐，使西部生态快速退化——全国一半以上的生态脆弱县集中在西部地区，不仅影响了西部的可持续发展，而且危及中部与东部的可持续发展。1998 年长江中游出现大洪水，20 世纪 90 年代黄河断流越来越严重，中国最大的内陆河塔里木河主河道已缩短 300 千米，黄河源区不少湖泊已经干涸，2000 年春季北方多次发生沙尘暴和扬沙天气。截至 2006 年底，西部地区水土流失面积达到 282.59 万平方千米，占全国水土流失总面积的 77%。全国土地荒漠化也主要集中在西部地区。由于生态植被遭到大面积破坏，西部地区有 1 000 多万人口出现饮水困难。西部每年因生态破坏所造成的直接经济损失达 1 500 亿元，占到当地同期国内生产总值的 13%。这一切均说明西部地区是全国的生态屏障，我们必须对其进行严格保护和有效建设。

其实，鉴于西部地区的重要生态功能，国家在 1999 年提出西部大开发战略时就明确指出"加强生态环境保护和建设是根本"，将其作为西部大开发的四大重要任务之一。特别是我国的"十一五"规划，已经将西部许多地方列入国家限制和禁止开发区。显然，限制与禁止开发使得"靠山吃山"、"靠水吃水"的西部一些地区丧失许多资源开发和经济发展的机会。例如，重庆三峡水库建成后，政府规定库区所有江段及重要干流都禁止网箱养鱼，但长江沿岸多属坡耕地，农业生产条件恶劣，农民祖祖辈辈都是靠渔业为生，网箱养鱼被禁止后，这部分渔民的生计就出现了问题。四川阿坝藏族自治州向来以木材财政为主，自 1999 年天然林停采禁运后，很多县财政收入失去了主要来源，导致全州林业系统债务无法归还。在贵州省茂兰国家级自然保护区，因为禁止摄取保护区资源，农民无法像从前那样进行狩猎活动，大多数农民因缺少生活来源导致生活贫困。陕北定边县农民石光银治沙 20 年，总投资 2 000 万元，营造了大片生态效益明显的林地。如果按市场价估算这片林地价值 1 亿元人民币，但禁伐政策使"绿色银行"只能存不能取，"亿万富翁"变成了"千万负翁"。西部还有不少农民

371

因类似情况而不同程度地陷入生态效益好而经济效益差的怪圈。在西部持久不懈地进行生态建设以确保我国生态安全的同时，西部许多地区出现了生态环境越好、资源越丰富而群众越贫困的背离现象，形成贫困、人口增长、环境退化的恶性循环，陷入"贫困—破坏—贫困"的怪圈。西部地区面临着"要温饱还是要环保"的两难抉择。

西部地区的多重重要功能，决定了西部必须既要"温饱"又要"环保"。为此，必须妥善处理西部资源开发、经济发展、人民致富与西部生态环境保护之间的矛盾。这就要求我们在今后的西部资源开发过程中，建立科学合理的生态补偿机制，寻求东部经济资本和西部生态资本的平衡，实现东西部人民生态保护和资源开发的平衡，让西部走出为生存、致富而不断破坏生态系统的怪圈，以生态补偿推进西部大开发，保护西部地区丰富的、多样性的生态资源，发展西部地区经济，促进我国地区经济协调发展，让注重生态保护的西部人民分享全国经济社会发展的成果，真正实现和维护西部作为全国生态屏障的功能。

第二节　西部地区生态补偿的现状与问题

一、西部地区生态补偿的基本情况

西部大开发以来，中央政府一直积极探索开展西部生态补偿的途径和措施，先后出台了一系列政策，包括 2000 年的《国务院关于进一步做好退耕还林还草试点工作的若干意见》、2001 年国家环保总局实施的《关于在西部大开发中加强建设项目环境保护管理的若干意见》、2002 年的《国务院关于进一步完善退耕还林政策措施的若干意见》、2003 年的《退耕还林条例》，等等。其内容主要有：国家按照核定的退耕还林实际面积，向退耕农提供粮食补助、生活补助费和种苗造林补助费；规定了退耕土地还林的补助期限；尚未承包到户的坡耕地退耕还林的，以及纳入退耕还林规划的宜林荒山荒地造林，只享受 50 元种苗造林费；国家保护退耕还林者享有退耕土地上的林木所有权；还发文规定了对重要生态用地要求"占一补一"。在此过程中，有关法律法规也不断完善，先后颁布了《防沙治沙法》、《土地承包法》、《草原法》、《环境法》等法律法规，对生态环境保护与补偿作出了规定。

从实践来看，1998 年以来，国家先后在西部启动了天然林保护工程、退耕还林工程、京津风沙源治理工程、"三北"和长江流域等重点防护林建设工程、野生动植物保护及自然保护区建设工程。这些项目都是以国家投资为主，主要是三类补偿——国家对退耕还林还草农民、牧民的直接粮食和资金补偿，国家对天然林保护中的生态公益林补偿，国家对地方政府的财政转移支付补偿，另外还有对项目区实行减免农业税费的优惠政策。2000—2005 年，中央累计对西部地区退耕还林、退牧还草、天然林保护、防护林建设和京津风沙源治理五大生态建设工程投资 1 220 多亿元，对水土流失综合防治、三峡库区、滇池流域水污染防治、塔里木河综合治理、中心城市污染治理等工程投资 450 多亿元。为了保护西部地区脆弱的生态环境，"十一五"规划已经将西部许多地方列入

373

国家限制和禁止开发区，生态补偿的概念正式进入"十一五"规划纲要。

二、西部地区生态补偿中存在的问题

西部地区生态补偿中存在的具体问题很多，归纳起来主要有三大问题：

1. 有关法律法规尚不完善

目前，还没有专门的关于生态补偿的法律法规，对于不同的生态补偿类型也没有明确的补偿方式，更没有专门针对西部地区生态补偿的法律法规，导致实际工作中降低了对西部地区生态补偿的重视程度和补偿效果。

2. 西部地区生态补偿体制机制不完善

（1）部门主导型体制存在缺陷。西部地区的生态建设与补偿是由林业部门、农业部门、水利部门、国土部门、环保部门等多个部门分头进行的。这些部门根据各自对西部生态问题的把握和能争取到的国家投资进行生态建设，给予生态补偿，缺乏整体性和协调性，缺乏明确的责任主体，不便于国家和社会对生态建设与补偿的效果进行监督。

（2）投融资体制机制不合理。西部生态建设与补偿没有建立起良好的投融资体制机制。从投入来看，西部生态建设与补偿投入的方式主要有财政转移支付和专项基金两种。其中，财政转移支付是最为主要的生态补偿资金来源，而且纵向转移支付占绝对主导地位，即中央对地方的转移支付，而区域之间、流域上下游之间、不同社会群体之间的横向转移支付少之又少。这种完全由中央政府"买单"的方式显然与"受益者付费"的原则不协调。从有关费用的征收来看，一是生态补偿税费征收标准低。例如，新疆现行石油资源税仅为 14 元/吨~30 元/吨、石油天然气矿产资源补偿费征收率仅为 1%（国外为 10%~16%）。① 二是收费与补偿的管理体制不顺。与生态建设与补偿相关的各部门、各单位对相应的生态要素进行管理，征收相应的费用，却没有用于相应的生态保护和补偿，如水利部门每年有水资源费 60 亿元，而西部江河源区和重要水源涵养区建设仍由国家投资。再如，葛洲坝水利枢纽工程五年来发电 1 878 亿千瓦时，创造直接工业产值 150 亿元，然而，上游地区却分文未得到补偿。生态建设的费用征收管理与生态补偿的支出管理割裂，导致有关资金无法发挥应有的作用，影响了生态补偿。

（3）受偿主体存在错位现象。从补偿过程来看，对西部的补偿本来是区域性的补偿，但在实践中很大程度上变成了部门补偿——上级部门争取国家投资，补偿的受体是对应的下级部门，资金往往没有完全按规定发放到受偿者的手中，有的甚至变为地方部门的日常开支和福利补贴，导致有充裕资金的部门却不承担生态建设任务，有生态保护和建设任务的地方和部门迫切需要资金却

① 国家行政学院经济学部. 建立西部地区资源补偿机制中存在的问题和对策 [J]. 经济研究参考，2007（44）.

得不到支持,农牧民为生态建设付出了巨大的代价和投入却得不到相应的补偿。

(4) 缺乏有效的监督机制。西部的生态补偿是一项庞大的系统工程,需要多部门、多单位、多环节配合,道德风险大,管理成本高。特别是由于缺乏有效的监督机制,危及到了一些项目的顺利实施,损害了农牧民的利益。

3. 西部地区生态补偿力度、补偿年限、补偿范围不到位

从补偿力度来看,由于我国的生态服务和生态资本总体上还难以成为商品进入流通市场,生态服务的价值和生态资本价值不能通过市场交换实现,生态功能的价值在实践中没有被完全承认,全国、全社会在享用西部地区提供的生态产品和生态服务,消耗着西部地区的生态价值时,并没有给予西部地区相应的生态补偿。虽然近年来国家在西部实行了退耕还林还草等一系列政策,进行了一定的投入,使西部一些地区的生态环境有了一定程度的好转,如荒漠化和土地沙化整体扩展的趋势已得到初步遏制,但是国家的投入是远远不够的。例如,西部地区水土流失面积占全国的83.3%,而国家投资仅占71.2%,远不能弥补西部地区因生态保护而不能开发利用资源所带来的经济损失和发展机会的丧失。在黄河上游地区,每亩退耕还林土地补偿粮食 200 斤(100 千克)或140 元,并补助种苗费 50 元、管护费 20 元;长江上游地区的补偿标准为每亩地粮食 300 斤(150 千克)或 210 元,种苗费 50 元、管护费 20 元。然而,这一补偿标准事实上使退耕农民所获得的经

济补偿低于（有的甚至远远低于）其在同一土地上进行农业生产的经济效益。例如，在陕西安康旬阳，当地农民在坡度大于 25 度的坡耕地上种植烟叶的经济收益在 1 000 元左右，而退耕还林后获得的经济补偿只有 210 元，远远低于退耕前的经济收益，因此开展退耕还林的阻力很大。同样，在退牧还草中，牧民经济利益得不到合理的补偿，造成牧民减收，甚至返贫等。加之补偿标准和补偿方式比较简单划一，导致补偿不足和过度补偿并存。例如，在退耕还林中，经济补偿区域分为长江流域及南方地区和黄河流域及北方地区两大区域。长江流域及南方地区统一执行每年每亩150 千克粮食补助标准，黄河流域及北方地区统一执行每年每亩100 千克粮食补助标准。这样的补偿方式造成退耕农之间事实上的分配不公，一些地区出现了"过高补偿"、"低补偿"和"踩空"现象。比如在生态公益林补偿金政策的执行中，一些具有重要生态服务功能的林地未得到国家有关部门的认定，因此得不到相应的补偿。以甘肃省天祝县为例，生态公益林补偿从 2000 年开始实施，目前有 4 116 万亩得到了补偿，但仍有 12 万亩得不到补偿。主要原因是这部分林地属灌木林，不在政府认可的生态公益林范围内。但从祁连山水源涵养的实际功能来看，灌木林也是生态公益林的重要组成部分。

从补偿期限来看，根据国家现行的退耕还林政策，生态林的补助期限是 5~8 年。但是，生态建设是长期的、艰巨的任务，没有持续、稳定的足够投入和补偿是很难见效的。例如，治理沙地40~50 年方能见效，只用 5~8 年来退耕还林是远远不够的，因经济林 8 年方能长成，生态林成材期普遍需要 15～20 年。比如，黄河中上游地区干旱少雨、土地贫瘠、树木成活率低、生长缓慢，速生杨树、松树至少需要 10 年才能长成用材林；在西部一些石漠化、高海拔的地方，林木生长更加缓慢，5～8 年之内退耕农不可能从退耕林取得收益。在退耕农还未取得稳定的收益来源时，停止补助会使有些退耕农失去最基本的生活保障。再如，西部地区水土流失面积占国土面积的 60%，达到 410 万平方千米，即使按目前的治理速度而不造成新的破坏，全部治理也需要 140 年左右。

最后，从补偿范围来看，也不到位，比较狭窄。目前，我国对西部的生态补偿主要局限于退耕还林、天然林保护、矿区植被恢复等方面，其他方面的补偿刚刚起步。然而，在国际上，生态补偿的实施范围已经很广，如美国的土地休耕计划，欧盟对有机农业、生态农业、传统水土保持的措施，甚至地边田埂生物多样性的保护措施等。

第三节 西部生态补偿的建议

对西部生态补偿既要探索多元化的补偿方式和补偿途径，也要探索科学合理的补偿标准。

从总体上讲，根据国内外的相关经验和我国已有实践经验的总结，西部的生态补偿主要应当采取政府补偿、社会补偿、国际合作、生态移民四种方式。

一、西部生态的政府补偿

1. 强化财政转移支付对西部生态的补偿

生态建设和生态产品具有典型的公共性、公益性，外部性特征非常明显，其成本理应以政府公共财政支付为主来承担，即政府应当是生态效益的最大"购买者"。其"购买"过程就是对西部生态补偿的过程，其"购买"方式就是生态补偿的方式。现阶段，政府对西部生态补偿的主要方式是财政转移支付，因为财政转移支付具有强制性和无偿性，使生态补偿的资金来源具有较强的稳定性。同时，由于财政转移支付具有体系化、层次化和组织化的优势，操作程序比较规范，补偿的效果比较明显。

在西部生态补偿方式多元化的探索尚未取得根本性进展的情况下，今后一个时期必须进一步强化财政转移支付对西部生态的补偿。其主要内容包括以下三个方面：

一是在中央财政转移支付仍然是西部生态补偿的主要方式的现阶段，国家应制定更加有利于西部地区生态补偿的财政转移支付制度。要在现有生态补偿资金规模基础上扩大中央财政向西部各省区财政转移支付的总规模，并确保按一定比例递增。

二是要按照"谁受益、谁补偿"的原则，协调建立相关省区之间的横向财政转移支付制度，加大横向财政转移支付补偿力度。在这方面，我国可以借鉴德国的做法。在德国，横向转移支付基金由两种资金组成：①增值税由州分享部分的1/4；②财政富裕的州按照统一标准计算结果拨给不富裕州的补助金。我国的横向财政转移支付可以考虑建立东部发达省区直接向西部欠发达省区、长江黄河流域下游各省区向中上游省区的财政转移支付制度。这样，一方面可以减轻中央财政的压力，另一方面可以建立多元化的西部生态补偿机制。

三是要完善财政转移支付补偿机制，增强西部生态补偿的效果。对西部生态保护与建设任务重的区域，如禁止开发区和限制开发区，可以建立集中统一的生态建设与补偿协调机构，负责相关重大问题的研究、管理与协调、监督，为西部生态建设与补偿提供组织保障。可以通过该机构将财政转移支付、补助资金、生态建设资金、环保补助金、城建补助、扶贫资金、水利建设补助等10余项相关资金整合起来，建立生态补偿专项资金，形成聚合效应。还可以通过该机构建立西部生态补偿中财政转移支付的过程监督与效果跟踪机制。例如，在该机构监督管理下，可以对退耕还林项目建立分次拨付补偿资金的机制——对应当支付的补偿资金按照一定阶段一定比例分次拨付，并对植树造林的后续维护工作、存活率等制定相应的考核指标，未达到预期效果的要相应扣减补偿资金。当然，该机构还要高度重视对财政转移支付补偿过程中部门分割、地方截留等损害农牧民利益的行为进行严格监督与管理，切实保护西部生态直接建设者的利益。这样，就能够增强财政转移支付对西部生态补偿的效果。

2. 征收并逐步提高西部生态环境补偿税（费）

从世界各国生态补偿的经验和我国生态补偿的实践来看，税收手段日益成为政府生态补偿的重要手段。西部地区作为我国生态的屏障区域，为全国的生态环境安全提供了难以计量的生态服务，需要设置具有典型区域差异的税收制度，补偿西部的生态保护与建设，以体现"分区指导"的思想。为此，我们应当通过建立生态环境税制度，形成稳定的西部生态环境保护与建设资金来源，实现西部生态环境保护与建设投入的规范化、社会化和市场化。

建立西部生态补偿的税收制度主要应正确界定纳税人的范围，确定税基、税种以及税率。

（1）纳税人的界定。从总体上看，西部生态环境补偿税的纳税人应包括以下三类：①受益于西部生态环境的纳税人。这类人主要是指因为西部生态环境的改善而受益的人，如因西部所处的长江、黄河流域上游生态环境改善，减少洪水泛滥次数和沙尘暴威胁，改善空气质量而给中下游区域带来益处。可以考虑按人均收入水平的高低特别是流域的上中下游位置，开征一种有差别的生态环境建设税。②消耗西部生态资源的纳税人。这类纳税人是指利用西部生态资源，对森林、土地、矿产进行开发的个人和单位。③对西部生态环境构成危害的纳税人。这类纳税人主要是指向西部排污的企业和个人。

（2）税基的确定。西部生态环境税的税基应确定为生态环境服务价值和生态资源消费量。具体包括：①生态环境服务价值衡量可以以生态环境的改善率计算税基，如以森林覆盖率、草地恢复面积、碳汇指标提高率、空气质量等级、水土保持量（面积×无林地水土流失量与有林地水土流失量的差值）等来计算。②以生态资源消耗量为税基。如森林采伐可以以木材第一次销售价值为税基，这实际上是对生产环节的征税。这样，既能减少对资源的需求，又能减缓资源开采的速度。同样，对矿产资源开发、水资源的消耗也应当开征资源税。

（3）税种的选择。西部生态补偿的税收种类主要应当包括资源税、增值税、所得税和消费税等。从资源税来看，目前我国与自然资源有关的税种主要有资源税、消费税、城建税、车船使用税、固定资产投资方向税等。但是，我国对煤、石油、天然气、盐等征收的资源税，主要是针对使用这些自然资源所获得的收益而征收的，并不是为了促进资源合理有效的开发和利用，因而并非真正意义上的资源税。今后，应当根据环境破坏程度对西部的各类矿山企业开征生态补偿税，使治理污染的费用能够进入企业的产品成本中，解决环境成本外部化问题，同时能够增强企业保护生态环境的意识。从增值税来看，应当采用消费型增值税，增加对西部企业购置用于消烟、除尘、污水处理等方面的环保设备允许抵扣进项增值税额的优惠规定；对西部进口的环保设备及用于生产环保设备的材料在进口环节给予一定增值税减免优惠，发挥增值税对西部生态补偿的促进作用。在所得税方面，可以考虑给予西部资源节约和环境保护一定的支持。根据国家环保要求和税收标准，对于西部企业环境保护、节约能源或者是安全生产方面的设备投入以及研发给予征免抵扣的税收优惠。在消费税方面，发挥消费税在西部环境保护方面的调节作用，扩大消费税征税范围，将一些对西部生态环境危害较大的消费品如贺卡、一次性塑料包装物等纳入征税范围。

（4）税率的确定。在制定西部生态环境税的税率时应注意三个问题：①税率不能过高。如果税率过高，一方面会使西部的资源得不到必要的开发，影响资源供给，从而影响西部乃至全国经济的稳定发展；另一方面税率过高可能导致资源的开发成本上升，从而引发资源价格上涨，最终可能引发通货膨胀。②税率要根据西部生态建设的不同类型分别确定。由于西部各地生态地位不同，差异较大，所要求的环境质量也不一样，因此，应设立不同的税率。例如，应当制定西部禁止开发区的生态补偿税率>限制适度开发区税率>适度开发区税率>优先开发区税率的政策。

这里，需要特别提到的是西部自然资源的开采征税问题。西部是自然资源富集区，特别是国家战略性资源如石油、天然气等的集中区，发展资源开采型经济是西部作为国家资源输出基地的一个长期战略。因此，在征收西部生态环境补偿税、建立生态环境税制度的过程中，要特别强调西部自然资源的开采征税问题。对西部自然资源的开采利用，无论企业是否销售获利，都会对资源造成破坏，应考虑以开采量作为企业缴纳资源税的计税依据。在合理划分西部资源等级的基础上，对不同等级的矿山、油田等西部自然资源的开采实行不同的征税标准。而且，对西部矿山、油田企业来说，在不同开采阶段的税率应当不同。一般应当采取"橄榄型"税率政策，即开发初期和末期税率低，开发中期税率高。此外，应当根据情况逐步提高税率。对于破坏西部生态环境情况较重的资源开采行为征收较高的税率，限制其开采。根据我国的资源税结构和规模，建议西部的资源税中央共享部分，全额用于西部生态补偿；西部的资源税地方收入部分的 10%，用于西部的生态补偿。这样，可以促使企业根据市场需求合理开发利用西部的资源，同时可以为西部生态补偿提供稳定的资金来源。

当然，在西部生态补偿税收制度尚未实施或尚不完善、税收手段尚不丰富的现阶段，西部生态补偿仍然应当保留和恢复必要的行政收费补偿制度，探索西部生态补偿收费的方法，制定严格的征收制度。其收费的范围应当包括矿产开发、土地开发、旅游开发、自然资源、药用植物和电力开发等领域。收费方式应当按项目投资总额、产品销售总额、产品单位产量收取，按生态破坏的占地面积收费，综合性收费和押金制度等等。收费标准可以是固定收费，也可以根据情况采取浮动收费（按比例）标准。这种方式也可以在一定程度上解决西部生态补偿的资金来源问题。

这里，应当特别强调的是，今后我国特别是西部应当逐步扩大排污收费的范围，提高排污收费标准，加大收缴力度。同时，西部土地出让将是一个长期趋势，应当将土地出让金按一定比例转化为生态补偿费。因为土地出让形成级差地租的一个重要原因，是生态功能转化为经济功能，最典型的是耕地转化为工业用地。因此，西部土地出让金中的一定比例用于西部的生态补偿，具有一定的理论依据。建议在西部土地出让金改革中，用一定比例（如 5%）作为西部生态补偿的固定收入，一旦实现了中央、地方共享，则中央、地方各 5%，作为二级财政的生态补偿固定收入。而且，西部生态补偿各种费用的收取与支出应当严格分开，坚决防止收费单位"坐支"的行为，以"收支两条线"原则来确保专款专用，保证所收取的费用真正用于对西部生态的补偿。为此，建议西部有条件的地方建立生态建设与补偿专用账户，将所有生态保护与建设的收入与支出纳入该账户统一管理，避免部门分割和层层截留，畅通西部生态补偿渠道。此外，要积极实验、建立西部生态破坏保证金制度（或抵押金制度），逐步实施费改税政策，探索西部生态补偿的市场化机制。例如，西部矿山的开采应当实行复垦保证金或抵押金制度，矿山企业应按矿产品销售收入的一定比例提取环境治理恢复保证金，未能完成复垦计划的，其押金将被用于资助第三方进行复垦。

3. 加大对西部生态的项目补偿力度

加大对西部生态的项目补偿力度，是使西部生态建设从"输血"式补偿向"造血"式补偿转变，形成西部生态保护、建设与西部经济发展、西部人民致富良性循环的重要方式。具体来看，有两方面内容。一方面，要加大对西部有关生态保护的科研、建设和开发等项目的资助和扶持力度。例如，可以适当增加西部退耕还林（草）的区域、面积，对有利于西部环境保护的工业生态型项目加大资金支持力度，等等。另一方面，要对西部地区居民因生态建设与保护而丧失的利益给予项目支持补偿。例如，对西部被国家"十一五"规划划定为禁止开发或限制开发的区域，国家应当对该区域居民通过"异地开发"、"下山脱贫"、"替代产业"、"替代能源"等专门项目，给予重点支持和补偿。特别是对

385

西部资源丰富的区域，国家在安排生产力布局时，应当将国家要上的与西部资源有关的石油、煤化工、磷化工、电解铝生产及深加工等重大项目尽可能在西部安排并就地延长其产业链，尽可能将附加值留在西部，上项目的同时环保工程也起步；在产业结构调整过程中，尽力帮助西部优化其产业结构，并根据西部欠发达的特点给予差别对待和政策支持，只要不影响环境、不影响生态，能创造一定税收并解决一些就业的企业，就应该允许其生存、发展；下游受益地区应当对上游退耕还林区培植后续产业进行劳动力培训等项目支持。

4. 政府补偿的其他方式

政府生态补偿除了上述方式外，还可以采取政策倾斜、财政补贴、政府"绿色"采购等方式。例如，政府可以采取专项资金、基金、国债、差异性的区域政策等政策倾斜对西部生态进行补偿。中央财政和长江、黄河下游省区财政可以建立更多的专项资金，对西部有利于生态保护和建设的行为给予资金补贴和技术扶助。财政还可以积极鼓励企业自愿投资到西部地区的环境保护中来，给予其一定的优惠政策，如低息贷款、加速折旧、环保和治污方面的研究开发费用允许据实列支等。国债可以以更大比例用于西部生态保护与建设的补偿。金融机构可以以低息或无息贷款的形式向西部有利于生态环境保护的行为和活动提供贷款。政府把有利于西部环境保护、生态平衡、资源节约和合理开发利用等特定政策目标纳入政府采购来考虑，通过政府的"绿色"采购，优先购买西部具有绿色标志的、非一次性的、包装简单的、用标准化配件生产的产品，即购买西部的清洁产品来补偿西部的生态保护与建设。

二、西部生态的社会补偿

西部生态的社会补偿方式将在西部生态的整个补偿中占据越来越重要的地位，因为政府对西部生态的补偿能力与西部生态保护及建设所需要的补偿之间存在巨大差距。国际经验表明，环保投入占 GDP 的比例达到 $1\%\sim1.5\%$，只能基本控制污染的加剧，达到 $2\%\sim3\%$，才能逐步改善环境。而我国目前用于环境保护的投资总额为 2 388 亿元，仅占我国国内生产总值的 1.3%，与其他发达国家相比有很大的差距。例如，美国在 20 世纪 80 年代环保投入就已达到国民生产总值的 2.1%。可见，我国对环境保护和污染防治的财政投入还是太少，与现阶段环境保护的迫切性、重要性不相符，这必然影响我国经济社会的可持续发展，不利于和谐社会的建立。这一点在生态保护与建设任务极重、发展致富愿望也极强的西部地区表现得尤为突出，迫切需要充分调动社会各方面的积极性，通过社会力量来加大对西部生态补偿的力度。西部生态社会补偿的具体方式包括：

1. 社会捐助

一方面，我国特别是西部各省区应积极争取全球环境基金、联合国环境署、世界银行、亚洲开发银行等官方国际组织和世界野生动物保护基金会等民间国际组织，直接对西部生态进行补偿。另一方面，国家应当积极鼓励企业捐赠。要深化企业财务制度、企业所得税等改革，引导企业为西部生态补偿服务。此外，随着我国经济的发展，人民收入及生活水平的提高，对环境的要求也将提高，我国公民特别是一些高收入者对西部生态建设的捐款也会不断增加。西部地区应当有意识地采取切实可行的措施，广泛动员，引导社会大众关注西部生态补偿，积极贡献力量。

2. 发行生态彩票

目前，彩票业已发展成为世界第六大产业。我国的彩票业发展也十分迅速，体育和社会福利彩票销售火暴，销售方式不断创新，发展潜力巨大。我们要总结和借鉴体育彩票和福利彩票的发行经验，发行西部生态补偿彩票，使之成为生态建设和保护的重要融资渠道，特别是让民众心系西部生态环境保护与建设，真正实现"取之于民，用之于民"。

3. 自愿义工

目前，我国有非政府环保组织1 000余家，我们应当充分发挥民间组织和环保志愿者的积极作用，为西部生态补偿提供资金、劳动、技术和智力支持。

三、国际合作与西部生态补偿

西部要通过国家或各省（区、市），积极利用国际组织和外国政府的贷款或赠款，努力形成西部生态补偿多元化的资金格局。特别是与西部相邻的国家，大都有意愿改善我国西部的生态环境。因此，西部接受一些国际组织和外国政府、单位的捐款或援助是可能的。目前，西部首先应当加大力度，争取一些国际组织如全球环境基金（GEF）、世界自然基金会（WWF）等对我国西部的生态补偿提供更多的资金援助。此外，西部地区应当与邻国和其他国家加大合作力度，创新合作方式，获得更多的国际支持，为生态补偿筹集更多的资金。

四、生态移民与西部生态补偿

国家应当制定政策鼓励西部地区进行必要的生态移民。对西部的禁止开发区和限制开发区以及一些特殊的生态保护区，国家应当通过财政转移支付、异地项目开发融资、贷款贴息等多种形式支持这些区域进行生态移民，确保这些重要区域的原生态环境不被"开发"和破坏。

此外，要探索建立科学合理的西部生态补偿标准。目前，我国生态补偿的标准主要是根据直接成本来确定的，即按照生态建设者的直接贡献或直接损失给予补偿，几乎没有考虑机会成本，更没有按照西部等江河上游省区生态对中下游地区生态产生的实际价值进行补偿。因此，从总体上看，补偿标准较低。这一方面是因为用于生态补偿的资金有限，另一方面也与人们对生态价值的认识不足有关，还与对生态价值的计量方法不完善、不成熟而导致生态价值难以准确计量有关。其实，究竟应当如何确定生态补偿的标准，目前国际上也没有统一的做法。从欧盟等国家来看，机会成本法是采用相对较为广泛的方法，即根据各种环境保护措施所导致的收益损失来确定补偿标准，然后再根据不同地区的资源环境条件等因素制定出有差别的区域补偿标准。我们应当综合考虑西部生态的实际价值、机会成本和直接成本以及我国的补偿能力，将实际价值补偿法、机会成本补偿法以及直接成本补偿法有机地结合起来，确定一个相对合理的补偿标准。同时，应当根据西部各地自然、地理、气候等现实条件的不同以及生态建设的任务轻重、建设难易、质量优劣等差异，制定不同的补偿标准，尽量减少"高补"、"低偿"和"踩空"的现象。例如，青海是我国最大的产水区和水源涵养区，被誉为江河源头、中华水塔，其限制开放、禁止开发区面积大，约占全省国土面积的 60% 以上，生态保护和建设任务重、难度大、影响广，其补偿标准应当高于其他省区。

第九章 完善西部开发生态补偿的制度、政策、措施

第一节 建立西部开发生态补偿的法律制度

一、生态补偿制度应该成为一项法律制度

生态补偿制度法律化是建设生态补偿机制的重要保障，也是实施可持续发展战略的关键一环。生态补偿实质上是一种利益协调，也是一种矛盾协调。利益协调可以通过经济途径、观念途径、制度途径等多条途径予以实现。与利益协调的经济协调和观念协调不同，利益冲突的制度协调是指针对利益关系直接进行协调，是通过对人们之间利益关系的重新定位和对人的利益行为范围的限制来实现利益协调的。从人类社会利益协调的历史来看，利益冲突的利益协调通常是以国家协调的形式表现出来的，利益协调是国家的重要职能。在对社会利益冲突的制度协调中，法律制度是其中的核心内容之一。通过法律机制的协调，可以有效降低政策协调、经济协调和观念协调的主观随意性，从而最大限度地保

持利益制度和整个社会的稳定。强调法律制度在生态补偿中的重要性和权威性，对于整个生态保护和建设的可持续发展具有至关重要的意义。

生态补偿在法律法规和制度上得以明确是从排污收费制度开始。排污收费是在我国环境管理制度中提出得最早并普遍实行的环境管理制度，排污收费也是对生态环境的一种补偿措施。经过几十年的改革和完善，我国规定了水、气、固体废物、噪声、放射性5大类100多项排污收费标准和管理制度。在我国直接关于生态建设补偿的法律法规中，明确要求建立森林生态效益补偿制度，森林生态效益补偿基金在法律上的地位也得到了明确。我国的《水法》、《矿产资源法》上也有关于资源补偿的相近规定，环境有偿使用以及环境产权的基本观念也在《宪法》以及其他法律中得到了确认。

然而，我国生态补偿规定大多是政策层面的，而且政出多门，未形成完整统一的向社会公布的政策文件，这给生态补偿活动的展开带来诸多障碍和限制。同时，当前的法律法规体系也很不完善，如对各利益相关者权利义务责任界定及对补偿内容、方式和标准规定不明确；立法落后于生态保护和建设的发展，对新的生态问题和生态保护方式缺乏有效的法律支持；一些重要法规对生态保护和补偿的规范不到位；法规的刚性规定需要一些因地制宜的柔性政策进行补充，等等。因此，有必要及时系统梳理我国的有关法律法规，重新修订有关法规，将生态补偿上升为法律规范。明确国家、地方、资源开发利用者和生态环境保护者的权利和责任，建立生态补偿的长效机制，避免生态补偿制度的短期化。生态补偿政策法律化，使补偿制度名副其实地成为使受损权益得到恢复和弥补的一种法律手段和法律制度。

二、生态补偿立法的理论和政策基础

1. 理论基础

宪法关于环境保护的规定是各种环境法律、法规、制度的基础。我国《宪法》对环境保护的基本政策和原则作了一系列的规定，如第 9、10、22、26 条。其中第 9 条第 2 款是直接针对环境资源的："国家保障自然资源的合理利用，保护珍贵的动物和植物。禁止任何组织或者个人利用任何手段侵占或者破坏自然资源。"这些条文是生态补偿制度立法的基础。

我国《森林法》对生态补偿机制也作了一些规定。据报道，1999 年国家财政部和林业局就向国务院递交了《关于报请审批〈森林生态效益补偿金筹集和使用管理办法〉的请示》。无疑，这给生态补偿金的解决提供了思路。向利用生态系统获利而导致损害生态系统者收取费用，我国已有了成功的尝试，如收取矿产资源补偿费等。

2. 政策基础

我国最有影响的生态补偿政策是退耕还林对农户的补偿。这项政策的实践从 20 世纪 70 年代开始，分三个阶段实施。这项工程标志着我国政府已充分认识到森林植被对于全国的生态功能具有巨大价值，也标志着我国在跨区域生态补偿方面迈出了一大步。

1998 年通过的《森林法》规定，国家建立森林生态效益补偿基金，用于提供生态效益的防护林和特种用途林的森林资源、林木的营造、抚育、保护和管理。2001 年发布的《森林法实施条例》中明确规定，防护林、特种用途林的经营者，有获得森林生态效益补偿的权利，从而使森林生产经营者获取补偿的权利法定化。在 1998 年实施天然林保护工程后，于 2000 年在西部 13 个省、市、区 174 个县开始实施大规模退耕还林工程，它以生态恢复为主要目标。在我国一些地区，多年来已出现一些行政区域内的生态补偿案例，特别是在一些成功的小流域治理或是生态农业县的实践中，实现了在一个较小范围内将生态保护与农业经济协调发展。近年来，我国部分地区出现了跨行政区域进行水利基础设施建设和水商品买卖的现象，这意味着在水资源利用方面生态补偿关系的确立。

再如，1984 年我国第一次开征矿产资源税，我国政府以矿产资源所有人身份向矿山企业征收税费。其初衷在于调节资源自然条件形成的资源级差收入，平衡企业利润水平，为企业间的公平竞争创造良好环境，而不是为了补偿资源的价值，更不是为了生态补偿。1994 年，国家重新颁布了《资源税征收条例》，对资源税的征收办法作出了"普遍征收，级差调节"的修改。自此条例实施以来，对于矿产资源的合理开发产生了积极的效果。直到 1998 年，我国《矿产资源勘查区块登记管理办法》、《矿产资源开采登记管理办法》、《探矿权开采权管理办法》三个法规出台，将矿业权的有偿使用制度具体化。探矿权使用费和采矿权使用费都是由矿业权人根据其申请得到的矿区范围的面积，按照标准逐年缴纳。从理论上看，探矿权使用费和采矿权使用费都是资源占有和开采的使用费，其征收依据是自然资源有偿使用理论，由此体现了资源价值补偿的性质。

1994 年，我国正式开征矿产资源补偿费，征收主体仍为采矿权人。中央与地方就收取的矿产资源补偿费 4：6 分配。中央将分配所得的资金纳入国家财政预算，实行专项管理，其中 70％用于矿产勘察支出、20％用于开采矿产资源环境保护支出，最后 10％作为矿产资源补偿费征收部门的经费补助。这为我国自然资源的有偿使用和生态补偿制度的建立提供了思路，是我国制定矿产资源持续利用战略政策迈出的可喜一步。

三、构建西部生态补偿法律体系

我国有关生态补偿的法律体系缺乏内在的协调性和合理性，内容上也很不完善，因此需要从以下几个方面重构和完善：

首先，应确立生态补偿的宪法地位。宪法是我国的根本大法，而生态补偿是推进可持续发展的重要举措，所以只有明确生态补偿的宪法地位才能实现西部资源的可持续开发。确立生态补偿的宪法地位主要是对生态环境的产权进行严格界定。我国《宪法》第 9 条规定："矿床、水流、森林、山岭、草原、荒地、滩涂等自然资源都属于国家所有，即全民所有；由法律规定属于集体所有的森林、山岭、草原、荒地、滩涂除外。"这意味着在我国，生态

395

环境是整个社会的财富，它在本质上不属于单一的个人或某个团体，是公共财产。这就导致在实践中因种种说不清道不明的关系，使生态环境的权利和义务缺失主体。生态环境所有权的虚化现象在我国是一个普遍存在的客观事实。所有权的虚化直接导致产权的模糊。所以，建议对国家和集体所有的自然资源在原所有权不变的前提下，应当尽可能地分散自然资源的经营权和管理权，将因生态保护所得的补偿直接分配给自然资源经营者和管理者，并建立起责权利相协调的竞争和激励机制。

其次，制定、完善我国的环境保护法。修改《中华人民共和国环境保护法》，使其成为我国名副其实的环境保护综合性基本法。加大保护自然资源和生态环境的力度，改变其偏重于污染防治的现状，使生态保护与污染防治并重，并对生态效益补偿制度作原则性规定，使其与征收排污费制度一样成为环境保护的基本法律制度。在环境保护基本法中把可持续发展战略作为环境立法的指导思想，重新审视我国的环境保护法律法规，把自然资源有偿使用原则和生态效益补偿制度确立为我国环境保护的基本原则和基本制度，将生态环境补偿制度上升为环境保护法基本制度的范畴，使国家生态环境补偿机制法制化。这不仅是理论上的科学论断，也是实践中的客观要求，生态环境补偿制度要符合基本制度的普遍适用性。同时，对原有法律法规中没有涉及的领域如运用市场机制解决环境问题等内容加以补充。修改环境保护单行法，明确生态保护的立法目的，对《森林法》、《草原法》、《野生动物保护法》、《水土保持法》等已确立的生态补偿制度要进一步具体化、完善化，使之具有可操作性和科学性。在其他资源保护和污染防治法中增加生态补偿制度，尤其是生态补偿要融入《中华人民共和国环境影响评价法》中。环境影响评价能解决和满足生态补偿融入环境保护实践所需的各种条件，又具有独特优势。修改某些环境保护标准，在对生态服务功能的指标、监测手段、计量技术、补偿标准等方面的研究取得进展，对生态服务功能损益的数量化标准较为统一后，修改环境保护标准中的某些环境质量标准和污染物排放标准，为生态补偿的顺利开展奠定坚实的技术基础。

对《中华人民共和国环境保护法》和各自然资源法中有关生态保护的法律义务，在法律责任中应作出相应规定，并加大对破坏生态和自然资源的违法行为的处罚。在确定具体数额时，应考虑违法行为所造成的生态价值损失，不能仅以被毁资源的经济价值为依据，规定处罚的形式不仅是罚款，还可以采用其他补偿形式。

再次，完善相关部门法。生态补偿法律还应与其他相关部门法形成体系，避免单就补偿论补偿、就利用论利用的片面性，减少各部门法之间的适用冲突。具体来看，完善我国新《刑法》第六章第六节中有关破坏环境资源保护罪的规定。按生态补偿的要求，对《刑法》主要是完善其立法目的，要从保护生命、健康和财产安全转向包括生态系统的保护。新《刑法》虽然将环境犯罪独立出来进行规定，但生态保护的指导思想并没有贯彻始终，这明显地体现在环境犯罪的构成要件上。有些罪名注重保护的是人身和财产安全，对生态利益的损失没有纳入考虑的范围。如《刑法》第 338 条对重大环境污染事故罪的规定："违反国家规定，向土地、水体、大气排放、倾倒或者处置有放射性废物，含传染病病原体的废物，有毒物质或者其他危险废物，造成重大环境污染事故，致使公私财产遭受重大损失或者人身伤亡严重后果的，处三年以下有期徒刑……"按犯罪的构成要件，构成该罪的客观方面的必要条件是"严重的危害后果"，表现为公私财产的重大损失或者人身伤亡的严重后果，即该罪的结果要件只是人身和财产。这一规定反过来说明若没有人身伤亡和财产重大损失，即使造成了重大环境污染也不构成重大环境污染事故罪。这与该罪设立的目的是为了保护公民的环境权益，包括清洁、舒适的环境权益和合理开发利用并可持续发展的环境资源保护权益等相违背的。还有一些罪名如非法处置进口固体废物罪、擅自进口固体废物罪、盗伐和滥伐林木罪等环境犯罪的规定也存在类似的问题。所以，对《刑法》主要是完善其立法目的。同时，在司法审判实践中对破坏自然资源犯罪行为除处刑外，还应责令犯罪者承担恢复和补救的责任，《刑法》条文中还应附带规定犯罪者的恢复和补救责任。对被处刑羁押者可引入"代履行制度"，即责令犯罪者缴付一定数额的金钱，而由他人代为履行恢复和补救的义务。对于《民法通则》，其作为保护财产的基本法，应建立适应生态补偿的物权制度。我国正在修订民法典，对自然资源的用益物权或准用益物权应该加以明确规定，以解决水资源、土地资源的生态补偿等问题。

最后，在各资源保护法中明确规定生态效益补偿制度之后，国务院应配套制定和颁布《生态效益补偿条例》，对生态效益补偿的目的、方针、原则、对象、范围、方式和标准，生态效益的评估，补偿额的确定，以及监督管理和法律责任等进行详细的规定。考虑到西部生态环境的特殊性及其在国家经济社会发展中的重要性，有必要在《生态效益补偿条例》中明确授权国家环保总局针对西部生态环境的特殊性制定专门的《西部生态效益补偿管理办法》，对西部生态效益补偿作更具体的、可操作的规定，尤其要对在生态效益补偿制度中如何协调西部地区与其他区域的关系作细致的规定。同时，应尽快制定如"可持续发展法"、"西部地区环境保护法"等，对西部的生态、经济和社会的协调发展作出全局性的战略部署，对生态环境建设作出科学、系统的安排。允许西部省份在遵循上位法原则要求的情况下，考虑其生态环境的特殊性而对生态效益补偿制度实施作特别规定。建议在西部这样的特殊生态功能区实行特殊的物权制度，特别是土地、草原、山林、水面的所有权和使用权制度，如延长森林和草原的承包期，将承包权物权化等。

四、完善西部生态补偿立法机制，加强执法监督

完善立法机制，实现利益相关者广泛、平等参与。应逐步改变部门立法的传统，实行人大常委的专职化、年轻化、专家化，实行专家立法。利益相关者，尤其是受害者应该参与立法，像制定《物权法》那样广泛征求社会意见，加强和完善听证制度，真正反映利益相关者的诉求。建立健全违宪审查机制，对现行法律法规制度进行违宪调查。

加强环境执法、监督工作。各级行政执法人员要正确运用各种

权力，严格依法行政，追究政府违法、部门违法和其他各种违法行为。各级人民法院、人民检察院应加强对生态破坏行为的打击力度，及时审理生态环境保护中的民事、行政、刑事案件。对于行政机关申请法院强制执行的案件，要及时审理，尽快依法执行。对于置国家法律法规于不顾，破坏资源、污染环境的单位和个人，构成犯罪的，要坚决依法追究其刑事责任。要建立和完善环境执法监督管理体系。在生态建设过程中，各级人大要切实发挥法律监督的作用，加强对各级政府和有关部门生态环境执法的监督，防止出现不作为、乱作为和执法不规范的问题。要采取有效措施，夯实环境监管基础，严肃查处各种排放污染物的违法行为；强化执法监督，环保部门要依法对环境保护实施监管；对涉及水环境污染的重点地区、重点范围、重点查处的企业，重点监管，重点督办。执行排污申报登记与排污许可证制度；对超过排放总量控制指标的，限期治理。要广泛宣传发动，建立健全公众参与机制；建立健全公众举报制度和公众听证制度。

第二节　构建西部开发生态补偿制度保障

一、界定划分中央与地方生态的事权和责任

1. 明确政府的生态责任

生态环境的客观情况与政府发展经济的内在需求，促使政府履行生态责任。首先，政府对自然的生态责任。传统公共管理以获取最大经济发展为首要目标，很少考虑环境问题，甚至不惜以

牺牲环境为代价。可持续发展要求充分考虑环境生态的价值，走技术进步、提高效益、节约资源的道路，公正地对待自然，科学开发、合理利用，最大限度地保持自然界的生态平衡，这一重任无疑应当由政府来承担。其次，政府对市场的生态责任。市场是生态链条中的关键环节，在这里，政府作为有着广阔的空间，比如规范企业生产绿色产品标准、注重产品的再生资源的开发和利用、制定绿色产品价格、帮助企业开展绿色营销，等等。再次，政府对公众的生态责任。可持续发展思想的一个核心内容是平等，它包括两方面，一是体现未来取向的代际平等，二是体现空间观念的代内平等。

2. 政府事权不明，职责不清，影响了财政对环保事业的扶持力度

分税制财政的关键是划分各级政府的事权，确定相应的财权，从而实现优化财政支出结构，提高财政支出效率的目标。而在我国分税制财政体制改革过程中，各级政府事权划分过于笼统，对于环境保护这项政府间的交叉性事务，并没有根据各级政府的职能进行清晰明确的界定，各级政府在生态环境保护方面的事权、财权不对称，从而严重影响了财政支出效率的提高。生态环境保护，它本身兼有全国性和地方性公共产品的双重特征，所以必须根据具体项目在中央和地方政府之间划分事权。按照国际惯例，全国性的大气环境整治、大江大河治理和草原森林等植被保护应界定为中央政府的职责，而社区环境建设，如城市水源、市政绿

化、地区空气污染防治等应成为地方财政的重点支持对象。社区环境支出在各国地方财政支出中的比重通常都比较高,如英国该项比重为 21.16%,以色列为 15%,菲律宾也达 6%。而我国由于在生态环境保护方面各级政府间事权财权不明,不仅中央生态环境保护支出占全国财政支出的比重从未超过 1%,而且地方财政生态环境保护支出比重也明显偏低。例如,1998 年广东省南海市全年环境保护补助资金支出为 1 795 万元,仅占全市财政支出的0.9%。全国其他地方的生态环境保护支出水平也大体相当。可见,我国财政对生态环境保护的扶持力度大大弱于世界其他国家。

3. 明确划分中央和地方的生态事权

随着社会经济的快速发展,生态补偿作为生态环境保护和可持续发展战略的重要组成部分,其对社会经济的重大意义愈发凸显出来。具体明确划分中央和地方在生态补偿方面的事权、财权,清晰界定各自的财政支出范围,优化财政支出结构,提高财政支出效率。中央在全国性的生态补偿中应发挥主导作用,必须明确把生态补偿列入财政活动范围,在财政预算中单独设立环境保护类收支项目,通过法律形式准确定位财政的生态补偿职能。改变生态补偿资金的预算外管理方式,彻底实现生态补偿收支的预算管理,把生态补偿收支纳入系统化、法制化的财政预算轨道。国家预算内基本建设投资、财政支出资金、农业综合开发资金等的使用,都要把生态补偿作为一项重要内容,统筹安排,并逐年增长。地方财政也应重点支持地区生态补偿,在不断增加生态补偿财政投入的基础上，改进生态补偿财政资金管理办法，加快生态环境治理和保护的科研开发和运用的结合推广，以环保技术推广和环保产业为重点，集中资金扶持环保企业和生态保护工程，培育地区经济增长点。

现阶段尤其要抓住西部大开发的契机，大力发展生态环境建设，加大生态补偿力度。因实施退耕还林还草、天然林保护等工程而受影响的地方财政收入，国家应给予一定的补助，以充实地方生态建设资金。在政策许可范围内，通过一些优惠政策和措施，按照"谁投资、谁经营、谁受益"的原则，鼓励社会上的各类投资主体向生态环境建设投资。加强已建立的林业基金、牧区育草基金的使用管理，切实将其用于水土保持、植树种草等生态环境建设，并积极开辟新的投资渠道。按照"谁受益、谁补偿，谁破坏、谁恢复"的原则，建立生态效益补偿制度。

另外，为解决地区生态补偿资金不足的问题，应该在中央和地方之间建立规范的转移支付制度，甚至可以采取财政返还措施，如以粮代赈，促进地区退耕还林、还草，以提高地区生态环境保护建设的能力。此外，可以通过设立地区生态补偿基金，完善有偿使用生态资源的经济补偿机制，一方面适当地减轻财政压力，另一方面为生态补偿筹措稳定的资金。积极争取利用国外的长期低息贷款和赠款，优先考虑安排生态补偿建设项目。

4. 生态公益林中的事权的划分

从长远看，大部分生态公益林应该实行国有化经营。生态公益

403

林的产权设计、经营主体、管理形式应该尽量与生态公益林的公共物品属性、与生态公益林业的公益事业属性相协调。唯有如此，生态公益林业的分化、发展、壮大才能顺利实现。然而，我国大部分生态公益林的区划界定是在非常复杂的产权状况、经营状况、林木状况以及社会经济发展状况的基础上进行的。由于现实林权结构的制约，在相当长的过渡期内，公益林的经营代理关系会普遍存在，必须在抽象出的"经营者—政府"补偿关系域内考虑森林生态效益补偿问题。

生态公益林经营是公益事业，是政府行为。理论上，生态公益林经营主体（经营管理单位）应该是政府林业主管部门，生态公益林应归政府部门出资的事业单位和生态效益的直接受益单位经营管理。但是，生态公益林是按照社会需要，根据森林地理位置、林木实际状况，运用系统性的指标和标准（强行）划定的，被区划的森林其所有权者和经营权者有不少是分离的，经营管理部门也多种多样。实际上，只有少数生态公益林归属专门经营公益林的事业单位（比如自然保护区管理机构、防护林场）所有，大量的生态公益林则归属于各类林业企业、企业化管理的事业单位、乡（镇）村集体，甚至个体。由企业甚至个体来实施公益林的经营，理论上是不合适的，实际执行起来也是困难的。不过，在目前情况下，要将所有的公益林收归（非盈利性）专门部门来经营管理，既不现实，也不可能。在相当长的过渡期内，我国公益林所有权及经营权仍将分散在各类林业的事业单位、乡村集体及个体手中。所以，这里实际上存在一个生态公益林经营的代理问题，代理者就是实际上拥有生态公益林的林木所有权或林地使用权的各种各样的经营主体，我们把这些经营主体统一抽象为某一个"经营者"，委托者就是代表社会整体利益的某一个"政府"。"政府"把"经营者"的森林界定为公益林，"经营者"丧失其部分或者说全部收益权和处置权，"政府"需要赋予生态补偿权来换取。

二、建立绿色 GDP 制度

"绿色 GDP"是指从国内生产总值（GDP）中扣除环境资源成本和对环境资源的保护服务费用，而得到的经过环境调整的国内生产总值。绿色 GDP 不是主张将一种东西计入 GDP，而是主张将另一种东西从 GDP 中剔除。这"另一种东西"就是"生态成本"，即经济发展对环境造成的污染和对自然资本的消耗。绿色 GDP 与生态环境有着密切的关系，它要求我们在进行经济活动时注重生态环境的保护，把生态环境的破坏、资源的浪费降到最低限度。

率先在西部生态重点地区试行绿色 GDP 核算，使当地政府和当地人民的生态贡献得到社会承认，从制度上规定，激发地方政府和当地居民对生态环境保护的内在积极性，可以实现生态脆弱地区经济社会的可持续发展，达到保护、发展、致富的共赢。

1. 绿色 GDP 与生态环境的关系

（1）绿色 GDP 指标体系是对目前的 GDP 指标体系的补充和完善。过去我们对自然的过度索取，造成土地沙化、沙尘暴、草原退化、河流大气污染、水质和空气质量降低、植被破坏等，都可能被 GDP 的数字所掩盖，甚至有可能自然资源消耗越多，GDP 增长越快，对环境污染的经济活动越多、环境破坏越严重，GDP 反而越高（因为要花钱治理）。由于 GDP 不反映环境缓冲能力下降、自然能力下降和抗逆能力下降，未计一些社会行为的破坏性后果，无法真实反映社会经济发展的全貌。因此，绿色 GDP 指标体系是对目前的 GDP 评价进行补充和完善。由此看来，如果某个地区生态建设和环境保护得好，其绿色 GDP 指标就比较高。从另一方面说，哪个地区的绿色 GDP 指标高，说明那里的生态建设和环境保护好、自然资源和国民财富多、发展潜力大。这样，就有可能把欠发达地区作为新的经济增长点，促使欠发达地区走上可持续发展之路。

（2）把生态环境纳入绿色 GDP 核算体系是经济发展的必然要求。自然无价值观潜在地左右着人们有意或无意地破坏环境，使生态环境的保护建设行为在追求经济发展过程中淡化。因此，在市场经济条件下，将生态环境保护建设纳入市场机制，把开发过程中对生态环境造成的损失与技术结果收益融合考虑、评价，建立环境成本—收益分析体系，借鉴发达国家的先进经验，结合本国实际，探索建立生态经济评价核算制度和生态效益补偿制度已成为当务之急。

（3）绿色 GDP 为我们找到了经济建设与环境保护的结合点。目前我国经济发展与环境保护之间的矛盾尤其突出，探索新的思路，寻找经济发展与环境保护之间的结合点，变"两难"为"双赢"，这是全面建设社会主义现代化的正确选择。绿色 GDP 的推行，有利于全社会纠正"搞环保只有投入，没有效益"的片面认识，既充分考虑保护生态的合理性，做到不为发展经济而破坏生态环境，也不为保护生态环境而放弃发展经济，坚持经济社会发展与自然生态环境保护相统一，开发与治理相结合，努力把生态优势转化为经济优势，使所采取的每一项发展经济的措施都有利于促进生态环境的保护和建设，实现经济增长与生态环境建设的"双丰收"。

2. 进行绿色GDP核算及考核

（1）资源环境核算是生态补偿的经济效益的体现。资源环境核算是一个全新的课题，从1980年以来，已经有美国等20多个国家的政府或研究机构开展了此项研究。近十年来，世界银行与联合国统计局合作，试图将环境问题纳入当前正在修订的国民账户体系框架中。我国的此项研究工作也已进行了多年，对生态环境进行的补偿、恢复、综合治理等行为最后都要折合成经济行为，用经济效益来衡量，生态环境补偿可以看成经济效益的体现，在间接生态效益补偿中表现得更为明显。如国家在执行退耕还林、退田还湖的政策中，就是将每亩地折合成粮食和货币补偿给当地百姓，也就是用实现资源的经济效益来实现对环境生态效益的保护。可见，将环境的生态效益在价格体系中用经济效益表达出来，应该成为绿色GDP计算方式的一个显明思路，从而利用经济杠杆的力量促使人们自觉地保护环境，理性地进行经济规划。

（2）将生态保护纳入政绩考核内容。修订《环境保护法》等相关法律的时候，应当考虑在适当的条文中加入关于绿色 GDP 的规定。可以在关于环境资源的国家管理体制中规定"国家确立生态环境的环境产权核算制度，以实现生态环境补偿"。如可否考虑在《森林法》中率先确立绿色 GDP 的法律地位；因为长期以来我们在核算经济活动的时候，一般只核算经济增长或经济收入，但一些国家的经验教训表明，在经济发展过程中，很可能出现经济收入增加了，而社会财富并没有增长，甚至遭受损失的现象，其表现就是生态资源和环境被破坏了。因此，必须建立一种包括生态环境保护在内的可持续发展的政绩考核制度。为了促进绿色国民经济核算体系的构建，确有必要将生态保护纳入政绩考核内容，逐步建立行政首长责任制和部门、地区目标管理责任制，将各类生态环境建设的具体任务分解，并落实责任到各级政府部门，将有关生态环境的业绩作为政绩考核的指标。建立绿色 GDP 的目的之一在于以法律制度的规制保障生态补偿的长效机制。

第三节　为西部生态补偿提供组织保障

组织是确保各种生态保护、生态补偿和生态治理措施发挥作用的载体。无论生态补偿政策还是生态补偿技术，都要通过组织机构去实施。因此，必须加强生态补偿的组织体系建设，从管理体制、组织机构和实施体系等方面，确保生态补偿措施的顺利实施。

一、明确各部门在生态保护和生态补偿中的职能

1. 林业部门

林业部门是西部生态建设的主要执行部门。自 1998 年开始，国家先后在西部启动了天然林保护工程、退耕还林工程、京津风沙源治理工程、"三北"和长江流域等重点防护林建设工程、野生动植物保护及自然保护区建设工程，实现了西部地区生态环境初步改善的目标，并准备在此基础上，再经过 5 年努力使西部生态环境明显好转。这些项目在国家主导投资补偿的大背景下，至少还涉及三类重要的补偿关系：一是国家对退耕还林还草农民的直接粮食和资金补偿；二是国家对天然林保护中的生态公益林补偿；三是国家对地方政府的财政转移支付补偿，以及对项目区实行减免农业税费的优惠政策。

2. 农业部门

农业部门所采取的主要措施包括：①加快了草原保护与建设的步伐，2000—2002 年国家累计投资 18.8 亿元，在西部实施天然草场植被恢复、围栏项目和种子基地建设等，使 0.2 亿公顷（3 亿亩）草原得到有效保护。②推进生态农业示范县建设。③促进农业可再生能源项目的开发建设。④加大旱作节水农业建设力度。农业部先后制定了《全国节水农业发展规划 2001—2015》和《西部地区节水农业发展规划 2001—2005》，促进西部节水农业发展。

3. 水利部门

水利部门主要通过流域治理和水土保持工作实施西部生态补偿。自西部大开发以来，以长江上游、黄河上游为重点的水土保持重点工程区范围不断扩大，水土保持除了必要的工程措施之外，还必须与当地农民的生产和耕作方式、能源结构相结合，这样才有扭转边治理、边破坏局面的可能性，而这些措施又涉及与其他部门协调的问题。

4. 环保部门

环保部门在组织西部生态补偿方面的主要措施有：①在《绿色"十五"工程规划》中，重点在西部地区安排项目 337 个，占项目总数的 31.55%，总投资约 567.7 亿元，占总投资的 27%，其中生态项目 99 个，投资额 108 亿元。②启动西部生态功能区划和组织开展国家级生态功能保护区建设试点。③推动西部自然保护区建设。④加快西部地区生态环境基础设施和管理能力建设。同时，投入大量资金帮助西部地区提高监测、管理软硬件水平，对管理人员进行培训，提高西部生态环境管理水平。

环保部门应该制定更优惠的政策，为西部地区的环境基础设施建设提供更优惠的投融资条件，广泛吸纳民间资本，排污费使用方面加大对西部地区的倾斜；制定国家统一的环境政策和准入标准时，考虑东西部地区处于不同发展阶段上的公平性，建立适宜的梯度政策等。

5. 国土部门

在土地管理、矿产资源管理中通过实施基本农田保护制度、土地整理、土地复垦和矿产资源有偿使用等，部分体现了对生态环境的保护与补偿：①《土地管理法》等相关法规明确规定了对土地和矿产资源开发中生态环境保护的责任，同时明确了土地复垦等要求。②将保护耕地提升到基本国策的层次，制定了严格的基本农田保护制度，要求实施"占补平衡"。③对重大项目建设和城市发展征用土地制定了详细的土地补偿标准，不仅包括资金和实物补偿，还包括相应的就业机会的补偿。④制定了土地复垦和土地整理的详细规范，并且对复垦和整理后的土地在税收和利用政策方面给予优惠。

针对西部地区，国土部提出：充分发挥国土资源在西部大开发中的基础性作用，完成退耕还林还草的阶段目标，为基础设施建设、生态建设和环境保护、产业结构调整提供支持；科学合理开发利用矿产资源，逐步形成符合市场体制要求，技术含量、开放程度较高的"绿色"矿业；合理利用地下水资源，综合整治国土，初步实现资源开发利用、经济发展与生态建设和环境保护的良性循环。具体举措包括制定西部相关土地管理政策，加大对西部十大矿产资源集中区的矿产勘察与利用，1999—2002年国土资源调查经费的60%用于西部地区。筹措资金，开展西部国土整治，加大矿山生态环境恢复治理与土地复垦力度等。

二、加强部门协作,建立健全西部生态补偿的管理体制

生态环境系统是一个整体,各地区的经济又联系在一起,近几年的事实已经说明,大范围生态补偿机制不可能由一个地区或一个部门建立起来。目前我国生态环境管理体制存在缺陷,生态环境管理分别涉及林业、农业、水利、国土、环保等部门,部门分头管理的格局短期内难以有根本性的变化,无法解决跨省市之间、上下游和行业间生态环境补偿问题。有必要建立有效的生态补偿管理体制,这对于保护生态环境,减轻自然生态环境的压力,具有至关重要的作用。一个有效的生态补偿管理体制,主要包括以下几方面内容:

1. 强有力的协调机制

目前,生态补偿方面最大的问题是缺乏一个强有力的协调机制,部门之间、地区之间、部门与地区之间缺乏交流和协商的渠道,在涉及多部门、多地区的生态补偿、流域治理和灾害防治等方面,组织不起相互配合的一致性行动,甚至出现争夺资金、推卸责任的现象。因此,建立强有力的协调机制,是非常重要的一项工作。应由中央统一协调,定期对生态补偿有关的战略目标、资金保障、政策制定、工作步骤、人才调配等进行磋商,避免因行政管理体制约束而带来各自为政、相互掣肘产生的效率损失,通过完善工作机制减少行政交易成本,提高行政管理效率。

2. 有效的决策机制, 以减少决策的随意性

要实行决策责任制度, 禁止领导干部随意拍脑袋、乱指挥。要改变现行以经济发展成绩考核官员和提拔干部的制度, 确立以可持续发展为内存的考核制度, 加强领导干部决策的责任心。例如, 在考核指标上应考核植树绿化、水土保持、污染治理、资源保护、生态恢复、社会和谐、文化发展等指标。更重要的是, 要由地方人民来考核领导干部的政绩, 决定领导干部的升降。

3. 科学的项目实施制度

比如, 退耕还林还草工程应该包括生态恢复项目和生产替代项目两方面内容。其中, 生产替代项目必须强调经济效益, 生态恢复项目则应注重生态效益。目前存在的问题是, 以为将边际土地上的种植业结构调整为林业结构或牧业结构, 就可以达到既减少水土流失又增加农民收入的目标, 这种想法很可能是不切实际的。

4. 做好生态补偿项目规划、监理和评估

一是要最大限度地减少项目实施中的依附关系。目前, 项目的规划、监理、评估等工作, 大多是由同一个部门内的机构承担的。采用这种方式的好处是交易成本低, 但它的缺陷也是非常明显的, 主要是项目规划、监理和评估机构会因为具有依附性而影响结果的真实性, 其潜在的能力也会因为缺乏竞争而挖掘不出来。为了扭转这种局面, 应允许所有有资质的机构都来参与生态补偿项目

413

的规划、监理和评估业务的竞标，这不仅有利于提高各项工作的质量，而且部门内的机构也会在竞争中得到更好的成长。二是要最大限度地减少项目规划、监理和评估中的信息不对称问题。解决这一问题的主要措施是改自上而下的考核机制为自下而上的评价机制，即各项生态补偿工作必须接受所在社区的群众的考核。只有这样，才能将时点式的、离散性的考核改为时期式的、连续性的考核。

5. 加强县级生态补偿管理机构的建设

生态补偿工作具有很强的综合性和区域性。在我国，县是一个综合性和区域性都较强的行政单元。一个县，大多有几十万以上的人口、几百平方千米以上的土地，无论是生态环境管理、保护和生态补偿，还是防止自然资源开发活动带来的生态破坏和自然环境恶化，县都是最为重要的行政单元。生态补偿涉及的面很广，任务很重，所发挥的作用也较大。因此，加强生态补偿的组织建设，尤其是县级的组织机构建设，建立一个相对完整的生态补偿管理的组织网络，是做好生态补偿工作的重要环节。

第四节　清洁生产、生态工业和循环经济的提出和推广，将使仿生的生态补偿机制贯穿于从单个企业到国民经济一切相关领域

清洁生产是一种新的创造性思想，该思想将整体预防的环境战略持续应用于生产过程、产品和服务。生态工业是模拟生物的新

陈代谢过程和生态系统的循环再生过程所开展的"工业代谢"的研究。循环经济是物质闭环流动型经济的简称，从物质流动方向看，不同于以往的"资源→产品→废物"，而是"资源→产品→再生资源"。"减量、再用、循环（即3R）"是循环经济最重要的操作原则。

清洁生产、生态工业和循环经济突破了仅是治理污染、达标排放的传统环保的局限，将环保与生产技术、产品和服务的全部生命周期紧密结合，将环保与经济增长模式统一协调，将环保与生活和消费模式同步考虑。清洁生产是单个企业之内将环境保护延伸到该企业有关的方方面面；而生态工业则是在企业群落的各个企业之间，即在更高的层次和更大的范围内提升和延伸了环境保护的理念和内涵；循环经济的具体活动集中在企业、企业群落和国民经济三个层次，它将环境保护延伸到国民经济的一切有关的领域。根据生态效率（Eco-efficiency）的理念，要求企业减少产品和服务的物料使用量和能源使用量，减排有毒物质，加强物质的循环利用，最大限度可持续地利用可再生资源，增强产品的耐用性，提高产品与服务的服务强度。要求企业群落建立物质集成、能量集成和信息集成，建立企业之间的废物输入输出关系。在国民经济运作中，要求实施生活垃圾无害化、减少量化和资源化，即在消费过程中和消费过程后实施物质和能源的循环。循环经济从国民经济的高度和广度将环境保护引入了经济运作机制。随着循环经济的试点和推广，生态（资源）补偿机制将大范围、宽领域地作用于各加工企业、行业，对遏制优势生态和优势资源的总量下降起到保证作用，所以具有重大的生态价值和提高国际竞争力的意义。

清洁生产、生态工业和循环经济的共同点之一，是发挥环境保护对经济发展的指导作用，将环境保护延伸到经济活动中一切有关的方方面面。这体现在三个方面：一是在微观层次上实施清洁生产，使资源在企业内部实现循环利用，提高资源利用率；二是在中观层次上建立生态工业园区，使资源在产业系统内达到循环利用，尽可能减少废物的排放；三是在宏观层次上形成循环经济，使物质的生产和消费在全社会范围内形成大循环，实现真正意义上的物质减量化。

1. 在微观层次上实施清洁生产，进行技术和管理体制的创新

清洁生产是一种创造性思想，是对产品和生产过程持续运用整体预防的环境保护战略，以增加生态效益、降低人类及环境的风险。清洁生产的目标可以概括为以下两个方面：一是通过资源的综合利用、短缺资源的代用、资源的再利用，以及节能、省料、节水，合理利用自然资源，减缓自然资源的耗竭；二是减少废料和污染物的生产和排放，促进工业产品的生产、消费过程与环境相容，降低整个工业活动对人类和环境的风险。这两个目标的实现，将体现工业生产的经济效益、社会效益和环境效益的相互统一，保证经济、社会和环境的可持续发展。清洁生产在企业的实施是一个系统的工程，它与企业的管理和技术改造等方面有着非常密切的关系，对企业有深刻的影响。

　　企业的技术进步是企业实现清洁生产的重要手段，而清洁生产使企业的技术改造更具针对性，并使其获得更好的经济效益和环境效益。清洁生产是一个相对的概念，每到一个更高的层次，不仅要提高原材料的转化系数（提高成品率和降低损失率），还要求降低污染物的排放量及其浓度和毒性。这些方面的提高都必须对工艺流程中某一关键环节或某一关键设备进行有针对性的技术改造，清洁生产才能得到真正的实施。而企业通过技术改造达到了"节能、降耗、减污、增效"，从而实现经济效益和生态效益的"双赢"。因此，当前技术创新活动应与企业实施清洁生产紧密联系，主要包括清洁的原材料开发、清洁的生产工艺、成熟可靠的污染治理技术和废物资源化技术等四个方面。这些技术的开发和应用，不仅能获得良好的经济效益，而且在原材料的使用、工业生产全过程、产品消费和使用、最终处置等各个环节都对人体健康、社会发展、生态环境不产生负面影响或只有最小的影响，促进环境、经济、社会复合大系统的健康和谐发展。

　　清洁生产的实施克服了原来企业生产管理与环境管理相分离的矛盾，将两者结合到一起，通过对整个生产过程持续运用整体预防污染的思想，改变企业环境管理的职能，即注重源头的削减，节约原材料和能源，又实施生产全过程控制，减少废物的产出，使资源得到重复利用，提高企业的经济效益和生态效益。同时，清洁生产通过实施一套严格的企业清洁生产监控程序，对生产的每一流程的投入和产出进行分析，找出物料流失的主要环节和原因，有针对性地进行控制。这既能提高企业的投入与产出比，减

417

少废物的产生，又能提高职工的管理意识和管理水平，从而丰富和完善了企业的生产管理。

2. 在中观层次上构建生态工业园区，促进产业政策和管理体系的创新

工业园区是许多国家发展战略的一个重要组成部分，对其经济的发展起着不可替代的作用。然而，由于传统的工业园区的建设只讲经济效益，未考虑到生态效益，因此工业园区在促进工业快速发展的同时，也对环境产生了严重的影响和破坏。产业生态理论为工业园区的发展指明了方向。一方面，它使园区不再把目光局限在提供最低限度的服务上，而是要以自然生态系统为榜样，从源头入手，促使企业内部提高能源效率，节约资源使用，开展清洁生产；另一方面，它使企业之间通过多方面协作，实现园区整体最优和废物最小化，向着生态工业园迈进。生态工业园是继经济技术开发区、高新技术开发区之后工业园区发展的第三个阶段。

生态工业园区是一种新兴的工业组织模式，它是以生态循环再生为基础的工业园区，既包括产品和服务的交流，更重要的是以最优的空间和时间形式组织生产和消费中产生的副产品的交换，从而使企业与社区付出最小的废物处理成本，并且通过对废物的减量化促进资源利用效率的提高，改善环境品质。它强调园区成员的联系、合作和参与，并有效地分享资源（信息、原料、水、能源、基础设施和自然环境），通过信息、物质、能量等交流形成各

418

成员相互受益的网络，并最终实现经济、社会和环境的协调共进。换句话说，它使经济发展、生态保护两者保持高度和谐，园区建设发展与自然达到充分融合，环境清洁、优美、舒适，从而能最大限度地发挥人的积极性和创造力，在各种社会经济活动所耗费的活劳动和物化劳动获得较大的经济成果的同时，保持生态系统的动态平衡。

政府部门在制定产业政策时要考虑到该政策的执行可能带来的环境成本，对经济效益和生态效益进行综合考虑，将环境生态问题作为政策内容的组成部分。为了提高资源的利用效率，促进产业的生态化发展，应制定扶持企业利用副产品的产业政策。这些政策包括：终结对开采初始原材料的补贴，提供各种能鼓励提高资源效率和回收使用各种材料与能源的措施，鼓励企业把废弃物转化为副产品作为资源重新利用。在扶持副产品利用的产业政策中，要明确企业因利用副产品产生的环境责任，避免日后发生责任纠纷，包括在使用来自其他企业的有毒副产品时各自应承担的责任，以及工业园区内因相互利用副产品产生污染引发的责任问题。

3. 在宏观层次上形成循环经济，进行环境保护制度的创新

循环经济实质上是一种生态经济。这种经济模式能使资源和能源在不断进行的经济循环中得到合理和持久的利用，把经济活动对自然环境的影响降到尽可能小的程度，实现低开采、高利用、低排放。循环经济观要求人类在进行生产和消费等经济活动时，不再置身于这一大系统之外，而是将自己作为这个大系统的组成

419

部分，运用生态学规律，考虑生态环境的承载能力，其活动不能对环境造成破坏；在考虑自然环境时，不仅仅视其为可利用的资源，而是将其作为人类赖以生存的基础，是需要维持良性循环的生态系统；在考虑科学技术时，不仅考虑其对自然的开发能力，而且要充分考虑到它对生态系统的修复能力，使之成为有益于环境的技术；在考虑人自身的发展时，不仅考虑人对自然的征服能力，而且更重视人与自然和谐相处的能力，促进人类的健康和全面发展。

在生产过程中，循环经济观要求遵循"3R"原则：资源利用的减量化（Reduce）原则，即在生产的投入端尽可能少地输入自然资源；产品的再使用（Reuse）原则，即尽可能延长产品的使用周期，并在多种场合使用；废弃物的再循环（Recycle）原则，即最大限度地减少废弃物排放，力争做到排放的无害化，实现资源再循环。同时，在生产中还要求尽可能地用可循环再生的资源替代不可再生资源，使生产合理地依托在自然生态循环之上；尽可能地利用高科技，尽可能地以知识投入来替代物质投入，以达到经济、社会与生态的和谐统一，使人类在良好的环境中生产生活，真正全面提高人民生活质量。

要使循环经济得到发展，需要国家和政府从宏观层面在制度上加以保证。从宏观上讲，制度设计得不科学是造成环境污染与生态破坏日益严重的主要原因。因此，当务之急就是要重新思考现行的环境保护制度，实现制度创新，引入激励与约束机制，从制度设计上保证经济主体从自身效用或利润最大化角度出发，选择有利于环境保护的政策措施，实现经济发展与环境保护的和谐一致。政府通过制度设计，将市场机制运用到环境保护事业中，运用价格与利益机制给予经济主体充分的激励，将环境保护与企业或消费者的利润最大化与效用最大化目标相联系。制度保证体现在以下几个方面：一是环境责任，明确制造者和消费者在环境问题上各自应承担的责任，引导绿色生产和绿色消费；二是建立健全法律法规体系，以促进循环经济的发展；三是制定相关的经济政策来刺激循环经济的形成。

第五节　为西部生态补偿制度提供社会支撑

一、完善社会与市场补偿方式

生态补偿制度应建立国家、地方、区域、行业多层次的补偿系统，实行政府主导、市场运作、公众参与的多样化生态补偿方式。一般认为，补偿资金来源有这样几种：生态补偿税、生态补偿保证金、财政补贴、信贷、基金。有些学者认为还应该包括社会捐赠和生态彩票。根据国内外生态保护补偿的实践经验及我国的实际国情，补偿资金来源应该多样化，应从全社会范围筹措社会资金进行生态效益补偿。

1. 建立生态补偿基金机构

基金的来源可以是排污收费（空气污染费和污水排放费）、自然资源使用收费（如矿产、水等）、特定产品收费（燃料，有包装

421

的产品），可通过对外合作交流，争取发达国家和国际性金融机构的优惠贷款，也可以是来自国内外基金、各种民间社团组织及个人的捐赠等，还可以是山林抵押贷款。中央应不失时机地放宽财政信用政策，允许地方拥有一定限度的地方公债发行权力，通过发行环境资源保护债券，开拓新的筹资渠道。同时，在企业进行环境技术创新和产业化的动力不足的情况下，政府应组建风险投资基金，引导和带动民间资本的参与，以弥补环境技术产品价格定位偏离实际价值的损失，提高环境技术产业的效益。在西部，生态补偿基金主要用于改善生态环境、治理环境污染、水资源的开发和利用、黄土高原退耕还林的补偿。

2. 设立环境责任保险

环境责任保险是通过社会化途径解决环境损害赔偿问题的主要方式之一，它弥补了传统民事侵权救济的不足，有利于促进社会稳定与经济安全，并最终推动可持续发展目标的实现。通过环境污染责任保险，可以将企业的环境污染责任分散化，解除企业的环境污染责任风险之忧，也可以使环境受害者获得应有的损害赔偿，政府和社会的责任都会有所减轻。

环境责任保险的功能与价值在于：①风险分担与损害赔偿的社会化。环境责任保险制度使责任人的个人环境损害赔偿责任社会化，有利于转移、分散企业的风险和保护受害人的利益。它解决了污染后果的严重性与侵权者赔付能力有限性之间的矛盾，化解了个体权利和社会公益之间的冲突。②促进社会稳定与经济安全。

环境责任保险具有避免侵权人因支付能力不足而致破产和使受害人迅速得到救济等优点，所以加强环境责任保险的制度建设、提高其实施效果，可以更有效地保障公众环境权益，维护社会安定和经济安全。③实现可持续发展目标。环境责任保险业务的开展，可以有效集中社会力量，从而使得政府在解决环境社会问题方面有更多的选择余地。另外，就保险公司而言，为了降低自身的经营风险，也会积极投身于环境污染的预防工作中。

3. 建立现代环境产权制度，构建环境产权交易市场

要按照"环境有价"的理念，尽快建立现代环境产权制度，以平衡环境外部经济的贡献者、受益者以及相关方面之间的利益关系。要做好环境产权的贡献界定和损害界定工作。凡是为创造良好的环境作出贡献的地区、企业或个人，都应获得环境产权的收益，把其权益明确界定下来；凡是对环境造成损害的地区、企业或个人，都应把其责任明确界定下来。

目前资源和环境保护的较大缺陷是管理机制和压力机制过多而利益驱动机制和动力机制缺乏，即缺乏市场机制。生态补偿的市场化机制有赖于建立公平交易的环境产权交易市场。产权主体相互间通过市场机制的调节可以提高交易的效率。交易主体为获得所需的环境资源产权会竞相出价，通过竞争使产权归属于出价最高者。获取此环境资源产权的高成本必然会促使权利主体有效地使用权利、保护权利，还可以避免对该环境资源的产权垄断所导致的污染环境、过度利用资源、低效率运作和外部不经济性等。

423

解决污染的问题，还应该在条件成熟时鼓励进行跨区域产权交易。通过市场机制使环境产权的流转及环境财富的生产和"负生产"、交换、分配及使用的利益机制自动地加以调节，根据生态—经济发展状况间接地对生态环境进行补偿。

4. 发行生态环境建设彩票，所筹集资金用于生态补偿

彩票在西方发达国家被称为第二财政，是政府的一条重要筹融资渠道，具有强大的集资功能。发行彩票的好处在于：首先，符合生态环境保护和生态补偿的公益性质。生态环境保护和生态补偿是一项公益性很强的事业，涉及千家万户。但是，在生态环境保护与生态补偿上，不可能每个人都能做到自觉。发行生态环境建设彩票，正是巧妙地将个人利益与社会利益结合起来，集众人之力兴办生态环境公益事业。其次，符合彩票的性质和特点。彩票是市场经济条件下，利用个人的机会主义行为即投机行为，筹集资金用于公益事业建设的一种手段。实际上，生态环境建设彩票是彩票品种极其自然的拓展和创新形式。最后，发行彩票，政府没有债务负担，也可长期持续发行。

西部应积极争取国家支持发展彩票业，在全国范围内发行生态环境建设彩票，使之成为重要的融资渠道，强有力地支持西部生态建设。发行生态环境建设彩票，可以动员社会资金支持生态建设，更重要的是让民众心系生态环境建设，增强生态意识，真正实现"取之于民，用之于民"。当然，彩票业作为一种特殊社会公益事业，其运行稳定与否以及收益如何都存在波动性。如何保持

彩票的长期性和持久性等问题需要认真研究和设计，最终目的是支持西部大开发，尤其是为西部生态环境建设建立持续稳定的融资渠道。

二、加强生态补偿的公众参与

实现生态补偿必须依靠公众的支持和参与，公众的参与方式和参与程度将决定环境保护和生态补偿的效率、效果。因为公众在人与自然的和谐发展中处于主体地位，在生态环境管理中也处于主体地位，完成生态补偿必须动员全社会的力量。公众不仅应监督政府制定的生态环境管理计划制度的实施，也应监督企业的生态环境保护和生态补偿。公众中的每一个人都有执行和遵守国家规定的生态环境政策的责任，用自己的行为促进全社会的绿色生产和绿色消费，实现生态补偿。

1. 重视环境教育，加强宣传，提高人们的环境意识

环境教育是以人类与环境的关系为核心而展开的多种教育活动。环境教育的目的是借助于教育手段，普及环境知识，提高人们的环境意识，使整个社会对人类与环境的相互关系有一个新的、正确的理解和态度；使人们了解环境问题的复杂性和紧迫性，激发人们关心环境、爱护环境的积极性和自觉性；培养一批保护环境、治理污染、改善生态所需要的各类专业人才。必须改变"以人为中心"的价值取向和传统观念，遵循人与自然和谐相处的原则，不断提高保护环境的自觉性，养成良好的环境道德习惯和环

425

境文化传统。针对人们对生态价值的模糊认识，要加大宣传力度，向全社会灌输环境有价的理念，大力提倡"污染者付费、利用者补偿、开发者保护、破坏者恢复"。全面提高领导层、企业和公民的生态环境意识，增强生态功能区居民和领导的维权意识，增强受益地区干部和群众进行生态补偿的自觉性。在全社会形成生态环境不能免费享受的观念，从而为建立和实施生态补偿机制奠定浓厚的舆论基础。

2. 由传统消费向绿色消费转变

绿色消费是人类消费生活方式的大变革。它提倡勤俭节约，不对资源造成浪费，不对环境造成污染的生活方式和娱乐方式。

绿色消费包括如下两个方面的内涵：一是以提高生活质量为中心的适度消费。在满足随着生产发展而不断提高的基本需求的前提下，追求物质上节俭、精神上丰富的节约型生活方式。其生活质量的提高不以奢侈、豪华为目标，而是追求需求的多样化，商品和服务种类、质量和数量的多样化。二是崇尚绿色产品的生产和消费，提倡购买生态标志产品。绿色产品就是在生产使用过程中对人体和环境均无损害并符合环境保护要求的产品。生态标志是对环境危害最小的商品的商业标志。购买生态标志产品可以促成绿色消费浪潮，促使企业实行绿色生产，从而减少资源浪费，防止污染。

3. 控制生活垃圾，减少白色污染

控制生活垃圾要从消费者个人抓起，减少垃圾产生量。针对白色污染日益严重的状况，我国将逐步淘汰一次性发泡塑料餐具和超薄塑料袋，启动替代产品，并将出台一次性餐具和一次性塑料购物袋的环保控制标准。这些具体措施的推行，离不开个人的自觉性。

三、大力发展环境非政府组织

1. 环境非政府组织的重要作用

从我国环境保护的历史来看，政府组织始终是环境保护的主体，发挥着十分重要的作用。但是，由于政府组织本身所具有的局限性，环境保护往往不能取得预期的效果。而环境非政府组织由于自身具有不同于政府组织的一些特性，在环境保护工作中常常发挥着政府组织所不具有的作用，有效弥补了政府工作的不足，是政府组织在环境保护领域里的重要补充。近些年来，一些非政府组织积极开展环境保护活动并参与了环境管理，在环境保护和环境管理方面发挥着非常积极的作用。

（1）动员更多的社会力量参与环境保护。环境保护活动不能仅有政府组织的参与，更需要全体社会公众的参与，社会公众既是环境的主人同时也是保护环境的主力。环境非政府组织是环境保护领域里政府与人民之间的纽带，由于环境非政府组织的民间特性，它很容易通过各种活动组织更多的社会公众参与环境保护

427

事业。这是中国环境非政府组织的首要作用。

（2）利用多种形式，提高公众的环境保护意识。公众的环境保护意识是环境非政府组织存在和发展的社会基础之一。环境非政府组织可以利用自身的优势，积极向社会公众提供最新的环境信息，传播环境保护的先进理念，并通过各种社会活动与社会公众的互动，促使社会公众在互动参与的过程中提高环保意识。

（3）参与政府环境政策的制定与执行的监督。环境非政府组织可以利用自身的民间基础、专业知识以及沟通渠道，在国家环境政策的制定和实施中扮演促进者和监督者的角色。对有重大社会影响的环境问题，环境非政府组织可以进行实际调查、分析评价，向政府组织提出建议，对政府的环境决策产生影响，从而推动政府决策的科学化。

（4）参与环境保护活动。环境非政府组织的存在有助于揭露各种环境污染事件和破坏生态的行为，以引起社会公众对这些事件或行为的关注，促使政府加快解决这类环境问题。在我国环境非政府组织的活动中，具体地参与环境保护活动已经成为环境非政府组织生存和发展的基础。

（5）对受环境污染影响的弱势群体进行援助。环境非政府组织可以利用自身的团体优势以及专业优势，对污染受害者进行法律援助。当法律不能完全保护受害者的利益时，环境非政府组织可以通过各种形式的活动，对污染者施加压力，维护受害者的合法权益。

2. 完善中国环境非政府组织的措施

发展与完善环境非政府组织，全面调动社会各方面的力量和积极性以解决日益严重的环境问题，对于落实科学发展观，构建和谐社会，实现经济、社会、环境协调发展具有重要意义。目前，我国环境非政府组织正处于发展阶段，应创造良好的内外部发展环境，针对中国环境非政府组织的特点采取措施，促使其不断走向完善。

（1）加强自身能力建设，提高环境保护能力。环境非政府组织生存和发展的要求不断提高，面对的环境问题也呈现多样化和复杂化的趋势，所有这些都对中国环境非政府组织提出了更高的要求。中国环境非政府组织应努力争取一切可能的资源进行自身能力的建设，以便能在环境保护领域提供优质的服务。只有这样，才能得到包括政府在内的全社会公众的认同，才能获得更广阔的生存和发展空间。

（2）完善内部管理机制，提高自我管理能力。我国的一些环境非政府组织的内部管理还比较薄弱，这是大多数非政府组织在发展阶段所共有的问题，如内部管理制度不健全、工作缺乏系统性、资金管理和使用效率存在诸多问题等。环境非政府组织加强内部建设和管理，对于环境非政府组织增强自我管理能力、提高自我生存与发展能力有重要意义。

（3）加强与政府组织的联系，优化自身的发展环境。中国环境非政府组织尚处于发展阶段，社会对其地位和作用的认识程度

429

还比较低，但政府已认识到环境非政府组织是环境保护的一支不可或缺的重要力量。政府应制定有关环境非政府组织的政策和法律法规，促进中国环境非政府组织的健康发展，保护其自主权力和创新能力，保障其合法权益不受侵犯。政府与环境非政府组织之间应建立一种制度化的沟通渠道和交流机制，提高环境非政府组织对政府环境保护工作的影响力，同时政府应加强对环境非政府组织的管理、监督和引导。

（4）加大宣传力度，提高公众环境保护意识。中国环境非政府组织可以利用电视、报纸、互联网等媒体资源加大自身的宣传力度，帮助社会公众了解其宗旨、活动以及现状。由于环境问题关系到每个人的切身利益，所以在动员社会公众参与环境保护公益事业时，环境非政府组织的行动很容易引起公众的共鸣并能获得积极的回应，从而能够更好地提高公众的环保意识。

（5）加强多方合作，促进共同发展。一般环境问题具有跨地域、跨领域的特点，这些特点决定了环境问题的解决要靠多方面的协作与努力。为了有效解决环境问题，需要政府组织与环境非政府组织之间加强合作，同时还要和其他领域的非政府组织以及国外环境非政府组织加强合作。这样，有助于不同地域、不同领域之间取长补短，相互交流经验，从而促进以解决环境问题为共同目标的环境非政府组织的良性发展。

参考文献

1. 马克思恩格斯全集：12 卷〔M〕. 北京：人民出版社，1962.

2. Daly H. E. On Economics as a Life Science〔J〕. Journal of Political Economy，1968，76（2）.

3. 马克思. 资本论：第三卷〔M〕. 北京：人民出版社，1975.

4. 弗·布罗日克. 价值与评价〔M〕. 北京：知识出版社，1988.

5. 科斯，阿尔钦，诺斯，等. 财产权利与制度变迁〔M〕. 上海：上海三联书店，1991.

6. 〔美〕萨缪尔森·诺德豪斯. 经济学：上〔M〕. 北京：中国发展出版社，1992.

7. 王维强，葛全胜. 论温室效应对中国社会经济发展的影响〔J〕. 科技导报，1993（3）.

8. 胡昌暖. 资源价格研究〔M〕. 北京：中国物价出版社，1993.

9.〔美〕W. 阿瑟·刘易斯. 经济增长理论 [M]. 上海：上海三联书店，1994.

10. 李金昌. 资源经济新论 [M]. 重庆：重庆大学出版社，1995.

11. 徐嵩龄. 论市场与自然资源管理的关系 [J]. 科技导报，1995（2）.

12. 王绍武，赵宗慈. 未来 50 年中国气候变化趋势的初步研究 [J]. 应用气象学报，1995，6（3）.

13. Daly H. E. Beyond Growth the Economics of Sustainable Development [M]. Boston：Beacon Press，1996.

14. 钱阔，陈绍志. 自然资源资产化管理——可持续发展的理想选择 [M]. 北京：经济管理出版社，1996.

15. 世界银行. 蓝天碧水：展望 21 世纪的中国环境 [M]. 北京：中国财政经济出版社，1997.

16. 成金华. 市场经济与我国资源产业的发展 [M]. 武汉：中国地质大学出版社，1997.

17.〔美〕吉利斯，罗默，等. 发展经济学 [M]. 北京：中国人民大学出版社，1998.

18. 汤姆斯·安德森，等. 环境与贸易生态、经济、体制和政策 [M]. 北京：清华大学出版社，1998.

19. 谭崇台. 发展经济学的新发展 [M]. 武汉：武汉大学出版社，1999.

20. Paul Hawken，Amory Lovins，L. Hunter Lovins. Natural

Capitalism：Creating the Next Industrial Revolution［M］．Back Day Books，1999．

21. 中国预防科学院. 全国疫情资料汇编（1999，2000）（内部资料）.

22. 邢继军. 自然资本论——可持续发展与提高经济效益的双赢理论［J］. 开发研究，2000（3）.

23. 余瑞祥. 自然资源的成本与收益［M］. 武汉：中国地质大学出版社，2000.

24. 中国卫生年鉴编辑委员会. 中国卫生年鉴（2000）［M］. 北京：人民卫生出版社，2000.

25. 〔美〕霍尔姆斯·罗尔斯顿. 哲学走向荒野［M］. 长春：吉林人民出版社，2000.

26. 孙贵尚，刁金东. 西部资源开发与可持续发展对策［J］. 国土与自然资源研究，2001（1）.

27. 国家统计局. 中国统计年鉴（2000）［M］. 北京：中国统计出版社，2001.

28. 中国科学院可持续发展研究组. 中国可持续发展战略报告（2001）［M］. 北京：科学出版社，2001.

29. 艾世伦. 论西部大开发中的荒漠化防治［J］. 重庆工学院学报，2001，15（4）.

30. 周英虎，韦成国. 西部大开发的关键之一是作好水的文章［J］. 广西大学学报：哲学社会科学版，2001，23（3）.

31. 那日，严文. 西部地区自然资源产业化问题探讨［J］. 中

433

央民族大学学报：人文社会科学版，2001（1）.

32. 王晓东，袁仁茂，王烨. 西部开发中水土流失问题的生态角度透视［J］. 水土保持研究，2001，8（2）.

33. 张慧君. 正确处理西部资源开发的矛盾问题［J］. 中国地质教育，2001，37（1）.

34. 刘秀兰，付强. 西部地区水土流失治理的迫切性及其对策［J］. 西南民族大学学报：哲学社会科学版，2002，23（3）.

35. 曾毅，等. 关于西部大开发中公共卫生和疾病预防、控制的主要问题和建议［J］. 科技导报，2002（7）.

36. 伊恩·莫法特. 可持续发展原则、分析和政策［M］. 北京：经济科学出版社，2002.

37. 杨维中. 中国西部的社会经济发展与疾病现状［J］. 预防医学情报，2002，18（1）.

38. 国家环境保护总局自然生态保护司. 西部地区生态环境变化后果及其保护对策［J］. 环境保护，2002（3）.

39. 国土资源部. 2002年中国国土资源公报［OL］. ［2003-10-25］. 国土资源部网站（http：//www. mlr. gov. cn/）.

40. 国家统计局. 中国统计年鉴（2002）［M］. 北京：中国统计年鉴出版社，2003.

41. 时永杰，杜天庆. 我国土地荒漠化的成因、危害及发展趋势［J］. 中兽医医药杂志，2003（1）.

42. 国家统计局. 中国林业统计年鉴（2002）［M］. 北京：中国统计年鉴出版社，2003.

43. 高学杰，赵宗慈，丁一汇. 区域气候模式对温室效应引起的中国西北地区气候变化的数值模拟［J］. 冰川冻土，2003，25（3）.

44. 李星. 世界森林资源的现状与未来［J］. 世界农业，2003（4）.

45. 郑玉歆. 环境影响的经济分析——理论、方法与实践［M］. 北京：社会科学文献出版社，2003.

46. 穆贤清. 国外环境经济理论研究综述［J］. 国外社会科学，2004（2）.

47. 沈满洪，陆菁. 论生态保护补偿机制［J］. 浙江学刊，2004（4）.

48. 丁任重. 经济增长：资源、环境和极限问题的理论争论与人类面临的选择［J］. 经济学家，2005（4）.

49. 金明亮. 西部生态补偿的理论与实践——中国西部生态补偿国际研讨会综述［J］. 贵州财经学院学报，2005（4）.

50. 刘克勇：退耕还林补助政策期满后前景分析［J］. 绿色中国，2005（4）.

51. 丁任重. 西部发展：资源开发战略的调整与转型［J］. 经济理论与经济管理，2005（7）.

52. 张英娟，董文杰，俞永强，冯锦明. 中国西部地区未来气候变化趋势预测［J］. 气象与环境研究，2004，9（2）.

53. 董洁，贾学锋. 全球气候变化对中国自然灾害的可能影响［J］. 聊城大学学报：自然科学版，2004，17（2）.

54. 李效红，郝学奎. 西部开发中水资源问题 [J]. 兰州工业高等专科学校学报，2005，12（2）.

55. 王双怀. 中国西部土地荒漠化问题探索 [J]. 西北大学学报：哲学社会科学版，2005，35（4）.

56. 耿海青，谷树忠，姜楠. 从煤烟型污染的时空变化看西部地区的环境安全问题 [J]. 兰州大学学报：自然科学版，2005，41（4）.

57. 丁任重. 西部经济发展与资源承载力研究 [M]. 北京：人民出版社，2005.

58. 中共中央关于制定国民经济和社会发展第十一个五年规划的建议（2005 年 10 月 11 日中国共产党第十六届中央委员会第五次全体会议通过）[EB/OL]. http：//news. xinhuanet. com/politics/.

59. 杨俊杰，张克斌，乔锋. 荒漠化灾害经济损失研究进展 [J]. 水土保持研究，2006，13（4）.

60. 杨润高. 国外环境补偿研究与实践 [J]. 环境与可持续发展，2006（2）.

61. 纳塔利. 经济生态与环境科学中的数学模型 [M]. 北京：科学出版社. 2006.

62. 孟昌. 外部性、可转让排污许可证与绿色 GDP 核算 [J]. 改革，2006（7）.

63. 梁丽娟，葛颜祥. 关于我国构建生态补偿机制的思考 [J]. 软科学，2006（4）.

64. 王金南，等. 生态补偿机制与政策设计 [M]. 北京：中国环境科学出版社，2006.

65. 贺思源. 主体功能区划背景下生态补偿制度的构建和完善 [J]. 特区经济，2006（11）.

66. 郭月峰，王瑄，巩琼. 西部地区水土流失现状及防治对策 [J]. 内蒙古农业大学学报，2006，27（3）.

67. 中国环境年鉴（2005）［M］. 北京：中国环境科学出版社，2006.

68. 冯东方，任勇，等. 我国生态补偿相关政策评述 [J]. 环境保护，2006（10）.

69. 白钦先，杨涤. 21 世纪新资源论 ［M］. 北京：中国金融出版社，2006.

70. 谢地. 论我国自然资源产权制度改革 [J]. 河南社会科学，2006（5）.

71. 杨艳琳. 我国资源产业发展的制度创新 [J]. 学习与探索，2007（6）.

72. 《西部大开发"十一五"规划》（2007 年 3 月 1 日国务院正式批复）.

73. 《关于开展生态补偿试点工作的指导意见》

74. 《国务院关于完善退耕还林政策的通知》

75. 《国务院 2007 年工作要点》

76. 国务院关于印发节能减排综合性工作方案的通知 ［OL］. http://news. xinhuanet. com/politics/2007-06/03/content _ 6191519. htm.

77. 里约环境与发展宣言［OL］. 新华网（http：//news. xin-huanet. com/ziliao/2002-08/21/content_533123. htm）.

78. 21世纪议程［OL］. 新华网（http：//news. xinhuanet. com/ziliao/2002-08/27/content_540148. htm）.

79. 张丽超，皮海峰. 生态移民与社会主义新农村建设［J］. 三峡大学学报：人文社会科学版，2007（1）.

80. 俞虹，杨凯，邢璐. 中国西部地区水环境污染与经济增长关系研究［J］. 环境保护，2007，382（10）.

81. 王中贤. 生态移民的实践与探讨［OL］. ［2005-09-09］. 十堰扶贫开发信息网（http：//www. syfpb. gov. cn）.

82. 燕乃玲. 生态功能区划与生态系统管理：理论与实证［M］. 上海：上海社会科学院出版社，2007.

83. 中国生态补偿机制与政策研究课题组. 中国生态补偿机制与政策研究［M］. 北京：科学出版社，2007.

84. 王双正，要雯. 构建与主体功能区建设相协调的财政转移支付制度研究［J］. 中央财经大学学报，2007（5）.

85. 《关于开展生态补偿试点工作的指导意见》

86. 国家行政学院经济学部. 西部地区资源补偿机制存在的问题和对策［J］. 经济研究参考，2007（44）.

87. 吴顺发，程和侠：关于完善西部生态补偿机制的建议［J］. 中国农学通报，2007，23（8）.

88. 魏振宽，吴钢，钱铁军. 构建生态矿区的产业援助补偿机制［J］. 经济管理，2007（5）.

后 记

　　本书是由四川省哲学社会科学"十一五"规划重点研究项目结题而成。选题确定以后,我们联合了国内有关高校和社科院的一些同志成立了课题组,课题组成员认真研讨了本课题的研究思路、实施方案、工作进度。课题组成员在研究过程中一方面进行理论研讨,另一方面深入西部有关地区进行实地调查。

　　在本课题的研究中,由领著提出研究思路与大纲,课题组全体成员共同讨论具体内容,在征求多方专家意见的基础上进行了多次修改,最后由领著负责统稿。全书的分工情况是:第一章由丁任重(西南财经大学)、侯荔江(西南财经大学)撰写;第二章由徐承红(西南财经大学)、刘攀(西南财经大学)撰写;第三章由张景华(中共国家税务总局党校)撰写;第四章由王娟(四川省社科院)撰写;第五章由宋一淼(中央财经大学)撰写;第六章由黄世坤(西南财经大学)撰写;第七章由张克俊(四川省社科院)撰写;第八章由蓝定香(四川省社科院)撰写;第九章由陈健生(西南财经大学)、乐雪(西南财经大学)撰写。在写作过程中,我们参考了学术界已有的研究成果,所引用的部分,都用脚注和参考文献标明。由于水平有限,书中存在着许多缺点和错误,希望专家和读者指正。

丁任重

2009 年 5 月

图书在版编目(CIP)数据

西部资源开发与生态补偿机制研究/丁任重领著.—成都:西南财经大学出版社,2009.12
ISBN 978 - 7 - 81138 - 556 - 4

Ⅰ.西… Ⅱ.丁… Ⅲ.①资源开发—研究—西北地区②资源开发—研究—西南地区③生态环境—补偿性财政政策—研究—西北地区④生态环境—补偿性财政政策—研究—西南地区 Ⅳ.F127 X -012

中国版本图书馆 CIP 数据核字(2009)第 193749 号

西部资源开发与生态补偿机制研究

丁任重 领著

责任编辑:李玉斗 杨 琳
封面设计:杨红鹰
责任印制:封俊川

出版发行	西南财经大学出版社(四川省成都市光华村街 55 号)
网 址	http://www.bookcj.com
电子邮件	bookcj@ foxmail.com
邮政编码	610074
电 话	028 - 87353785 87352368
印 刷	四川森林印务有限责任公司
成品尺寸	170mm × 240mm
印 张	28.25
字 数	300 千字
版 次	2009 年 12 月第 1 版
印 次	2009 年 12 月第 1 次印刷
印 数	1—3000 册
书 号	ISBN 978 - 7 - 81138 - 556 - 4
定 价	49.80 元